国家社科基金特别委托课题
"全国生态文明先行示范区建设理论与实践研究：以湖州市为例"
（编号：16@ZH005）

Innovative Practice and Theory of "1+1+N Mode"

「1+1+N」农业技术 推广模式的创新实践与理论思考

of Agricultal Technology Extension

陆建伟 徐海圣 陆 萍◎著

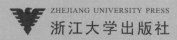
ZHEJIANG UNIVERSITY PRESS
浙江大学出版社

序 一

2006 年 5 月，在浙江省委、省政府的重视和支持下，湖州市和浙江大学签约共建省级社会主义新农村实验示范区，提出"以发展农村经济为中心，以推进农村全面建设为目标，以改革开放和体制机制创新为动力，以科技创新为支撑，整合资源，优势互补，合力共建，全面启动'1381 行动计划'"，这是当时浙江省乃至全国范围内建立的第一个以推进农村全面建设为目标的市校合作示范区，既是高等学校参与新农村建设的先行探索和带头示范，也是全省创新社会主义新农村建设机制的重要举措和生动实践。2011 年，湖州市和浙江大学签署"新 1381 行动计划"，围绕把湖州建成全省美丽乡村示范市这一目标，着力完善提升科技孵化辐射、人才智力支撑、体制机制创新三大平台，全力实施产业发展、规划建设、生态环境、公共服务、素质提升、平安和谐、综合改革、党建保障等八大工程。2012 年，以合作探索、创新农业技术推广体系为基础，市校双方共同承担了中央农村工作办公室"农业技术研发与推广体制创新"的改革试验任务，湖州市成为首批浙江省农村改革试验区。

十年来，市校双方紧密合作，围绕社会主义新农村、美丽乡村、生态文明先行示范区建设，组建了浙江大学湖州市现代农业产学研联盟（简称农推联盟），在全国首创了"1＋1＋N"新型农业技术推广模式，取得了可喜的成果。"1＋1＋N"新型农业技术推广模式在实践中不断创新并完善工作机制，积极打造新型职业农民人才培养、农业技术研发和创新、农业技术公共服务三大平台，为湖州市现代农业产业体系形成、新型农村经营主体培育、职业农民培训及农业政策咨询等方面提供了强有力的人才和科学技术支撑，为湖州市农业现代化领跑全省，在全省农业现代化发展水平综合评价中实现"三连冠"提供了强有力的人才和科学技术保障。目前该模式已形成了可复制、可推广的农业技术推广"湖州模式"，获得 2014—2016 年全国农牧渔业丰收奖农业技术推广合作奖，国内外多所高等学校、涉农单位来湖州考察学习，在全国产生了巨大反响。

当前我们湖州市正处在高水平全面建成小康社会的关键节点，农推联盟要以"创新、协调、绿色、开放、共享"为发展理念，正确把握湖州市新的历史方位，以更高的站位、更宽的视野、更实的举措，紧紧围绕"两山"重要思想诞生地、中国美丽乡村发源地、全国生态文明先行示范区，抓住全国生态文明建设现场会在湖州市召开这一契机，抓好农业供给侧结构性改革这一主线，充分发挥农推联盟专家团队的技术支撑优势，为湖州市经济社会实现赶超发展做出更大的贡献。

《"1＋1＋N"农业技术推广模式的创新实践与理论思考》一书对"1＋1＋N"新型农业技术推广模式进行了全面系统的总结，既有详实的案例材料，又从理论高度探讨了农业技术推广模式的创新思路。相信本书的出版，将会使"1＋1＋N"新型农业技术推广模式在全国产生更大的影响力，极大地推动我国农业技术推广体系的发展和完善。

湖州市委副书记

2016 年 12 月 29 日

序　二

　　我国农业现代化和新农村建设已进入一个新的关键发展阶段,粮食增产、农产品安全、农民致富、农村变美等前景绚丽,但任务艰巨。长期以来,我国的农业推广体系及其各级推广人员为农业生产的发展做出了重大贡献,但存在的不足与问题也十分突出:一是农业行政推广部门缺乏或不具备技术创新和研发功能,长期停留在农业实用技术的应用推广,与现代农业的发展需求不相适应;二是基层农技推广队伍专业技术素质较低,且由于行政管理归属上的原因,经常出现行政工作挤压专业工作以及资金、待遇不到位等问题,农业推广体系"网破人散"时有发生,农业技术推广"最后一公里"现象仍然突出;三是农科教分离,科技成果转化率低。构建一个以高校为依托的农业科技推广体系,不仅具有现实可行性,可以充分发挥农业(涉农)高校的人才、科技优势,而且可以更好地确立人才培养与科学研究方向,推进一流学校或学科的建设。

　　社会服务一直是浙江大学良好的传统和鲜明的办学特色之一,也是浙江大学建设世界一流大学的重要抓手和战略举措之一。浙江大学利用自身学科和人才优势,形成了"以服务为宗旨,在贡献中发展""顶天立地""高水平、强辐射"等办学理念,特别是自2006年与湖州市开展合作共建省级新农村实验示范区以来,双方着力试点新农村建设的"湖州模式",推进农科教产学研一体化的改革,探索形成了以高校为依托、以发展现代高效生态农业产业为导向、产学研相结合的"1+1+N"新型农业科技推广体系,涌现了大量"蹲在田里像农民,站在讲台是教授"的"泥腿子教授"。这种适应新农村建设需要的新型农业科技推广体系,实现了农业技术推广的"三个转变"——从"点对点"推广到"面对面"辐射,从自发推广到有组织推广,从个体推广到团队推广,解决了高校科研与农业产业链条结合不紧密、针对性不强、转化应用成效不明显、服务经济社会发展能力不突出等问题,促进了农业科技成果的转化、应用与推广。

　　"1+1+N"农业技术推广模式,创新了高校服务地方农业发展的模式,在新品种、新技术(新模式)的引进推广、职业农民培训、新型经营主体培育、科技创新团队建设、产业精准扶贫等方面做了大量工作,有力地推动了地方农业经济的发展,也促进了学校的学科建设和人才培养。这一模式已在全国引起了强烈反响,也得到了国家农业主管部门的充分肯定。《"1+1+N"农业技术推广模式的创新实践与理论思考》一书比较全面地总结了 2006 年以来浙江大学与湖州市合作共建省级新农村实验示范区的先进经验及取得的成果,既有典型案例,又有理论思考,对广大从事农业技术推广的单位、科技人员及地方政府具有较好的启发与指导意义。相信本书的出版与发行,将在扩大"1+1+N"农业技术推广模式的影响与应用,完善与发展以高校为依托的农业技术推广体系等方面产生积极的作用。

浙江大学新农村发展研究院常务副院长、教授

2016 年 12 月 28 日

目录
CONTENTS

第一章　新型农业技术推广模式的形成背景

当前,随着我国经济进入新常态,农业农村的发展环境发生了重大变化。科技创新对农业现代化的支撑力越来越重要,在"三农"供给侧结构性改革中,科技创新发挥着重要作用。

2015年10月,党的十八届五中全会通过《中共中央关于制定国民经济和社会发展第十三个五年规划的建议》,对做好新时期农业农村工作做出了重要部署。2016年,中央一号文件指出:一方面,加快补齐农业农村短板成为全党共识,为开创"三农"工作新局面汇聚强大推动力;新型城镇化加快推进,为以工促农、以城带乡带来持续牵引力;城乡居民消费结构加快升级,为拓展农业农村发展空间增添巨大带动力;新一轮科技革命和产业变革正在孕育兴起,为农业转型升级注入强劲驱动力;农村各项改革全面展开,为农业农村现代化提供不竭原动力。另一方面,在经济发展新常态背景下,如何促进农民收入稳定较快增长,加快缩小城乡差距,确保如期实现全面小康,是必须完成的历史任务;在资源环境约束趋紧背景下,如何加快转变农业发展方式,确保粮食等重要农产品有效供给,实现绿色发展和资源永续利用,是必须破解的现实难题。①

2016年的中央一号文件明确提出,要强化现代农业科技创新推广体系建设,深化农业科技体制改革,完善成果转化激励机制,制定促进协同创新的人才流动政策。健全适应现代农业发展要求的农业科技推广体系,对基层农技推广公益性与经营性服务机构提供精准支持,引导高等学校、科研院所开展农技服务。

作为湖州市和浙江大学"市校共建"社会主义新农村的重要载体——"1+1+N"新型农业技术推广体系,正是用"创新、协调、绿色、开放、共享"五大发展理念来建设现代农业科技推广体系的创新实践。

---

① 《中共中央国务院关于落实发展新理念加快农业现代化实现全面小康目标的若干意见》(2015年12月31日)。

"1+1+N"新型农业技术推广体系的形成,既是基于欧美先进农业技术推广模式的启示,更是基于湖州市发展现代农业对科技支撑的现实需求,同时,也是浙江大学创建中国特色世界一流大学和一流学科的内在要求。

第一节　国外农业技术推广模式经验及启示

国际上对农业技术的"推广"(extension)赋予不同的含义,内涵丰富。不同国家根据其具体职能给出了不同的定义。农业技术推广在英国被称为"农技推广教育",在美国被称为"合作农技推广",在法国被称为"联合推广",在德国被称为"农业开发咨询",在日本被称为"农业改良普及"。据联合国粮农组织(FAO)1984年的定义,推广是将有用的信息传递给人们,而且帮助这些人获得必要的知识、技能和正确的观点,以便有效地利用这些信息技术的一种过程。FAO的定义,更侧重于农技推广的传播过程和对农民的教育过程,涵盖了农技推广的两大职能:技术的传播和知识的教育。

农技推广(agricultural technology extension)在我国采用狭义的定义,是指通过试验、示范、培训、指导以及咨询服务等,把农业技术普及应用于农业产前、产中、产后全过程的活动。

《中华人民共和国农业技术推广法》明确指出,我国实行国家农业技术推广机构与农业科研单位、有关学校、农民专业合作社、涉农企业、群众性科技组织、农民技术人员等相结合的推广体系。

结合湖州新型农技推广体系的创新实践,我们认为:农业科技推广职能应包括农业技术的试验、示范、培训、指导以及咨询服务;同时,农技推广也承担着培训职业农民,为政府提供农业咨询的职能。现代农业科技推广,既是一个科技成果传播的过程,也是一个科技知识教育的过程。

一、国外农业技术推广模式现状

现代农业本质上是一种科技型农业,只有加快农业科技创新,才能真正转变农业发展方式,优化结构和布局,实现农业现代化。农业推广体系(agricultural extension system)是农业推广工作的基础和组织保证。由国家建立农业推广体系和推广工作的正规化始于20世纪初,发展壮大则是在"二战"以后。国外农业技术推广的体系建设及技术推广与普及工作中有许多先进的经验和做法,值得我们借鉴和学习。

发达国家的农业科研与推广模式,以美国、丹麦、荷兰等为代表。

(一)农业教育、科研、推广三位一体的美国农业技术推广模式

美国是农业推广工作开展较早的国家之一。早在 1914 年,第 63 届美国国会就通过了《史密斯-利弗法》(The Smith-Lever Act of 1914)。该法案规定,由联邦农业部与当地大学合作,在每个州建立一个从事农业推广和普及的机构,即州合作推广站(cooperative extension service),合作推广站的任务是向农民提供各种培训,将大学的科研成果和新技术迅速推广给农民。

推广的内容主要包括以下几个方面:

1. 农业生产技术推广

这是美国农业推广活动的基础,其主旨是通过举办农民讲座和短期培训班,进行农场示范和提供农业经济技术咨询活动,向农场主提供新科技成果。各州县的农业推广人员大多为农业生产技术专家,县推广员一般也由农业生产技术推广人员担任。从推广工作的内容和方法来看,早期的农业生产技术推广主要侧重于检测农作物品种和肥料、控制病虫害、防治牲畜疾病等,推广方法则以举办讲座、农场示范和建立农场主与推广人员联系为主。20 世纪 20 年代以后,随着美国农业危机的日益严重化,农业推广人员开始意识到农村经济问题的重要性,逐渐将农产品销售、农场经营等纳入了农业技术推广工作的范畴。第二次世界大战后,农业推广人员在继续强调生产增长和经济稳定的同时,开始注意保护自然资源、改善农村生活条件。随着美国科学技术的发展,推广手段也更加现代化。而且,现在农场主的教育水平也今非昔比,相当一部分人拥有硕士甚至博士学位。因此,县级推广员的地位和作用有所下降,他们的工作重点转向小农场主,而州专家的作用却突出起来,并且在县推广员和州专家之间出现了一个称为地区专家(Area Specialist)的阶层。与过分强调综合性、全面性的县推广员相比,他们的工作更专业化,这也是美国农技推广应用的一个新动向(王春法,1994)。

2. 农村家政培训

这是针对农村妇女而展开的农业推广活动。其主要目标是通过家庭示范和家务咨询等帮助农村妇女学习关于家务料理、饮食营养、环境美化等方面的知识,以改善农民家庭的生活条件并提高其生活水平。但从总体上看,美国的家政服务工作一般是通过当地志愿人员带头进行的。家政推广员的职责之一就是选拔并培训地方带头人,由她们把更多的农村妇女组织起来,学习有关家务的知识。现在仍进行的一项最大规模的家政计划是"大食品和营养教育计划",该计划的目的是通过教育改进低收入家庭的饮食结构,改善其营养状况。近年来,该计划服务范围进一步扩大到玩具安全、节省开支、教育儿童、防火、控制体重等领域。

3."4-H"俱乐部

"4-H"代表象征吉祥的四叶苜蓿草,这四片叶子分别象征头脑(head)、手(hand)、心(heart)和努力(hustle)。"4-H"俱乐部的目的是通过组织 9～21 岁的农村青少年学习农业知识,培养他们从事农业生产的兴趣。

农业教育在美国的农业推广活动中占有重要的地位。可以说,教育是美国农业推广活动的本质特征。

(二)以农业咨询服务为主体的丹麦农技推广模式

丹麦建立了完整的农业科技教育、科研、试验与咨询和推广服务体系,每年投入大量的资金用于农业技术的研发和推广。

丹麦推行的是以农民协会为推广主体的农业推广模式。这种模式在欧洲,特别是北欧国家中比较普遍。丹麦农业技术推广依靠的是一个颇为独特的农民自己拥有的技术培训、咨询和服务推广体系。丹麦在全国设有农业咨询服务中心,由中心聘请高级专家作为咨询人员,农协负责组织开展咨询服务,制订咨询计划。这套体系有效地保证了丹麦能够不断地把农业科技成果应用于农业。通常一项新的技术从推广到实际应用的时间不到一年。丹麦的农业咨询服务体系被称为"丹麦模式",举世闻名。

丹麦的推广工作由协会自己组织,协会的各级机构遍及全国各地,协会雇用农业顾问为会员提供技术及咨询服务。农民协会对受雇的咨询员要求很严,农业顾问需经大专以上专门教育且具备几年的实践经验,助手或技术员则需经过一年半的正规教育和三年的农业实践锻炼才能上岗。

丹麦对农业教育十分重视。在丹麦,对农场主进行教育的主要力量是"农业学院",丹麦全国有 25 个农业学院。丹麦的农民都是知识型农民。只有经过 5 年大学学习、取得"绿色毕业证书"的人,才有资格购买土地,成为农场主。即便是农场主的子女,也必须取得"绿色毕业证书"才可以继承父亲的农场。可以说,农业教育是农业发展的基础,为农业经营管理水平的提高和科技的应用提供了必要保证。

这种以农协为主体的推广模式,在北欧农业推广史上曾发挥过重要作用并延续至今。

(三)以农业知识信息系统为核心的荷兰农技推广模式

荷兰的农业推广体系是以农业知识信息系统(AKIS)为核心构建的。农业知识信息系统把农民、农业教育、农业研究和农业推广体系综合起来,共同管理不同来源的知识和信息,促进农业生产和农民生活的改善。三者相互之间形成的联系被称为"知识三角",而农民是这个"知识三角"服务的核心。

荷兰的农业科研、教育和推广系统相当发达。农业科学研究由包括国家与地区研究中心、实验农场以及农业经济研究所在内的 8 家研究机构进行,它属于公共服务的一部分。这些研究机构对创新思想进行试验,对新技术进行尝试和展示。荷兰政府还在 11 个省设立了推广咨询理事会,每个省设有 2~7 个地区咨询中心。在这些部门中都有一批学科专家和专业推广人员从事相关科研、推广服务。此外,还有私人机构参与农业推广,它们通常从事农业生产资料的供应。在这个创新推广系统中,农业教育体系在农业产业化中的作用越来越重大。这一体系包括了从初等的职业教育到正规的大学教育的各种级别的课程。荷兰的职业教育直接面对农民,这可以使农民尽快了解各种技术的最新进展和市场需求,提高农民的科学素质和商业能力,使其能够跟上世界农业科技发展的步伐。

二、国外农业技术推广对我国的启示

(一)国外农技推广理论综述

发展经济学家阿瑟·刘易斯(William Arthur Lewis)早在 1954 年分析经济增长理论时就指出:"必须把农技推广工作看作是范围更加广泛的农业改良计划的一个部分,这种计划还包括诸如修路、农业信贷、供水、卓有成效的销售、土地改革、开发新产业吸收剩余劳力、办合作社等其他事情。"(阿瑟·刘易斯,2015)

美国经济学家西奥多·舒尔茨(Theodore W. Schultz)在 1964 年提出了"实现农业现代化,必须改造传统农业,依靠技术进步和人力资本改造传统农业"(舒尔茨,2010)的著名论断。他认为:"进行这种改造所需要的特殊新生产要素装在被称为'技术变化'的黑盒子里,这种技术变化主要是新生产要素。为了向这种类型农业中的农民供应追加的、新的、有利的生产要素,国家的研究机构有责任去发现并使用这些新农业要素。要做到这一点,国家必须投资于能为推进农业生产的知识及其应用做出贡献的活动。农民是'技术'新要素的需求者,政府则是新要素的主要供给者,如何将这种新要素由供给者传递给需求者,农技推广就尤为重要。"

美国传播学家蒂奇纳(Phillip J. Tichenor)在 1970 年提出了"知识沟理论"(Knowledge Gap Theory),认为收入、文化程度等不同的人获取的信息量不同,知识沟的差距是明显的。导致知识沟差距最主要的因素还不是社会经济状况和教育,而是受众兴趣。信息有时会扩大知识沟,有时则可能缩小,在这一过程中最为关键的一点就是兴趣或动机。因而,考虑到农户的技术需求和接受能力,鼓励农户采用新技术就应该多与他们交流、沟通,不断激发他们对新技术的需求,这将是农技推广工作的重点。

马什和帕内尔(Sally Marsch & David Pannell)更强调农民在农技推广体

系中的重要作用:在农技推广过程中,农民参与度的高低与推广的成效成正比。他们认为有效的农技推广应该是"需求拉动型"而非"科学推动型"。如果缺乏来自农民的技术信息反馈情况,会使研究与推广之间的联系变得非常脆弱。

　　日本学者速水佑次郎(Yujiro Hayami)和美国学者弗农·拉坦(Vernon W. Ruttan)在《农业发展:国际前景》一书中,在分析农业发展与技术—制度创新的关系时认为,要达到对公共技术创新供给的有效诱导,首先应实现技术创新者和技术使用者的紧密结合。在技术方面有创新成就的农民,许多人都曾经获得过院校、科研机构专家、技术人员的帮助。这些农民通过各种社会关系与专家、技术人员建立了联系,专家、技术人员为农民进行技术创新提供了良好的人际扶助条件(付少平、杨宜,2003)。

　　目前,越来越多的学者认同一种新的推广方式,即参与式技术推广方法(PEA,participatory extension approach)。

(二)国外农技推广理论和实践对我国的启示

　　从国外农技推广的实践和理论来看,大致形成了两类农技推广体系。

　　1. 以政府农业部为基础,再加私人企业的混合推广体系

　　欧洲国家的农业推广工作主要依靠政府、农民自己的组织和企业三个层面。首先,发达国家的税收制度能够保证资源在农业各部门进行分配。农场主纳税后能得到相应的服务,政府很尊重纳税人的权益,由政府资助的农业推广有经费保障。其次,农产品生产在欧洲完全市场化,收益和成本关系密切。既然技术对成本的降低可以起到至关重要的作用,农民也就积极组织推广活动。再次,欧洲农民的科技、文化素质普遍较高,自组能力很强,很容易组织推广。对他们而言,经营信息比面对面的技术传授更重要,正是这种高素质的农民群体推动了欧洲农业推广的迅速发展(王纺,2000)。

　　2. 以大学为基础的农技推广体系

　　这类推广体系的典型代表是美国,其特点是农业教育、科研、推广三位一体,大学建立农业技术推广中心。

　　美国是世界农业大国,依托农业院校建立的农业推广体系独具特色。美国联邦政府的主要职责是管理和领导农技推广工作,不直接从事农技推广工作;农业高校则统管全州的农业教育、科研和推广业务,为美国农业发展做出了巨大贡献。科技投入高是美国现代农业的特色,所以在美国,现代农业发展史就是一部以科技进步为契机的发展史。美国将科学技术融入自身的自然资源之中,并完善了强大的农业教育、科技、研究和推广平台,大规模地发展现代化农业科技。

3.国外农技推广体系对我国的启示

虽然每个国家农技推广的方式不同,但在其中仍有不少共同点。

（1）立法先行、政府主导、多元参与

不管哪种类型的推广体系,从中央到地方都有相应的推广机构,都有完善的农技推广法律。在各种推广力量中,政府推广体系是主导力量,对其他农业与农村开发服务组织有协调和影响作用。但是,农业和农村发展的综合服务（或社会化服务）是一个庞大的领域,包括生产、流通、生活、金融、保险、教育、卫生等许多方面,谁也无力包打天下,政府往往通过改革吸收各种社会力量,壮大推广能力。正是由于各种社会力量的加入,使得世界农业技术推广体系呈多元化趋势。

（2）重视农民的需求

世界农业技术推广的演进历程表明,农业技术推广对象（农业经营主体）在农业技术推广体系中扮演着越来越重要的角色,能否满足农民的技术需求日益成为决定农业推广有效性的首要因素。因此,当前世界各国的农业技术推广大多强调"客户导向"的策略,即以农民的现实或潜在需求为推广重点,并充分考虑农民的特点（主要是接受和理解能力）来设计、组织和实施农业推广活动（黄武,2009）。

日本的农业技术推广非常重视农民实情,通常按农民意愿开展推广活动,即实行"从下到上"的工作方式：根据农民的需求,设定推广课题,再制订推广计划,按计划实施,然后进行评价,将评价结果反馈到下一推广计划中（聂闯,2000）。

（3）科研、推广与教育"三位一体"

美国科研、推广、教育三者统一管理、密切联系,形成有机合作的推广模式。很多农技推广专家1/3时间从事教育,1/3时间从事科研,1/3时间从事农技推广教育。没有推广的科技成果,是不会转化为生产力的。这正是我们今天强调的"把论文写在大地上,成果留在农民家"。

几乎所有发达国家的现代农业进程之中,都离不开科技的助力。发达国家都重视将最新的科学技术及时应用于农业生产中,而且都有完整的农业科研、教育和推广体系,对现代农业建设形成了强有力的技术支撑。发达国家往往利用自身优势,其科研项目往往贴近于实际生产,使得科研成果转化率和科技贡献率往往都在70%以上。而且科技应用不仅仅是在农业生产这一项上,而是贯穿整个农业体系之中,使其各个农业产业链均有涉及,将生产、学习、科研相结合,使得农业科技的研发、推广、利用三阶段更畅通。

（4）高素质的农技推广队伍

早在20世纪70年代,美国州级推广人员53.7%有博士学位,37.3%有硕士学位,9%有学士学位;县级推广人员1.3%有博士学位,43.3%有硕士学位,

55.4％有学士学位。

丹麦建立"农业学院",用于对农业经营主体的培训,这种形式有点类似于湖州的"农民学院"。没有一支高素质的基层农技推广队伍,就没有办法解决农技推广中的"最后一公里"问题。

第二节　我国农技推广体系的形成与高校产学研模式

改革开放以来,党中央非常重视农业技术的推广,始终把农业技术推广作为农业现代化的重要抓手。

一、农技推广体系的形成

党的十一届三中全会以后,为了探索新形势下的农技推广体系的框架,农业部于 1979 年率先在 29 个县试办了农业技术推广中心。"中心"在组织上把种植业各专业整合在一起,在功能上将试验、示范、培训、推广结合起来,以发挥综合优势。1982 年,中央一号文件号召在全国范围内加强县农业技术推广中心建设,这标志着农技推广体系建设进入了一个大发展时期。同年,农牧渔业部组建了全国农业技术推广总站,对全国农技推广体系进行管理和指导。

为了全面、科学地总结改革开放以来我国农技推广改革的经验,将成功的政策及时法律化,从而依法扶持和管理农技推广事业,促进我国农业的持续发展,1993 年 7 月,《农业技术推广法》正式颁布。《农业技术推广法》对农业技术推广工作的原则、推广体系的职责、推广工作的规范和国家对推广工作的保障机制等重大问题做出了原则性规定,其中明确提出"农业科研单位和有关学校应当适应农村经济建设发展的需要,开展农业技术开发和推广工作,加快先进技术在农业生产中的普及应用",将农业技术推广中农业科研单位和有关院校的职责上升到法律层次。

2004 年,中央一号文件明确提出要深化农业科技推广体制改革,加快形成国家推广机构和其他所有制推广组织共同发展、优势互补的农业推广体系,以调整农业结构,最大限度地发掘农业增收的潜力,切实增加农民收入。2005 年,中央一号文件指明要加快改革农业技术推广体系,提高农业科技含量,进而提高农业综合生产能力。2006 年,中央一号文件指出:大力推进农业科技创新和转化能力作为发展现代化农业的一个有效途径,是建设社会主义新农村的重要基石。

2006 年 8 月,国务院出台了《关于深化改革加强基层农业技术推广体系建设的意见》,文件明确了基层农技推广体系的地位和作用,提出了改革基层农技推广体系的指导思想、基本原则和总体目标，充分体现了党中央、国务院对基层农技推广体系的高度重视，也充分说明了新形势下深化改革、加强基层农技推广体系建设的重要性；文件提出了构建多元化农业技术推广体系问题。2007年中央一号文件提出，科技进步是突破资源和市场对我国农业双重制约的根本出路。

2008年，中央一号文件《切实加强农业基础建设，进一步促进农业增效农民增收的若干意见》指出，要着力强化农业科技和服务体系基本支撑，以切实加强农业基础建设、促进农业稳定发展农民持续增收。2009年，中央一号文件要求强化现代农业物质支撑和服务体系，以促进农业稳定发展农民持续增收。2010年，中央一号文件中提出提高农业科技创新和推广能力，以加大统筹城乡发展力度，夯实农业农村发展基础。

2012年2月，国务院颁布《关于加快推进农业科技创新持续增强农产品供给保障能力的若干意见》，提出要依靠科技创新驱动，发展现代农业，提升农业技术推广能力，发展农业社会化服务，进一步明确了党和政府对农业技术发展及推广的关注，强调把推进农业科技创新作为"三农"工作的重点，作为农产品生产保供和现代农业发展的支撑，将农技创新与推广工作提到了一个新的高度。2013年，中央一号文件中将"构建农业社会化服务新机制，大力培育发展多元服务主体"作为七大方面之一进行了完整的论述，提出建设中国特色现代农业，必须建立完善的农业社会化服务体系，要坚持主体多元化、服务专业化、运行市场化的方向，充分发挥公共服务机构作用，加快构建公益性服务与经营性服务相结合、专项服务与综合服务相协调的新型农业社会化服务体系。2014年，中央一号文件中更是着力强调"推进农业科技创新"工作："深化农业科技体制改革，对具备条件的项目，实施法人责任制和专员制，推行农业领域国家科技报告制度。明晰和保护财政资助科研成果产权，创新成果转化机制，发展农业科技成果托管中心和交易市场。采取多种方式，引导和支持科研机构与企业联合研发。加大农业科技创新平台基地建设和技术集成推广力度，推动发展国家农业科技园区协同创新战略联盟，支持现代农业产业技术体系建设。"

党中央始终将农业科技创新与推广工作作为现代农业发展和新农村建设的重要工作来抓。

二、高校产学研模式

我国产学研合作（industry-university-research cooperation）的起步比较迟，长期以来高校、科研机构和企业之间是彼此独立的，从1992年国家经贸委、国家教委和中国科学院联合实施了产学研联合工程到1999年发布《中共中央、国务院关于加强技术创新，发展高科技，实现产业化的决定》后，产学研合作才逐渐成为政府、学术界和产业界共同关注的一个重要问题。

目前，全国高校产学研合作的模式有很多，如建立联合创新平台、高校与地方整体对接、大学科技园等。农业产学研的模式主要是以高校与地方整体对接、大学科技园为主。近年来，我国农业高校根据自身优势和区域特点，结合国外高校的成功做法，在农技推广和综合服务中探索建立了许多创新模式，并取得了显著成效。譬如河北农业大学的"太行山道路"、西北农林科技大学的"农业科技专家大院"、中国农业大学的"红色1＋1"科技行动、南京农业大学的"科技大篷车"和"百名教授兴百村"等。

（一）西北农林科技大学的"农业科技专家大院"

西北农林科技大学针对现代农业发展对科技的需求，在充分考虑农业的生态区域性、生产时效性、环境多变性、经营主体分散性等特征，以及我国农民科技文化素质普遍偏低、对新技术接受意识和能力欠缺的现实情况后，逐步探索建立以大学为依托的农业科技推广新模式，提出了以自主技术创新为核心，通过技术创新、技术示范、技术培训、信息传播四轮驱动，使科学技术真正在农村产业发展中落地生根、开花结果。

2000年，西北农林科技大学与宝鸡市政府合作探索，由地方政府根据产业需求聘请学校相关专家、教授，根据不同农作物和养殖业设立了32个"农业科技专家大院"。专家大院模式把学校的科技工作和宝鸡市农业生产、农村经济发展联结起来，使学校专家走进千家万户有了落脚点，农业科技成果转化有了平台，初步解决了农业科研与技术推广分离的现象。

2005年，学校提出了一个新的构想，即在区域产业中心地带，建设若干学校拥有一定产权的、产学研三位一体的、永久性的、专为产业发展服务的试验站，构筑"大学→试验站→示范户"的科技推广通道。2014年，学校与杨凌示范区牵头，联合陕西省10个地市农业科研单位，发起成立"陕西省农业协同创新与推广联盟"，实现了高校与地市农业科技资源的统筹协同。校地共建共管机制的建立，使试验示范站（基地）建设与运行管理由过去的"以学校为主体投资建设和运行管理"模式，逐步转为"以地方为主体投资建设、校地共建共管"的新模式，为学校科技推广工作的深入持续开展和地方积极主动参与农业科技推广奠定了基础。①

---

① 西北农林科技大学探索农技推广新模式，http://www.sxdaily.com.cn/n/2015/0617/c56-5698386-1.html。

（二）南京农业大学的"科技大篷车"和"百名教授兴百村"

20世纪90年代中期，南京农业大学建立"扶贫帮困"新机制与平台，开创引领农民致富路的"科技大篷车"。其主要做法有：

一是以"科技大篷车"推进区域高效农业发展为目标，从选派县乡挂职干部、培育多类农业人才、创新技术到成果转化推广等全程服务农业现代化。

二是"科技大篷车"走进综试基地，开展成果研发与推广，主要通过项目申报、技术集成与试验示范，推广服务引领产业发展。

三是"科技大篷车"融入企业、农民合作社、家庭农场、农业园区等多元农业主体，重点培训新型经营主体的多类农业人才，形成科工贸一体、产加销一条龙的绿色产业链，为镇村的新农村建设服务。

四是"科技大篷车"与乡村服务站点相结合，培育新型人才，壮大支柱产业，发展种养殖业、加工业、休闲观光业、循环农业与物流一体等的科教兴村模式，形成生产、生态与生活相结合的美丽乡村。

五是"科技大篷车"与龙头企业等主体合作，创新科技成果并推广，形成成果转化与多类人才培养的农科教结合、教科推一体的新模式。

21世纪初，南京农业大学在总结该校与东海、灌云等地区参与全国"科教兴村"计划和"科技大篷车"活动的理论与实践的基础上，与连云港市共同设计"双百工程"，建立校市合作科技推广新平台——百名教授兴百村。

为了进一步加快成果推广和示范，南京农业大学积极构建合作共赢的专家工作站，将学校的人才、科技、成果、信息等要素整合到专家工作站平台上。

应该说，无论是河北农业大学的"太行山道路"、西北农林科技大学的"农业科技专家大院"，还是南京农业大学的"科技大篷车"和"百名教授兴百村"模式，在积极探索高校与地方政府合作共建新型农技推广体系上都取得了较好的效果。

第三节 新型农技推广模式形成的背景

一、湖州现代农业发展的现实基础

（一）自然条件

湖州地处太湖南岸，浙江北部，山水平原兼具，历来就是稻米、淡水鱼、蚕茧等农产品的重要产区，享有"鱼米之乡、丝绸之府"的美誉。湖州现辖长兴、安吉、德清三县和南浔、吴兴二区,地貌特征以平原为主,丘陵次之。西部是山地丘陵,东部是平原水乡,依山傍水、资源丰富。在地貌结构分布中,山地丘陵占49.3%,平原占41.5%,水面占9.2%,概称"五山一水四分田"。

湖州属于亚热带季风气候,四季分明、光温同步、雨热同季、气候温和、空气湿润。地形起伏大,垂直气候差异明显,为农林牧副渔多种经营提供了优越的自然条件。年平均气温16.6摄氏度,年降水量1465毫米,无霜期244天左右,年日照2013小时。湖州市水资源丰富,水资源总量约46.50亿立方米,人均约1500~2000立方米。独一无二的自然资源优势,使得湖州的农业发展有了先天的条件。

(二)农业发展水平

改革开放以来,湖州市委、市政府一直高度重视"三农"问题,农业发展基础良好,具体表现在以下几方面。

1. 农业设施装备加快发展

经过历史长时间的沉淀,湖州境内的农业基础设施完善,排灌渠系畅通,各种农业设施已经具备了一定的规模。2005年,湖州全市大棚设施5万亩,连栋温室10余万平方米。水产育苗及养殖温室面积达到120万平方米,湖州南太湖特种水产苗种繁育中心现代化育苗温室已投入使用。

2. 优势产业特色明显

经过多年来的不懈努力,湖州已形成特种水产、蔬菜、茶叶、水果、蚕桑、花卉、畜牧、竹笋等一批比较具有优势的产业,在国内已具有一定的规模优势和知名度。2007年,湖州主导产业的产值占农业总产值的比重达到80%。安吉县是全国著名的"竹乡";菱湖是全国闻名的三大淡水鱼养殖基地之一;长兴县是全国重要的银杏、青梅之乡。其中,水产、丝绸、竹笋、湖羊、茶叶是湖州传统的农业优势产业。

3. 农业产业结构调整已迈出新步伐

湖州大力发展效益农业,培育了一批特色主导产业,形成了农业块状经济新格局。2005年,湖州全市已建成规模在10万亩(1亩约为667平方米)以上的特色农产品基地7个。种养业产值比由2000年的65∶35调整为2005年的41∶59。

4. 农产品安全质量水平有了新的提高

2005年,湖州全市建设各类无公害农产品基地281个,125种农产品获得国家无公害农产品称号。

5. 农业产业化经营上了新台阶

2005年,湖州全市已有省级以上农业龙头企业13家,其中国家级2家;年

销售百万元以上的农业龙头企业达到 1000 多家。各类农村专业合作社 272
家,会员 3.86 万户。

2005 年,湖州全市实现国内生产总值(GDP)640 亿元,三次产业结构比为
9.8∶55∶35.2。农村经济总收入达到 2280 亿元,全年实现农业总产值 106.08
亿元,比上年增长 8.9%。其中农业产值 42.33 亿元,占 39.9%;林业产值
14.36 亿元,占 13.5%;畜牧业产值 24.48 亿元,占 23.1%;渔业产值 24.14 亿
元,占 22.8%;其他(农林牧渔服务业)0.77 亿元,占 0.7%。全年农作物总播种
面积为 349.66 万亩,比上年增长 2.3%。其中,粮食作物播种面积为 187.93 万
亩,经济作物播种面积 161.73 万亩,分别比上年增长 1.8% 和 2.8%。[①]

2005 年,湖州市农村居民人均纯收入 7288 元,比上年增长 14.2%,扣除价
格因素的影响,实际增长 12.8%,比上年提高 2.9%。

无论从农业发展的自然条件来看,还是从农业发展的现实基础看,湖州的
农业发展一直走在全省前列。

二、湖州农技推广体系创新的迫切性

近年来,如何推进农技推广体系有效运行始终是农业发展研究和实践领域
的一大课题。虽然国家和地方政府投入了相当大的力度进行探索和实践,但如
何在高校和农业科研机构与现代农业生产之间建立一个新的技术成果转化的
快速通道,一直是一个真正有待解决的问题。

湖州尽管有良好的自然资源和较高的农业发展水平,但缺乏农业科技的强
有力支撑。湖州原有的农技推广体系与全国大多数地区一样,存在着农推体系
"线断、网破"的现象,已经无法适应现代农业的发展。现代农业对科技支撑的
迫切需要,倒逼我们必须对传统的农技推广体系进行创新。

(一)农业产业结构调整与农技推广队伍之间的矛盾

湖州现代农业产业结构发展到 20 世纪初,已由传统的粮、油、桑等发展到
花卉、苗木、特种水产、蔬菜、畜牧等,农业商品性的特质越来越显现,而农技推
广人员原有的知识体系已经跟不上现代农业产业结构调整的步伐。随着农业
新兴产业的不断壮大,其与技术推广之间的矛盾也在日益加剧,具体体现在以
下三方面。

1. 农技推广人员结构不合理

现代农业推广需要复合型人才,不仅要精通专业技术,而且要懂市场、会营

---

① 数据来源:2007 年《湖州统计年鉴》。

销,但现有的农技推广队伍年龄老化、知识陈旧。据湖州市农业局调查统计[1],2011 年,湖州全市 64 个乡镇(街道),编制数 599 人,编制内人员数 546 人,实有人数 564 人。编制内人员学历情况,本科以上学历 78 人,大专学历 247 人,中专学历 135 人,中专以下学历 86 人,大专学历以上占 60%;专业技术职称情况,高级职称 3 人,中级职称 214 人,初级职称 285 人,初级职称以下 44 人,中级职称以上占 40%;人员年龄结构情况,50 岁以上 250 人,36~49 岁 204 人,35 岁及以下 92 人,35 岁及以下只占 17%。

2. 农技推广人员知识老化

让推广人员从事传统农业可谓轻车熟路、得心应手,但是面对现代农业他们则大多一筹莫展、无能为力。目前两级农技推广机构都存在农技人员断层断档、知识单一的现象。2011 年,湖州市吴兴区农技推广中心 35 岁以下有 4 人,而 50 岁以上有 6 人(花登峰,2013)。八里店镇农业综合服务中心 35 岁以下有 2 人,而 50 岁以上有 6 人。这样的年龄结构明显存在倒挂问题,不利于保持推广队伍的稳定性。而且两级农技推广机构的人员技术大都局限于粮食和蚕桑等传统领域,知识单一、知识面窄,很难适应现代农业发展的要求,也很难满足农民对先进实用技术的需求。基层农技推广人员存在应付行政事务多、从事农技推广工作少、人员结构老化、专业知识退化等诸多问题,导致农业技术创新能力下降、后劲不足,农村信息化基础也较弱。

3. 农村经营性人才缺乏

农村经济和现代农业水平的提高,需要人才支撑。而从农村实用人才状况来看[2],2006 年,全市各类农村实用人才占农村总人口的 3.5%,占农村劳动力的 5.4%;各类人才中初中及初中以下文化程度占 89.1%,大专以上的仅占 0.3%。生产型人才占实用人才总数的 50.3%,而生产型人才中种养能手占 84%。尽管种养能手所占份额很高,但 43% 以上的问卷调查反映,当前农村最为紧缺的是实用技能型人才,这从一个侧面反映,目前我们的人才已经与农村经济特别是与现代农业发展不相适应。

随着城市化与工业化进程的加快,截至 2009 年年底,全市从事种养业的农民有 33.31 万人,其中 55 岁以上的有 16.23 万人,占 48.72%;初中及初中以下文化程度的有 28.65 万人,占 86%。从事农业生产的人口存在老龄化和文化程度低等问题,故难以承担起发展现代农业的重任。由于农业主体对科技创新和新技术应用的内在动力不足,不少农业企业缺乏创新意识、科技人才和研发实

---

[1] 数据来源:湖州市农业局关于市七届人大一次会议第 056 号议案答复的函。
[2] 数据引自天生弱质(湖州市人民政府农业和农村工作办公室副主任姚红健)博客 http://blog.sina.com.cn/s/blog_4dc00f6c1000bei.html。

力,示范带动农户的作用较有限,新技术引进、开发难度较大(杨献中等,2010)。

此外,农业科研领军人才缺乏,科研团队整体实力较弱,难以承担大项目、取得大成果;科研学科设置不全,还缺少畜牧、园艺、农业生态等方面的专业研究队伍;科研立项滞后于生产实际,科研成果转化率不高;基层农业公共服务人员年龄老化、文化程度偏低、在编不在岗、在岗不在位的现象还普遍存在。

农业人才的缺乏,导致农业功能开发难以适应市场的需求,制约了农业产业化经营水平的提高。

(二)现代农业产业链和现有农技推广体制之间的矛盾

在我国,农业的科研教育、推广体系都是按条块设置,区域之间、部门之间各自为政,往往造成重复研究和资源浪费。而现代农业是区域化布局、规模化发展、组织化生产、市场化营销的农业,要求集成创新的思路和方法。农业的市场化程度不断提高,迫切要求科研成果的研发和推广立足于市场,立足于需求。而现在科研教育和推广往往是"两张皮",科研教育单位盲目追求论文的数量,论文发表之日即是大功告成之时;政府主导的行政推广体系则既缺乏科研创新成果的支撑,也缺乏体制机制的活力。

1.农技管理体制不顺

从规模上看,市校合作前湖州市各农业科研机构的科研人员最多的只有几十人,最少的仅十人,科研力量薄弱,难以在国家启动实施的"现代农业科研院所建设行动"中得到支持;从管理上看,除浙江省淡水水产研究所为省属单位外,其他几家农业科研单位分属市级不同部门管理。湖州市农业科学研究院归市农业局管理;湖州市林业科学研究所归市林业局管理;中国科学院湖州现代农业生物技术产业创新中心归市开发区管理。从发展上看,由于存在小而散的格局,缺乏统一规划协调发展,各农业科研机构无法形成有效合力,有限的科研资源浪费较大,科研整体效率较低,不利于构建支撑湖州现代农业发展的科学研究体系,与国家级现代农业示范区创建不相匹配,已不能适应现代化新型农业发展的需要。

2.乡镇农技人员队伍不稳定

一些乡镇由于在管理体制上把农技机构作为乡镇政府的一个工作机构,把农技人员作为乡镇行政干部在使用,平时搞农技推广工作时间很少,因此认识不到农技人员的特殊地位和作用,甚至个别领导把农技队伍当作包袱,认为农技推广机构的存在增加了乡镇财政负担。上述的片面认识,严重影响了农技推广体系的建设。另外,乡镇农技人员的岗位变动较大,专业工作精力不足,农技人员主要精力从事拆迁、征用等非专业工作的情况普遍存在。全市乡镇农技人员用于专业工作的精力不足60%。以吴兴区农技推广中心和八里店镇农业综合服务中心为例,2011年,吴兴区农技推广中心编制数18人,实际在岗12人(其中被市农林局借走4人,停薪留职1人,挂职1人)。农技推广中心为全额的事业单位,全年财政拨款200余万元,仅能满足日常办公开支,人员经费等没有保障。而八里店镇农业综合服务中心的经费则可以得到足额保障(编制数12人,实际在岗12人),但大部分人员忙于乡镇行政事务,中心工作只能见缝插针(花登峰,2013)。这就导致县乡两级推广体制不畅通,运行机制不灵活,形成"该管的(乡镇)不想管,想管的(县区)管不着"的局面,影响了技术推广的效率。

(三)农业产业的发展和农业科技总体投入不足之间的矛盾

进入2000年以来,农业结构性调整步伐加快,农业产业化水平进一步提高,湖州市政府在"三农"方面投入资金巨大,但农业科技投入不足的问题仍然相当突出。

湖州虽然地处沿海发达地区,却在长三角地区经济发展中处于相对滞后的洼地。2005年,湖州地方财政收入只有39.73亿元,低于苏州新加坡园区的地方一般预算收入。2005年,直接用于市本级"三农"的财政投入达到3亿多元,市本级科技"三项"达到3300万元,但直接用于农业科技项目的经费不到300万元,与农业科技经费占科技"三项"总经费三分之一的要求差距较大,从总体上削弱了农业科技的研发能力。而且,项目经费不配套。农业部门从国家或省争取的项目,需要地方资金配套,而市本级财政紧张往往难于落实,使项目实施难度增加,项目质量下降。

2011年,湖州市财政科技经费为7145万元,用于科技项目的经费是2100万元,其中农业科技项目经费仅为750万元。农业科研经费严重不足,导致科研仪器陈旧、基础设施落后以及科研手段严重滞后等问题,而且农业科研经费主要用于保持科研队伍稳定,难以集中经费出大成果。如2011年湖州市科学技术进步奖共设奖43项(一等奖3项,二等奖10项,三等奖30项),其中涉农的奖项仅二等奖2项(桑蚕1项,水产1项),三等奖3项(林业1项,水产2项),突破性农业科技成果数量明显偏少。

(四)农业产业的发展和农业科技支撑力较弱之间的矛盾

随着农业产业结构的调整,市场对新品种、新技术的需求越来越强烈。尽管近年来,湖州市加大了农业新品种、新技术的引进和推广,但作为源头的种子种苗业发展不快,优势品种的提纯复壮技术发展滞后,优良品种的单体种植规模不大,农业产前、产中和产后等技术集成配套不够,科技成果推广不快,转化率不高,导致农产品难以满足多元化消费需求,产品附加值不高,农业产业链难以形成。

2005 年,湖州市尽管有 8 个省级农业科技成果转化资金项目立项,但在全省仍然位于第 5 名①,与湖州农业的悠久历史地位不相符。

农业科技立项机制不合理,竞争性项目投入比例偏大,立项项目周期较短,导致研究方向随每年研究课题的改变而改变,难以对长期发展做出战略性规划,科研人员忙于申报项目和项目验收,从事科研的时间和效益明显下降。农业事业单位机制不活,实行绩效工资后,缺乏强有力的激励政策,不能有效调动农业科技人员的积极性、创造性,同时实行岗位设置后,科研人员相对较多,高级职称职位数相对偏少(特别是正高职称),成为制约科技人员业务能力提高的重要因素。

(五)科研成果推广和传导机制缺失之间的矛盾

湖州传统的农技推广体系,与全国其他地方一样普遍存在农技推广"最后一公里"的难题,其实质就是农技推广链的缺失。

21 世纪初,我国的农业科技创新研究虽然取得了很多成就,但 90% 的研发力量集中在产中阶段,而产中阶段的研发大部分又集中在种质资源上,基础的作物生理数据研究很少,与农业生产实际脱节。长期以来,我国采取的是"由上至下"的、由供给推动的公共推广体系,这一体系不重视农民的需求和市场的需求,因而造成了技术供给与技术需求严重脱节,越来越难以适应现代市场经济的要求。

由于专家资源的有限性和技术需求广泛性之间的矛盾,也由于农业技术提供者和技术使用者之间缺少有效的信息交流,研究出来的农业新技术、新成果往往与农业生产者的实际需求相脱节,这又使得技术研发者、推广者和需求者的积极性都表现不高。造成这种现象的原因很多,但主要有二:第一,科研单位与推广部门之间缺少直接沟通和联系,使得大多数农业科研项目的研究目的变成了为研究而研究,不能直接服务于农村经济发展的需求,对农业生产和农民来说很多科技成果看得见、摸不着,更用不上;第二,院校农业科研人员都很少对农业经营主体进行面对面的技术指导服务,彼此之间的合作机制缺少紧密性(周琨,2011)。

现有农技推广体系缺少中间传导,缺少一个联结科研人员与农业经营主体之间的平台。即使有个别专家与经营者存在技术指导,但由于没有专门平台和本地农技人员参与,造成农技推广链因为缺少黏合、缺少传导机制而"线断、网破"。这就是后来湖州新型农技推广体系创新设计"1+1+N"中的"+"和中间的"1"的由来。

---

① 引自浙江在线,http://3n.zjol.com.cn/05sn/system/2005/10/21/006341669.shtml。

随着新型农村经营主体的不断壮大,尤其是农民专业合作社、家庭农场和农业龙头企业的涌现,农民对农技的需求越来越高,自主引种、自主繁育、自主试种的情况越来越普遍,改变了过去单一由政府农技推广组织引进、试种、推广的农推模式。农技推广要想更加有效,必须在推广体系中,注重新型农村经营主体的参与。

湖州创新农技推广体系,既有湖州良好的农业发展作为基础,也缘于湖州发展现代农业对科技支撑的内在需求。

第四节　市校合作共建社会主义新农村

湖州市与浙江大学市校合作的大背景,就是建设社会主义新农村战略的提出。

2005年10月,党的十六届五中全会通过的《中共中央关于制定国民经济和社会发展第十一个五年规划的建议》中首次提出了建设社会主义新农村的战略,并将"建设社会主义新农村作为中国现代化进程中的重大历史任务"。作为科学发展观中"五个统筹"之一的城乡统筹,社会主义新农村建设正式纳入政治议程。2006年的中央一号文件,发布了《关于推进社会主义新农村建设的若干意见》(以下简称《意见》),社会主义新农村建设从政治议程上升到政治纲领和行动主张。《意见》明确要求:各级党委和政府必须按照党的十六届五中全会的战略部署,始终把"三农"工作视为重中之重,切实把建设社会主义新农村的各项任务落到实处,加快农村全面小康和现代化建设步伐。《意见》鼓励各类农科教机构和社会力量参与多元化的农技推广服务,为现代农业发展提供支撑。

一、浙江大学参与新农村建设战略的实施

2006年4月25日,浙江省委、省政府发布了《关于全面推进社会主义新农村建设的决定》。其中提出了"努力使我省的社会主义新农村建设走在全国前列"的主要目标。

服务地方,一直是浙江大学的优良传统。服务地方社会经济发展是时代赋予高校的光荣使命和职责,大学的发展与地方经济发展的紧密结合更是时代的要求和历史的必然趋势。在浙江大学与地方的合作中,为浙江省"农村、农业、农民"服务的内容占了相当大的比重。2005年,仅浙江大学农学院一个学院,与杭州、宁波、温州、嘉兴、湖州、丽水、绍兴等地市合作启动的项目就有30个。中央关于全面推进社会主义新农村建设的决定,为浙江大学服务地方提供了新契

机。浙江大学积极响应中央建设社会主义新农村的重大战略部署,提出举全校之力参与新农村建设。浙江大学在学科设置上优势十分明显,涵盖了理工农医等11大门类。在综合性大学中,浙江大学的农业学科设置是独此一家,绝无仅有;在农林类专科大学中,浙江大学的学科综合优势又遥遥领先。因此,浙江大学具有服务地方的最有利条件。全国综合性高校是技术创新的主体,每年有大量的科技成果产出,但是科技成果转化率并不高。如何发挥高校科技人员的积极性,使高校科研更接地气——既要强调理论,也要重视应用研究,进一步提高科技成果转化率——一直是高校服务社会的关键问题。

大学如何发挥自身优势,解放办学思想,"以服务为宗旨,在贡献中发展"?2006年3月20日,时任浙江大学党委书记张曦和校长潘云鹤联名致信浙江省委、省政府,提出了浙江大学全面参与浙江省社会主义新农村建设的有关设想和《浙江省与浙江大学省校合作建设社会主义新农村实验示范区行动计划》的建议。时任省委书记习近平就此建设做出批示:"浙大全面参与新农村建设的认识高,有关设想具有操作性",并批示浙江省与浙江大学进一步商议落实。

随后,浙江大学多次召开有关新农村建设的专题研讨会,统一思想,积极行动,并提出了"立足浙江、辐射全国、走向世界"作为学校参与社会主义新农村建设的宗旨和目标。

2008年,在原浙江农业大学参与农业技术推广工作的基础上,浙江大学成立了国内高校中首家农业技术推广中心。农业技术推广中心是充分整合并发挥浙江大学涉农学科的人才、技术、信息资源优势,加快农业科技成果转化、集成创新、推广服务的重要平台。中心紧紧围绕"以服务为宗旨,在贡献中发展""顶天立地""高水平、强辐射"等服务理念,按照"聚焦湖州,立足浙江,服务西部,面向全国,走向世界"的工作思路,以服务农业、生命和环境领域国家重大战略需求为目标,针对国民经济建设和社会发展中农业、生命和环境领域的重大理论和现实问题,培养和集聚了一批高水平应用型的领军人才和创新团队,着力提高自主创新和成果转化能力;建设和提升一批高水平强辐射的科教基地和创新平台,着力提升自我发展和学科支撑水平;设计和实施一批高水平高效益的科研课题和推广项目,着力增强自身动力和社会服务本领。逐步建立"党政主导,教师主体;人才引领,制度保证;平台支撑,项目推动;市场导向,多元统筹"的社会服务新模式、新机制。中心有教职工76人,其中具有高级职称的教师57人。中心下设综合、科技成果推广、技术培训等3个办公室,以及生物种业与植物生产、动物生产、生态环境工程与规划等3个业务部门。

2008年7月,浙江大学又出台了《浙江大学关于加强现代农业技术推广中心建设的若干意见》,进一步完善了加强学校现代农业技术推广中心建设的有关政策,制定并完善了"农业技术推广系列"教师的职称晋升和考评制度。本着分类管理、分类考核的指导原则,学校对农业推广岗位教师采取了不同于教学科研岗位教师的相应考核政策,主要考核其在新农村建设中对促进现代农业产业发展、示范基地建设、农业龙头企业技术进步等所产生的经济效益和社会影响力,以充分调动广大教师的积极性。

2012年4月,由教育部、科技部联合下文(教技函〔2012〕39号)批准成立了浙江大学新农村发展研究院,自此浙江大学成为全国首批10所开展新农村发展研究院建设的高校之一。2012年7月11日,国务委员刘延东亲自为浙江大学颁授了"浙江大学新农村发展研究院"匾牌。浙江大学新农村发展研究院以建设"世界一流大学"和服务"三农"有机融合为目标,以农村建设和发展的实际需求为导向,以机制体制改革为动力,以服务模式创新为重点,充分发挥学校人才培养、科学研究、社会服务和文化传承创新的综合能力,构建以高校为依托、农科教紧密结合的综合社会服务平台,组织和引导学校广大师生积极投身社会主义新农村建设,切实解决农村发展的实际问题,在区域创新发展和新农村建设中发挥学校的带动和引领作用。

二、市校共建社会主义新农村

湖州自身的条件十分独特,也十分优越:地理位置上,处于长三角腹地,交通便捷;经济发展上,层次比较完整;地貌上,有山有水有平原,各种形态兼备;产业发展上,三大产业均有代表性,尤其是农业,无论是传统农业还是现代农业都有着良好的基础。浙江的十大农业支柱产业,在湖州十分齐全,一个都不缺。

但是,湖州推进农业现代化也有明显的短板:新农村建设不仅责任重大,而且涉及经济社会诸多方面,任务十分繁重。要想解决湖州"三农"问题,除了自身努力,必须借助"外脑",借助"外力"。

在获知浙江大学全面参与社会主义新农村建设行动方案时,湖州市委敏锐地意识到了其中蕴含的重大机遇。与全国很多地方一样,湖州新农村建设不仅面临着科技、人才等资源、要素的投入问题,更面临着城镇差距持续扩大、农村公共产品供给严重不足等许多深层次的体制、机制改革问题,而浙江大学学科众多、门类齐全,在科研、信息、人才等方面具有很强的优势。倘能实现市校合作,必将最大限度地弥补湖州的"短板",达到优势互补效应。2006年3月23日,湖州市党政代表团访问浙江大学,双方就浙江大学和湖州市合作共建新农村示范区达成共识,旋即决定合作共建湖州市省级新农村实验示范区,此举随后得到浙江省委、省政府的首肯。①

2006年5月21日,湖州市与浙江大学在浙江大学紫金港校区签订合作协

---

① http://unn.people.com.cn/GB/14748/7197531.html.

议,决定举全市之力和全校之力,将浙江大学强大的人才、技术优势和湖州良好的"三农"工作基础与资源优势进行有机结合,共建省级社会主义新农村实验示范区。湖州市与浙江大学按照"为浙江新农村建设走在全国前列探索规律、积累经验、争当示范、做出贡献"的要求,坚持合力合作、共建共享,坚持惠农富民、实际实效,全面履行合作协议,探索创新合作机制,健全完善合作平台,精心实施合作项目,扎实推进市校合作共建工作。

此前,浙江大学和地方并非没有合作,但多是"单打独斗"的项目,项目结束就意味着合作终止。此次由校方和地方政府共同搭建平台,合作层次得以大大提升:不是短期的,而是长期的;不是无序的,而是有计划的;不是零星的,而是整体推进;不是局部的,而是涉及经济社会各个方面、各个层面的全方位合作。

依据《湖州市与浙江大学合作共建省级社会主义新农村的实施意见》,以全面实施"1381行动计划"为主要内容,即建设一个省级新农村实验示范区,构筑科技创新服务、人才支撑、体制机制创新"三大平台",实施产业发展、村镇规划建设、基础设施建设、环境建设、公共服务、素质提升、社会保障、城乡综合改革"八大工程",推进"一百项以上重大项目"。

湖州市与浙江大学共建省级新农村实验示范区的目标是,经过若干年努力,把传统农业建设成高效生态农业,把传统村落改造成农村社区,把传统农民改造培育成新型农民,最终形成城市和农村互补互促、共同繁荣的城乡一体化发展格局,使湖州的新农村建设走在浙江乃至全国前列。

"1381行动计划"与以往其他校地合作一个最大的不同,就是市校合作不是单一项目层面的合作,而是融入新农村建设整体之中,这就使科技合作有了新的内涵。"1381行动计划"可以说具有很强的针对性,直指制约湖州市新农村建设的三大软肋:技术缺乏、人才匮乏和体制机制不健全,可以说是抓住了"牛鼻子"。

市校合作共建省级社会主义新农村实验示范区,直接推动了湖州新型农业技术推广体系的创新。

第二章 新型农业技术推广模式的发展历程

　　湖州市与浙江大学共建的现代农业科技推广创新体系,有一个内在的逻辑体系。从最初的一名高校专家指导示范一个基地("1+1"),发展到一个高校院所专家团队加一个本地的农技推广专家小组和若干个现代农业经营主体(即"1+1+N"),最后形成以科技入股、创新团队、农业主导产业研究院为核心的新型农技推广体系。这一创新的动因在哪儿? 它的形成机理如何? 地方政府和高校又是如何在贯彻中央创新战略前提下,精准把握"三农"需求推进制度创新? 本章我们主要从历史逻辑去回顾和追溯"1+1+N"新型农推湖州模式的发展历程,试图从 10 年来湖州市和浙江大学市校合作共建"1+1+N"新型农推体系的演变和农业技术推广政策的变迁,分析地方政府治理现代化和高校服务地方战略发展的适应性、协同性和共生性。

　　从湖州现代农业科技推广体系创新历程来看,已经基本形成了一种区别于传统农技推广体系的新型农技推广的"湖州模式",即市校合作共建、带动本地农技专家、主导产业推广、联结经营主体、多方共赢的新型体制机制的推广体系,这种新型推广体系的创新路径,可以概括为农技推广体制创新启动、"1+1+N"产业联盟试点、"1+1+N"产业联盟推广和"1+1+N"产业联盟深化四种不断演化的农技推广形态,这四个演进的阶段正反映了"市场在资源配置中起决定性作用"的思想。

第一节 农技推广体制创新启动阶段

　　这个阶段的标志性事件,就是浙江大学和湖州市共建浙江大学南太湖现代农业科技推广中心,在创新农技推广体系中试行"中心+首席专家+基地+龙头企业"的模式。

浙江大学与湖州市在农业技术方面的合作由来已久,但在市校共建社会主义新农村示范区之前,只有零星的合作、个体项目的合作,谈不上举全校之力、举全市之力。

2006年4月,中共浙江省委、省政府在《关于全面推进社会主义新农村建设的决定》中,提出"依托涉农高校、科研院所、农技推广机构、农业龙头企业、专业合作社,建立健全农业科技创新服务体系。建立农业主导产业的首席专家和专家组等科技团队制度,培养和壮大农业科技人才队伍"。农推体制创新,成为全面推进社会主义新农村建设的一个切入点。2006年5月,湖州市以"浙江省委提出要使浙江成为社会主义新农村建设水平最高省份之一"为契机,与浙江大学签订合作协议,决定举全市和全校之力,共建省级社会主义新农村实验示范区。在《湖州市与浙江大学合作共建省级社会主义新农村的实施意见》中,明确提出要构筑科技创新服务、人才支撑、体制机制创新"三大平台"。在"市校合作共建社会主义新农村"的框架下,湖州农业推广体制创新进入了启动阶段。

一、共建南太湖农技推广中心,完善推广链条

2007年6月27日,浙江大学和湖州市人民政府签订了共建"浙江大学湖州市南太湖现代农业技术合作推广中心"协议。

2007年11月2日,在紧张筹备了将近半年之后,浙江大学和湖州市合作共建的新型农业技术推广平台——浙江大学湖州市南太湖现代农业科技推广中心(以下简称南太湖农推中心)正式成立。同时成立了由市校双方组成的南太湖现代农业科技推广委员会。

(一)推广平台建设——破解"最后一公里"问题

湖州农技推广体制创新首先从制度创新开始,通过南太湖农推中心来探索一种新的农技推广体系。南太湖农推中心的定位是:坚持"技术推广专业化、服务综合化、功能多样化"的原则,以提升湖州市现代农业和农业主导产业水平为目标,联合湖州市的科研机构、推广机构、培训机构、生产力促进中心、农业科技示范园区,以及专业协会、农民合作组织、农业龙头企业等,逐步成为集国内外农业技术成果转移扩散、农业科技型企业孵化、先进知识文化传播、现代新型农民培训等多功能于一体的综合性现代农业技术服务平台。中心以浙江大学、湖州市农科院和湖州市农技推广体系的部分科技人员为骨干力量,吸纳相关人员组成流动人员队伍,并以县区乡镇和农业龙头企业等管理与科技人员为基本力量,从而形成推广农业科研成果的人才体系。这个推广体系的特点就是理论和实践有机结合,在欧美国家采用的就是这种类似大学校外实验室的模式。在我国,以前的农业科技推广需要经过农业部、农业厅、农机站等层层机构,中间渠

道偏多、推广时间持续较长。借助南太湖现代农业科技推广中心这一平台,建立"首席专家—推广平台—示范基地—农民(农业龙头企业)"的模式,是一种依托高校农业科技资源的新型农业推广体系。

南太湖农推中心首批引进了18位首席专家,其中来自浙江大学的有12位(其中来自农业生物技术学科4位、园艺学科4位、资源环境学科1位、动物养殖学科1位、农产品加工学科1位、蚕桑学科1位),湖州本地农技专家有6位。

南太湖农推中心不仅是一个科技成果转化的加速器,更是一个反应灵敏的农业综合服务平台,它为教授和农民之间搭了一座桥,让他们实现了点对点的有效沟通,也为浙江大学涉农教师提供了一个集成果转化、集成创新、推广服务为一体的重要平台。浙江大学以市校合作的形式建立高校成果转化直通车,核心的目标就是从根本上解决科研与推广"两张皮",解决科研成果和技术转化率问题,最大限度地提高科技支撑新农村建设的力度。为此,浙江大学专门成立了中国高校首个农业技术推广中心。

(二)示范基地建设——专家们建在田头的实验室

整个农业科技体系创新点,除了推广链中的平台——市校共建的南太湖农推中心之外,还有一个重要节点——试验示范基地。试验示范基地是南太湖农推中心平台建设和发挥作用的重要载体,也是联结高校专家与农业经营主体的媒介。

试验示范基地占地200亩,有植物组培试验(产业)区、蔬菜瓜果试验示范区、园艺作物试验示范区、水生作物试验示范区、粮油作物试验示范区等功能区块。

试验示范基地由湖州市政府投资建设,目标定位是经过2～3年,将其建设成为集国内外农业技术成果转化展示、农业高新技术的推广和产业化、农业科技知识的传播、现代新型农民培训等多功能于一体的综合性的现代农业科研试验与技术服务基地,使其成为湖州农业科技的孵化器和示范园,成为吸纳与辐射国内外先进农业科技成果的平台,成为展示市校合作农业科技成果的窗口。试验示范基地具有六大功能:一是作为湖州市农业科技创新基地,为开展新品种选育、植物组培快繁等研究提供良好的科研条件;二是作为湖州市农业科技成果转化基地,引进、消化、吸收国内外先进科研成果并进行应用推广;三是作为湖州市农业科技服务基地,举办新技术、新品种、新模式培训咨询活动;四是作为湖州市现代农业展示基地,在生态高效农业、设施农业、作物新品种、栽培新模式等方面展示现代农业的最新科研成果;五是作为湖州市农业科技对外合作基地,为开展与大学、科研院所和农业龙头企业的合作提供基础条件;六是作为湖州市社会科普教育基地,为湖州市中小学师生开展农业科普教育提供支持和服务。

该试验示范基地的建设是湖州市与浙江大学合作共建省级新农村实验示范区的重要举措,得到了湖州市委、市政府和浙江大学的高度重视。从某种意义上说,试验示范基地就是教授专家们的校外实验室。

试验示范基地的每个区块都由一名浙大首席专家负责,专家们在各自的"自留地"上,开展新品种原种的选育繁育、植物组培快繁技术和植物非试管快繁技术的研究、对当地农家品种和选育的优良品种及引进的有价值的育种材料保存等,在生态高效农业、设施农业、农作物新品种、农作物栽培新模式等方面对外展示现代农业的最新科研成果。

试验示范基地,这块被称为"教授试验示范基地"的土地,尽管现在已经不复存在,成了新崛起的临港工业带的一部分,但在农技推广体系创新历程中却占有重要的地位。这是浙江大学专家们建在田头的实验室,是真正接地气的实验室,是把论文写在大地上的实验室。如果专家们培育的新品种产量高、质量好,湖州市政府就立刻开辟 1 万亩示范田,进行大面积推广,让当地农民进行种植。这种试验、扩大、推广的滚动发展方式,不仅体现了专家的带动作用,更重要的是找准了市校合作的最佳结合点——农业科技。

2008 年,浙江大学专家主持的许多科研项目,如鲜销甜糯玉米新品种及无公害标准化栽培技术示范与推广、优质特色马铃薯的引选及其示范推广、湖州水生蔬菜优良种质资源保存及利用研究、移动式种养轮换生态养猪模式的研究及示范等均在试验示范基地进行转化和示范。

到 2008 年年底,已初步形成"农推中心+试验示范基地"(即"1+1")的新型农业技术推广模式,为全省乃至全国探索建立新型农技创新与推广体系积累经验、提供示范。南太湖农推中心成立两年,就有 150 多项成果得到推广应用,取得了明显的效果。

2008 年 10 月 10 日,《浙江日报》在长篇纪实《实践在希望的大地上》一文中报道了浙大专家教授走出实验室、探索共建新农村的"浙大模式"。

2008 年 10 月 11 日,中央电视台《新闻联播》节目也对湖州新型农推体系进行了报道①:

> 地方与高校"牵手"抢占现代农业制高点。"这里是湖州市的万亩玉米基地,在我的身边有两块不同的玉米,右手边的这些玉米就是传统的普通玉米品种,而我左手边的玉米是由浙江大学科研人员和当地农业龙头企业合作研发培育的新品。从外表看起来,它们只是植株高

---

① http://v.cctv.com/html/xinwenlianbo/2008/10/xinwenlianbo_300_20081011_8.shtml.

低不同,但同样一斤玉米,新品种的价格却是老品种的 4 倍。"

中央电视台报道的这种名叫"迷你小珍珠"的玉米是浙江大学玉米专家为湖州"量身订制"的新品种。这种玉米个头只有普通玉米穗的一半大,不仅小巧玲珑讨人喜欢,还因为口感香甜,可以当水果生吃,所以也叫"水果玉米"。该新品一出现就被当地的宾馆、饭店预订一空。

二、基于推广中心平台的"1＋1"农技推广链优化设计

造成农技推广体系"人散、线断、网破"的原因有许多,有农技人员年龄老化、知识陈旧,也有体制不顺等突出问题,但根本原因在于科技成果与市场需求脱节、科研与成果推广"两张皮",农业科研成果转化率低。高校和科研院所有丰富的科研资源和成果,但研发成果过于前沿,企业在当下用不上;而企业在生产过程中遇到的很多技术难题,高校和科研院所又不愿意去做。如何使农业科技成果走出高校和科研院所,让科技人员与农户对接,破解农技推广"最后一公里"的难题,是当今政府、高校和企业普遍关注的焦点问题。

(一)解决农业科研与推广"两张皮"现象

农业研发与推广之间之所以存在"两张皮"现象,就是因为缺少一个科技成果转化平台,造成农业科技供给和需求的信息不对称。南太湖农推中心的成立,为农技推广链的两端——供给和需求——提供了对接的平台。它为专家教授和农业经营主体实现了点对点的有效沟通,被形象地称为"高校成果转化直通车"。基于推广中心平台的农技推广供求链如图 2-1 所示。

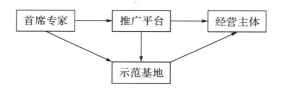

图 2-1 基于推广中心平台的农技推广供求链

(二)形成要素集聚点

资源优化配置(optimize the allocation of resources)是指在市场经济条件下,不是由人的主观意志而是由市场根据平等性、竞争性、法制性和开放性的一般规律,由市场机制通过自动调节对资源实施的配置,即市场通过实行自由竞争和"理性经济人"的自由选择,由价值规律来自动调节供给和需求双方的资源分布,用"看不见的手"优胜劣汰,从而自动实现对全社会资源的优化配置。

高校与地方政府协同创新能否成功,一个关键因素就是能否形成协同、能否形成资源要素集聚。集聚式资源要素整合是将地方政府拥有的政策资源、制度资源和经济资源与大学拥有的智力、技术和人才资源集聚融合在一起,形成资源要素集聚点,通过集聚点把资源要素集聚产生的效应扩散出去,带动一个产业或者一个区域的较快发展,从而推进整个实验示范区的发展(崔浩,2008)。从这个意义讲,南太湖农推中心就是浙江大学和湖州市市校合作共建社会主义新农村的集聚点。集聚式资源整合是依靠地方政府的政治动员和大学的政策支持促成的。地方政府通过广泛的政治动员,调动社会力量参与,提供优惠的税收政策、财政资金、土地和场地等资源;大学委派专职人员进行具体管理,建立首席专家制度,由专家提供技术,利用地方政府提供的土地进行实验等。这些资源要素集聚融合在一起,可成立具有公益性质的法人实体,由地方政府提供启动资金、办公场地和相关政策支持。法人实体成立后独立运作,按照市场原则提供技术与服务。集聚式资源整合形成的资源要素集聚点是市校合作共建新农村实验示范区的集中体现,是科技创新服务、人才支撑和体制机制创新的平台和枢纽,市校资源整合的综合优势和传导效应得到展示。

湖州市政府与浙江大学共建的南太湖农推中心是资源要素集聚式整合在一起的典型。中心由浙江大学与湖州市政府共同投入资源要素组建成立,为独立的科技型事业法人单位。湖州市政府提供启动资金、实验用地、办公场地和人才公寓等资源;浙江大学提供人才、技术、管理等方面的资源,派出专人对中心进行日常管理,委派首席专家来推广现代农业技术,提供科技咨询、培训,进行实验,建立高效生态农业基地,转化农业科技成果。中心以提升湖州市现代农业和农业产业化水平为目标,促进农业高新技术的推广和产业化,孵化高科技农业企业,培训新型农民,提供农业政策和农业科技咨询服务。中心向湖州市域内的农户、企业和其他组织提供开放式的科技服务,以农业科技项目为"抓手",对重大农业科技项目进行攻关并使成果转化。中心实行企业化的运行机制。

通过南太湖农推中心这一平台,浙江大学的首席专家、试验示范基地和农业经营主体这些分散的资源要素得以有机地集聚起来,从而达到资源配置最优化。

第二节　现代农业产学研联盟创新试点阶段

产业是现代农业产学研合作的基础,没有现代农业产业的发展就不会推动现代农业产学研联盟向更高层次推进,而现代农业产业想要做大做强,必须依靠农业科技。如何围绕当地农业主导产业建设农业产学研一体化服务平台,探索农业产学研结合的新思路、新模式,加速农业科技创新资源的有效集聚,促进农业科技创新能力持续提升,一直以来是湖州市政府和浙江大学着力要解决的问题。这个阶段的标志性事件就是在湖州市吴兴区和长兴县开始探索试行"1＋1＋N"新型农技推广创新体系。

一、"1＋1"农技推广模式的制度缺失

为什么要建立现代农业产学研推广联盟?原有的"首席专家＋农推中心＋试验示范基地"这一农推体系存在什么问题?"首席专家＋农推中心＋试验示范基地"的模式,虽然实现了专家、教授与农民的"零距离",有效地解决了农业科研和推广"两张皮"的难题,但是在实践中也反映出了一定的局限性。

1. 没有形成创新推广专家团队

尽管首席专家具有非常丰富的理论知识和实践经验,但专业背景单一,大部分专家教授研究重点集中在农业技术的某个环节或农业产业链的某个点上。而现代农业的发展趋势是全产业链、全价值链,涉及农业产业链的各个环节。依靠单个专家教授可能只是解决了农业生产中的某一个问题、某一项技术,而不能解决农业产业共性关键技术,形成农业全产业链。如果没有形成一个创新推广专家团队,只能是点对点服务,就无法形成面对面的农技推广。

2. 没有实现产学研有机整合

在许多地方,农业产学研仍然是以单项技术推广为主,技术集成不足,对当地农业主导产业支撑力度不够;缺乏产学研机制长远发展规划,运行机制不健全,稳定性差。产、学、研三者之间如果没有实现有机整合,没有围绕主导产业,其优势就很难发挥出来。

3. 缺少"二传手"

在最初的"1＋1"农技推广链中,由于缺少当地农技人员的"二传手"作用,首席专家与农村经营主体之间信息不对称,造成在整个农技推广链条的设计上有所缺陷。

从2006年以来,在农业技术推广体系中创新"首席专家＋试验示范基地"模式取得了明显的效益。新的模式市场化特征明显,但公益性稍显不足。市场的强势有可能造成农技推广被企业利益所牵制,从而导致服务对象变窄、公益性削弱。同时,长期以来完全依托政府部门建立的农技推广体系,组成人员还不能与来自政府体系外的专家队伍实现真正的融合。之所以长期以来涉农高校、科研院所大量的创新性成果在生产中得不到有效的转化,是因为我国从来没有形成真正意义上的从前沿技术研发到技术应用推广的生态链,既缺乏长期

在生产第一线、能够"对症下药"、解决实际问题的农技推广"二传手",又缺少真实有效、实时互动的反馈通道,使农业科研缺乏针对性和应用导向性。

"农科教产学研一体化推广体系"改革试点可以为农业科研人员建立长期、稳固的从生产问题入手的立项机制,极大地提高农技研发的针对性和科研成果转化的有效性。

2009 年 11 月,在浙江大学和湖州市合作共建省级社会主义新农村实验示范区第三次年会上,在总结三年来市校合作基本做法和主要成效的基础上,浙江省农业和农村工作办公室、浙江大学和湖州市人民政府提出了组建"农科教产学研一体化联盟"设想,并在吴兴区和长兴县开展试点建设县区分联盟工作。到 2010 年 5 月初,两个试点县区均已完成联盟县区分联盟的筹建工作,共建立了 14 个县区产业联盟,聘请了浙江大学、浙江省农科院等高校院所 13 名专家担任县区产业联盟首席专家。

二、吴兴区现代农业产学研分联盟试点工作

选择吴兴区作为农科教产学研一体化农业技术推广联盟建设试点,主要原因有二:一是吴兴区和浙江大学具有良好的合作基础,两家单位点对点的科技合作开展由来已久;二是 2010 年年初,浙江省委、省政府做出重大决策,着力建设现代农业园区和粮食生产功能区,而吴兴区八里店现代农业园区在 2010 年被列入浙江省级首批农业综合园区项目,依托省级现代农业园区,先行开展"1+1+N"的农科教产学研一体化农技推广联盟建设试点,有利于现代农业加快发展和产业层次提升,也有利于农民收入的持续不断增长。

根据浙江省农业和农村工作办公室、浙江大学和湖州市人民政府《农科教产学研一体化农业技术推广联盟建设方案(试点)》,吴兴区作为新型农技推广联盟建设的试点县区,开展了新型农技推广联盟的试点工作。至 2011 年,吴兴区已组建了蔬菜、玉米、水稻、葡萄、桃李、油菜、湖羊、龟鳖等 8 个产业联盟,并开展了调研规划、技术指导和项目合作等工作,取得了一定的成效,基本达到了预期效果。吴兴区现代农业产学研联盟试点着重抓了下列四个方面工作。

1. 重视农推产业联盟建设

一是统一思想认识。建立吴兴区新型农技推广联盟,是进一步发挥浙江大学专家教授高水平参与作用,是加快全区都市型现代农业发展、促进农业转型升级、加强农业科技创新能力、提高农技人员素质和增强农民持续增收能力的有效载体。二是研究制订试点方案。按照农科教产学研一体化农业技术推广联盟建设试点工作要求,区政府领导亲自组织多次专题研究,多次与浙大教授对接,制订了具有较强可操作性的《吴兴区新型农技推广联盟建设试点工作方案》。三是建立季度例会制度。区分管领导牵头,每个季度召开由农业技术推

广联盟理事会成员单位、各乡镇分管领导、农技单位负责人以及特聘专家、项目合作单位负责人参加的工作例会,一起交流各产业联盟工作进展情况,分析存在的问题与困难,提出下一阶段工作思路。

2. 明确联盟工作目标任务

试点工作方案中明确了聘任的首席专家、区乡镇农技人员及项目合作单位的工作职责,明确了各产业联盟规划调研、培训指导和项目合作三大工作目标任务。第一,做好调研规划。试点一年多来聘任首席专家与区、乡镇责任农技人员共同调查研究,例如蔬菜产业联盟对吴兴区蔬菜瓜果产业现状了如指掌,多次深入织里镇的杨溇村、伍浦村,环渚乡的双丰村、塘甸村等蔬菜专业村,深入吴兴绿源、浙江三生、浙江绿叶、环丰蔬菜等蔬菜瓜果主要生产企业(专业合作社)了解生产销售、种植户需求情况等,还帮助织里镇大港村的双翔农业科技发展有限公司规划了500亩蔬菜园区,指导生产布局等。第二,开展技术指导培训。试点一年多来,各产业联盟开展了有针对性的生态高效与病虫害综合防治技术的培训与指导,及时帮助解决区、乡镇责任农技人员和规模大户发现的生产技术性问题,累计开展技术培训讲座50多期,受训1250多人次,到基地、园区和种养大户上门实地指导160多次。如玉米产业联盟针对目前甜糯玉米种植中存在的品种杂乱、布局混乱,没有形成较大规模和规范化的生产,化肥农药残留量高,难以达到无公害产品标准等问题,组织区、乡镇农技人员及示范户开展现场指导12次,有150多人次参加。第三,进行项目合作。2010年特聘专家与项目合作单位实施项目10项。如桃李产业联盟在金农公司建起50亩棚架梨园,确定采用永久植株和临时植株并对其分别进行整形示范,搭建了以水泥支柱为支撑体系的棚架,降低建园成本,并将上述棚架梨园纳入国家梨产业体系的棚架示范园并进行了挂牌;如葡萄产业联盟在三生农业科技有限公司实施省农业综合开发合作项目,开展欧亚种葡萄栽培新品种、新技术示范。如龟鳖产业联盟协助湖州强培生态龟鳖养殖有限公司承担和实施了市重大科技专项计划"龟鳖种质资源保护利用及健康养殖关键技术集成与示范"和国家星火计划项目"优质中华鳖高效生态养殖技术开发与示范推广";如湖羊产业联盟指导南太湖绿洲农业科技发展有限公司承担省科技厅下达的浙江省重大科技专项《湖羊——优秀种用核心群和高产肉用新类群选育项目》,开展湖羊选育和保种技术指导,指导吴兴区湖羊保护区建设工作。

3. 结合现代农业工作重点

开展试点以来,吴兴区农技推广产业联盟紧紧围绕农业"两区"建设、种子种苗工程实施和农业标准化技术推广等重点工作,积极发挥作用。如汪炳良教授指导吴兴金农生态农业发展有限公司实施蔬菜产业提升项目,建设蔬菜瓜果农业精品园,并指导环丰蔬菜专业合作社建设双丰蔬菜精品园;陈进红教授指导生农粮油专业合作社建设尹家圩省级粮食生产功能区;胡伟民副教授指导明锋湖羊专业合作社建设玉米湖羊循环农业示范园;徐海圣副教授指导湖州强培生态龟鳖有限公司建设强培生态龟鳖养殖示范区;贾惠娟教授指导浙江三生农业有限公司建设水果精品园,等等。一年多来,各产业联盟十分注重新品种的引进和选育。如蔬菜产业联盟 2010 年共引进甜瓜新品种 12 个、青花菜新品种 3 个,其中厚皮甜瓜新品种"浙甬 2 号"(网纹甜瓜)、"雪里红"(哈密瓜)和薄皮甜瓜新品种"白啄瓜"市场反应优良;2011 年开展 90 多个甜瓜株系杂交选育,还在吴兴区及周边搜集白辣椒、太湖香瓜等地方品种资源,在湖州吴兴金农生态农业发展有限公司开展资源鉴定和提纯复壮、品种优化。如玉米产业联盟于 2010 年提供了高产优质甜糯玉米新品种 8 个,制定了无公害鲜销甜糯玉米集成配套技术,按无公害农产品生产要求进行示范和推广,鲜食玉米产量高、抗性好、品质优,实现了"好种、好收、好卖、高效"的目标。水稻产业联盟从省、内外水稻育种单位新引进 5 个优质水稻品种,建立了含 7 个新品种的示范方,绝大多数新品种的生长表现、产量表现均符合试种示范目标,2011 年继续扩大示范其中的 5 个优质品种。湖羊产业联盟从国家级湖羊种羊场和吴兴区、织里、八里店、环渚等湖羊原产地引进近 200 只种公羊、种母羊,共计 20 多个血统,确保基础选育群种性和遗传基因多样性。同时,新技术、新模式的推广应用也得以加强,如蔬菜防虫网覆盖栽培速生叶菜类新技术、无公害鲜销甜糯玉米集成配套技术和鲜食玉米套种黄樱椒技术、龟鳖温室养殖污水生物净化技术和鳖鱼虾多品种混养技术、梨树棚架型永久植株和临时植株栽培整形技术以及湖羊选育保种技术等,为产业转型升级起到关键作用。

4. 发挥联盟成员作用

除了明确联盟内首席专家、区乡镇农技人员、项目合作单位的工作职责、工作任务之外,吴兴区还为产业联盟创造了良好的工作条件与环境,加强了彼此的沟通协调与配合,建立了诚信合作的关系,充分调动了各个成员的积极性,如积极推荐首席专家申报湖州市南太湖精英计划特聘专家;如鼓励区级农技专家或者农技指导员参与产业联盟工作,做好有关协调衔接工作,根据工作业绩适当奖励;如对项目合作单位加强宣传引导,在"两区"建设、产业提升以及市校合作等方面重点给予项目支持等。各个产业联盟工作各具特色,取得一定成效,可以说基本达到了政府满意、专家满意、企业满意、农技人员满意以及科技示范户满意的"五个满意",这也为进一步探索建立农科教产学研一体化新型农技推广联盟奠定了基础,增强了信心。

吴兴区分联盟产业联盟试点一年来,取得了较好的成绩。如蔬菜产业联盟围绕高档蔬菜瓜果、就地供应的蔬菜(以叶菜为主)做了技术推广和产业提升,其中前者以培育精品、打造品牌为主,后者以技术集成推广为主,特别注重解决湖州市蔬菜淡季供应;浙江大学与湖州吴兴金农生态农业发展有限公司还签署了技术合作合同,明确了双方的义务和职责;吴兴区蔬菜产业联盟框架也得以搭建。截至 2010 年 11 月,蔬菜产业联盟框架基本搭建完成,"1＋1＋N"中的 N(农村经营主体)达到 6～7 个。在精品瓜果方面,N 已有 4 个:浙江三生农业科技有限公司、吴兴绿源现代农业发展有限公司、湖州金旭蔬菜专业合作社、湖州吴兴香秀才农业公司;在蔬菜方面,已经有两个企业(合作社)参与:浙江绿叶生态农业发展有限公司和湖州吴兴环丰蔬菜专业合作社。

玉米产业联盟在湖州市农业科学研究院产业化示范基地、湖州市紫鑫生态农业科技有限公司(八里店镇)、埭溪乡、道场乡和织里镇建立了科技示范点 5 个,引进了甜糯玉米新品种 8 个,共同建立了标准化无公害甜糯玉米生产示范基地 200 多亩,完成了 2 项创新性成果新技术的生产示范(糯玉米种子繁育新技术、"鲜食玉米"和"黄樱椒"套种轮作的新栽培模式),全面负责玉米产业技术指导,帮助解决生产性问题,共现场指导 12 次以上;帮助完成了县、乡镇玉米专业农技人员专业知识更新培训 1 次以上,受训人数达到 30 人次以上。

水稻产业联盟从省内外水稻育种单位新引进 5 个优质水稻品种,并指导落实新品种的展示示范,建立了含 7 个新品种的示范方。

龟鳖产业联盟在养殖废水污染环境问题和药物残留超标影响龟鳖食品安全问题上,提出了多项实用的解决方案并组织实施。针对养殖废水环境污染问题,提出采用多级生物净化技术对养殖废水进行无害化和资源化处理,现已在吴兴区东林镇保丰村建成占地面积 10 亩的龟鳖温室养殖污水生物净化示范区,在实现污水达标排放的同时还带来了一定的经济收入。龟鳖产业联盟还协助湖州强培生态龟鳖养殖有限公司承担和实施了湖州市重大科技专项计划"龟鳖种质资源保护利用及健康养殖关键技术集成与示范"和国家星火计划项目"优质中华鳖高效生态养殖技术开发与示范推广"。通过与浙江大学的科技合作,湖州强培生态龟鳖养殖有限公司科技研发实力有了较大提升,被省科技厅授予"浙江省农业科技型企业"称号。

湖羊产业联盟指导并参与组建了湖羊基础选育,实施了标准化饲养管理;参与并指导了吴兴区湖羊保护区建设工作,积极申报"国家级湖羊遗传资源保护区"。

三、长兴县现代农业产学研分联盟试点工作

2008 年,浙江大学与长兴县人民政府签约共建浙江大学长兴农业科技示范园。建设浙江大学长兴农业科技园有利于长兴县现代农业发展,也有利于进一步加强湖州、长兴和浙江大学的合作,同时也为全省、全国校地共建提供了借鉴,使之成为展示科技、合作、生态和品质的窗口。到 2011 年,长兴县已建成蔬

菜、茶叶、水果(葡萄)、特种水产、花卉苗木、畜牧生物技术、粮油、休闲农业等8个产业分联盟。

1. 突出工作重点

试点期间,长兴县把共建浙江大学长兴农业科技示范园作为现代农业技术推广联盟的重要平台,在县、乡镇和农业基地等多个层面确定具体的工作联络人员,加强联系和协调,在资金投入、项目推进、平台管理和精力投入等方面加大力度,加强工作协调,使沟通、对接和问题的解决常态化。农业科技示范园内新技术、新品种和新的栽培模式的示范展示,为长兴县花卉苗木产业、水果(葡萄、樱桃)、设施蔬菜等产业的发展提升起到了很好的示范和促进作用。

2. 加强技术推广

蔬菜、茶叶、水果(葡萄)、特种水产、花卉苗木、畜牧生物技术、粮油、休闲农业等8个产业分联盟充分利用了这个技术推广平台。浙江大学等院校专家教授和县农技人员,在产业发展的技术指导、培训和推广等方面做到了经常化。分联盟试点建设一年来,共开展产业发展调查研究22次,形成了调研报告7篇,举办由浙江大学专家领衔授课的培训班20期930人次。在联盟专家的技术支撑下,长兴县的农业特色产业得以快速发展。如蔬菜产业分联盟,在浙江省农业科学院专家的技术指导下,2011年,全县设施蔬菜(芦笋)有了大幅度的发展,新增面积近7000亩,超过历年来发展的面积;在花卉分联盟的积极推动下,全县鲜切花产业取得了突破性发展,从无到有,在泗安镇建成了1300亩以百合、扶朗(非洲菊)等为主的鲜切花基地;在特种水产产业分联盟的技术指导下,改进了河蟹养殖技术,增加了河蟹个体重量和亩产量,2010年,全县河蟹养殖亩均效益较往年提高40%左右,促进了产业的快速发展。

3. 推进项目合作

分联盟在工作推进中,以项目合作为载体,提升了合作水平,促进了先进科学技术的推广、科研成果的转化、新品种和新工艺及新技术的应用;不断拓宽合作面,做大"1+1+N"的"N",推进产业联盟与长兴县特色农产品生产基地(农民专业合作组织、农业龙头企业)的合作关系。分联盟由成立初的24个合作对象,发展到2011年的48个,开展项目合作13个,引进推广新成果、新技术和新品种31个(项),指导帮助联系基地解决生产技术难题18个。项目合作提升了长兴县产业发展的水平和效益,如浙江大学袁康培副教授的饲料酶制剂固定发酵工艺研究和设备引进的合作项目,提高了长兴大洋生物饲料有限公司的产品生产工艺,提高了产品质量,为企业提高了15%的市场销售额;浙江大学贾惠娟教授与长兴葡萄协会的葡萄限根栽培合作项目,提高了葡萄的坐果率和品质,增加了葡萄栽培效益,项目带动长兴县葡萄产业的快速发展,全县新增葡萄种植面积 1.5 万余亩,总种植面积达 3.5 万亩,亩净效益在 5000 元左右;龚淑英教授开发的茶叶新品种"皇金芽"在和平镇进行试种,每公斤市场价格 16000 元,大大提高了白茶种植的经济效益。

4.强化工作对接

为充分发挥联盟和产业分联盟在引领长兴农业科技发展、服务现代农业发展上的作用,长兴县建立健全了三项相关工作制度,以强化沟通与对接,确保工作的有序开展。一是工作对接制度。建立联盟与浙大专家、联系合作基地和长兴主管部门联络员三个层次对接机制,以及时了解和掌握工作动态,畅通信息渠道。二是县校合作工作例会制度。县委、县政府与浙大定期召开工作例会,交流合作情况,就项目对接、年度计划以及重要合作事项进行协商。三是绩效考评制度。根据各产业分联盟的工作重点,制定了聘用浙江大学等科研院校专家教授的年度工作职责和工作任务,并进行考核,考核结果与工作补助挂钩。

第三节　现代农业产学研联盟创新推广阶段

这个阶段的标志性事件是:

第一,组建浙江大学湖州市现代农业产学研联盟(简称"农推联盟"),联合启动实施农、科、教、产、学、研一体化新型农业科学技术推广体系改革工作。

第二,围绕湖州市十大农业主导产业,成立市级十大主导产业联盟(简称"产业联盟")。

从"1＋1＋N"农技推广体系创新演变来看,农推联盟创新推广阶段的特征表现在三方面:一是扩大了"1＋1＋N"农推联盟的第一个"1",即从浙江大学一所大学扩大到省内外若干涉农院所;从一个专家扩大到一个专家团队。二是扩大了"1＋1＋N"农推联盟的第二个"1",即扩大本地农技推广专家成员数量,重点充实重点乡镇农技人员加入农推联盟。2012 年本地农技推广专家数量达到了 150 名。尤其是重点乡镇农技人员加入农推联盟,大大提高了产业联盟与经营主体联系的紧密度,进一步健全和完善了农技推广链的建设。三是扩大了"1＋1＋N"的"N",即农技推广产业链的基石——农业经营主体。

一、纵向纳入本地农技专家,提高推广联盟紧密度

经过吴兴区和长兴县的前期试点工作可知,农推联盟要真正发挥作用,须

结合当地农业主导产业,并把本地农技专家纳入整个农技推广产业链中,从而激活经营主体的积极性,推动农业产业的转型升级。

(一)现代农业产学研联盟成立背景

随着湖州市农业生产力的不断提高,适应现代农业发展的农业生产经营主体不断涌现,并成为现代农业生产的中坚力量。农业生产大户、农业龙头企业、农民专业合作社、家庭农场和农业园区对现代农业科技存在着迫切的需求,而传统的农业推广体系在满足这些新兴农业经营主体的科技需求方面力不从心。同时,原有的一个专家指导示范一个基地、带动一个产业的模式,在面向普通农民的公益性上并没有得到很好体现,农技推广体系也很难与高校专家队伍真正融合。

原有的"专家+基地+经营主体"农技推广体系,尚未形成真正意义上的农科教产学研一体化推广生态链。而且随着农业产业链的延伸,单纯的农业技术推广已无法满足农业产业链,必须对原有"1+1+N"产业联盟的第一个"1"进行资源整合,即从浙江大学一所大学扩大到省内外若干涉农院所,从一个首席专家扩大到一个院校专家领衔的团队。

另外,真正意义上形成农科教产学研一体化联盟,也必须从市级层面来推动整个区域现代农业产业转型升级,提高农业综合竞争力,实现农业增效、农民增收。农推联盟经过吴兴区和长兴县的一年试点,成效显著,在市级层面成立现代农业产学研联盟的时机已经成熟。

(二)现代农业产学研联盟成立

2010年5月,德清、安吉和南浔分联盟的筹建工作启动。

2010年10月,德清县现代农业产学研联盟成立。该联盟是以该县现有的农业技术推广体系为基本框架,以浙江大学等省内涉农高校、科研院所为技术主导,围绕现代农业发展,以合作为主题,以人才为保障,以项目为载体,以基地园区为平台,农科教产学研一体化的新型农技创新和推广联盟。该联盟将根据县域农业特色产业发展需要,分别组建粮油、蚕桑、畜禽、特种水产、水果、竹木、茶叶、花卉苗木、蔬菜等9个产业分联盟。

2010年11月,安吉县现代农业产学研联盟成立。根据安吉县农业产业发展的特色和需要,安吉县现代农业产学研分联盟成立笋竹、蚕桑、安吉白茶、特种水产、山地蔬菜、花卉苗木、干鲜果、家禽畜牧、休闲农业、乡村旅游、文化创意等11个产业联盟。同月,南浔区现代农业产学研联盟成立,订立《南浔区现代农业产学研联盟建设工作方案》,成立了湖羊、葡萄、蔬菜瓜果、水产、家禽等5个产业联盟。

　　结合湖州现代农业发展"4231"①产业培育计划,各县区在探索建立"1＋1＋N"农技推广模式的基础上,于 2010 年先后建立了 41 个县区级产业联盟。

　　为深入贯彻中央《关于推进农村改革发展的决定》精神和浙江省委《关于认真贯彻十七届三中全会精神加快推进农村改革发展的实施意见》,具体落实"充分发挥高等院校、科研机构在农业科技创新和推广中的引导作用,加快建设农科教、产学研一体化的新型农业科技创新和推广体系"的意见,进一步深化市校合作,提升湖州社会主义新农村建设水平,克服长期存在的农业科技创新和农业技术推广相分离的现象,切实解决湖州现代农业发展中信息、人才、科技支撑等问题,促进农村经济转型升级,提高农业综合竞争力,实现农业增效、农民增收,根据省委、省政府领导的指示精神,浙江省农业和农村工作办公室、浙江大学和湖州市人民政府考察并借鉴了美国、日本和中国台湾地区农业科技推广体系建设的经验,结合湖州农技队伍现状和农业产业发展特色,于 2009 年共同研究制订了《农科教产学研一体化农业技术推广联盟建设方案》。

　　2010 年 5 月 14 日,浙江省农业和农村工作办公室、浙江大学和湖州市人民政府共同发起成立浙江省湖州市现代农业产学研联盟(以下简称"农推联盟"),联合启动实施农、科、教、产、学、研一体化新型农业科学技术推广体系改革试点工作。农推联盟的指导思想是以科学发展观为指导,深入贯彻党的十八大精神、2013 年中央一号文件《中共中央、国务院关于加快发展现代农业,进一步增强农村发展活力的若干意见》和中共浙江省委《关于全面实施创新驱动发展战略加快建设创新型省份的决定》,充分发挥高等院校、科研机构在农业科技创新和推广中的引导作用,大力发展现代生态循环农业,提升农业核心竞争力和农民收入水平,加快构建现代农业产业技术支撑体系,优化农业科技服务,深入推进农科教、产学研一体化改革创新,加快农业产学研联盟建设,促进农业转型升级,不断提升市校合作共建社会主义新农村实验示范区水平,使湖州新农村建设继续走在全省、全国前列。

　　农推联盟的目标任务是:以现有农业技术推广体系为基本框架,以浙江大学等省内涉农高校、科研院所为技术主导,围绕湖州市现代农业十大主导产业发展,构建以县级农业技术推广联盟为核心单元,以首席专家团队为技术支撑,以具体项目为载体,以现代农业示范基地(园区)、龙头企业、专业合作组织为基础的合作平台,农科教产学研一体化的新型农技创新和推广联盟,促进农业科技创新和农业技术推广有机结合,加快现代农业科技成果向现实生产力转化,

---

　　①　湖州现代农业"4231"产业培育计划,是指加快发展特种水产、蔬菜、茶叶、水果四大优势产业,稳定提升粮油、蚕桑两大传统产业,优化发展花卉、竹笋、畜牧三大特色产业,大力发展休闲观光产业,即十大农业主导产业。后来的产业联盟就是按照十大主导产业来组建的。

充分满足广大农民和农业企业对农业科技的需求,为湖州现代农业发展、农村经济转型升级提供科技支撑、人才保证和技术服务。

产业联盟为浙江大学湖州市现代农业产学研联盟的下设机构,实行专家组长负责制,并在产学研联盟理事会指导下开展工作,承担产业发展战略和发展规划的制定,产业主导品种选育推广,产业发展关键技术开发利用,产业最新成果引进示范,并组织开展农民技术培训和生产管理、植保防疫指导。产业联盟由专家组长领衔的浙江大学、省农科院或其他高校院所的专家组成的高校院所专家团队十县区农技专家领衔的由县区农技专家、乡镇农技人员和农民技术员组成的本地农技专家组十若干个现代农业经营主体(农民专业合作社、农业龙头企业、现代农业园区、农民种养殖大户等)组成,高校院所专家与本产业中的现代农业经营主体建立项目合作关系,合作成果在面上进行推广,形成"1+1+N"的农业科技推广模式。

"1+1+N"的农推联盟即1个高校院所专家团队十1个本地农技专家组十若干个经营主体。这个模式犹如生态系统中的生物链(食物链),如图2-2所示。院所专家团队(第一个"1")拥有大量的创新性成果,他们是农业技术研发到应用推广这条链的前端,犹如生态系统中的供给者;本地农技专家组(第二个"1")是农业科研和农业生产之间连接的高效通道,扮演了生物链中的初级消费者和传导者;伴随着农业生产力的不断提高,适应现代农业发展的农业生产经营主体不断涌现,农业经营大户、农业企业、农民专业合作社、家庭农场等对于现代农业科研成果和先进技术存在着迫切的需求,在带动周边农民创业增收上发挥着巨大的辐射作用,所有接受两个"1"技术带动的、进行农业科技成果转化的农业经营主体都是新型农推模式这条链的终端(第三个"N"),他们是农技推广"生物链"的最终消费者。在这个农技推广链创新设计中,推广平台(包括南太湖农推中心、农推联盟和产业联盟)扮演着一个组织者和服务者的角色。

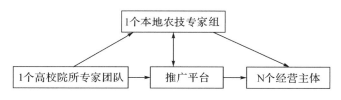

图 2-2　基于"1+1+N"的新型农技推广链

农推联盟成立后,可有效克服长期存在的农业科技创新和农业技术推广相分离的现象,切实解决湖州市现代农村发展中信息、人才、科技支撑问题。模式的创新,带来了现代农业新理念、新品种、新技术、新模式、新管理的加速引进和应用,呈现出了公共服务与成果转化同步推进、农技推广与人才培育互促共赢、资源整合与合力共建长效发展、多重激励与有效保障不断优化的新局面。

农推联盟着重围绕农业科技创新、农业成果转化和农业技术示范三大基地建设,选育新品种,引进、消化、吸收和集成国内外先进新技术成果,示范展示新品种、新技术、新机具、新设施、新模式,辐射并带动周边企业和农民,引领现代农业发展。农推联盟发展至今,共引进、试验、示范、推广新品种、新技术或新模式 700 余项,其中 190 余项被遴选为全市主导品种和主推技术;组织市级层面专题调研 138 次,编制产业发展规划或撰写调研报告 98 份,制定各类生产技术规范或管理规程 32 项,协助有关单位成功申报了"湖州太湖鹅""湖州湖羊"两个农业部"农产品地理标志";建立核心示范基地 100 家,每年组织技术下乡服务 400 余次,开展各种形式的培训 200 余场次,培训农民和技术人员 14000 余人次,充分发挥了农推联盟对湖州现代农业发展的科技支撑作用。

创建农推联盟,是市校合作共建社会主义新农村实验示范区的深化,是新形势下农技推广机制建设的探索和创新。实行"1＋1＋N"农技推广模式,不仅是对现有农技推广体系的补充和完善,更重要的是实现了农业科技教育与生产、市场和企业的"无缝"对接,有利于加速农业科技成果转化应用,有利于农业高新技术的产业化,有利于提高农技推广效率和技术到位率,也有利于加快本地农业技术团队培养。

南太湖农推中心积极探索构建符合当代新农村建设要求的大学依托型的现代新型农业技术推广体系,"1＋1＋N"的农业科技推广新模式已成为浙江大学与湖州市共创的新农村建设"湖州模式"的重要内容之一,产生了很好的社会效应,受到了媒体的广泛关注与积极评价,中央电视台《焦点访谈》和《新闻联播》、中央人民广播电台《新闻和报纸摘要》以及《人民日报》《光明日报》《科技日报》《农民日报》《中国教育报》《浙江日报》《湖州日报》《观察与思考》等中央、省市众多新闻媒体多次来推广中心采访。

(三)案例:透过"金农"看农推联盟的成因和运行机制(蒋文龙,2012)

"金农"老总名叫施星仁,原为吴兴区农机推广中心粮油经济特产站副站长,1991 年从嘉兴农校毕业,在体制内一待就是 17 年。他名为农技推广干部,实则常常被另派用场,做些不相干的工作,久而久之业务也荒废了。一次,施星仁随团前往南浔区织里镇杨溇村考察蔬菜生产基地,到了田头却是两眼一抹黑,连品种的名字都叫不出,更不要说管理要点。当时,他根本不敢多说一句话。

2002 年,施星仁被派往日本学习一年,眼界大开。回国后他开始搞现代农业。2007 年,施星仁与工商资本合作,正式创办了金农生态农业发展有限公司,租了 800 多亩地,注册了商标,开始实施他的蓝图。

施星仁的如意算盘是,将园区分成瓜果蔬菜、精品水果、生态养殖三大块。

在经营上，不仅繁育种苗，将新技术新品种示范与推广相结合，而且组织生产，将种植与销售相结合。引入都市农业和休闲观光农业的概念，客人既可以采摘，也可以餐饮。

施星仁的理念不可谓不超前，但是，现实不断给他沉重的打击。那一年，他在大棚里种了青椒、茄子、豇豆，恰好高温导致白粉虱大爆发，最后几乎"全军覆没"。"那时，根本不知道白粉虱的发生规律，更不知道物理防治方法，甚至连有哪些特效药都一无所知。"

就此，施星仁萌生了"攀高亲"的想法。2010年元月，在联盟举办的"相亲会"上，他认识了浙大教授汪炳良。双方"一见钟情"，很快结成连理。

汪炳良搞蔬菜瓜果研究多年，不仅有大量的科研成果，而且实践经验十分丰富。但是，他的校内试验基地面积不断缩小。他至少需要6个大棚，但学校最多只能给3个。

"金农"让汪炳良找到了最好的试验推广平台。他把156个新品种全部转移到移沿山进行试验推广。科研成果的供给和需求之间实现了"无缝对接"。

如今，汪炳良一年要跑湖州70多天。他说，通过服务社会，自己收获也很大，不仅接触的人多了、信息多了、认识深刻了，而且对研究方向、思路、策略的制定都大有帮助。

同样，汪炳良的到来，让"金农"找到了靠山。不仅品种和技术难题可以随时请教，而且经常一起探讨经营模式、发展思路，施星仁的层次得以大大提高。

"没有浙大教授，就没有'金农'今天的发展。"提起汪老师带来的帮助，施星仁赞不绝口。而通过施星仁，汪炳良的新技术、新品种被推广到了湖州更多的地方。仅樱桃番茄品种，在湖州辐射就达上千亩。

湖州农业局局长杨建明告诉记者，在"1＋1＋N"产学研推广联盟中，汪炳良扮演的是第一个1，施星仁则具有双重身份，既是第二个1，扮演着"二传手"的角色，又是N中的一个主体，承接着科技的辐射。

作为产学研紧密合作的成果之一，2012年4月27日，施星仁与汪炳良合作的《无公害南方型哈密瓜栽培技术操作规程》通过了湖州市级地方标准审定，准备上报省级地标。

二、横向围绕农业主导产业，提升联盟服务精准性

现代农业产学研一体化联盟实现了科研供给和市场需求的无缝对接，真正形成了农技推广的传导链。但是，要想充分发挥现代农业产学研一体化联盟的作用，离不开对当地农业主导产业的精准聚集。如果没有与地方农业主导产业发展直接对接，没有坚持发展生态农业、循环农业这个目标，没有从农业全产业链角度来推广应用，那么现代农业产学研一体化联盟的作用就会削弱。正是基

于这一考虑,浙江大学和湖州市在创新农业科技推广体系中,在纵向农推联盟的基础上,成立了以主导产业为纽带的产业链农技推广联盟。

(一)市级农业主导产业联盟成立背景

2006年以后,在推进市校合作共建社会主义新农村实验示范区过程中,湖州市和浙江大学不断拓展合作领域,加快建设合作平台,探索创新合作机制,充分发挥浙江大学科技、人才优势,服务湖州市新农村建设。特别是在农业成果转化、农民教育培训、农技示范推广等方面,积极探索和实践农科教、产学研一体化的新模式和新机制。吴兴区、长兴县率先试点,围绕特种水产、蔬菜、花卉苗木等当地特色优势主导产业,按照1个专家团队、1个本地农技推广小组加若干个农业经营主体的"1＋1＋N"模式,组建了农技推广产业联盟,经过实践,取得了积极成效。

湖州市委、市政府认真总结吴兴、长兴的试点经验,及时建立了湖州市现代农业产学研联盟领导小组,成立了浙江大学湖州市现代农业产学研联盟和各县区分联盟,并将吴兴、长兴的试点经验迅速在三县两区推广,除浙江大学专家以外,浙江农林大学、浙江省农业科学院、浙江省淡水水产研究所等单位的专家也加入了县区产业联盟建设。到2010年年底,全市各县区共建立了41个产业联盟,涵盖了粮油、蔬菜、茶叶、水果、蚕桑、水产、畜禽、笋竹、花卉苗木、休闲观光农业等10大主导产业,多数产业联盟运作良好,高校院所专家与本地农技专家组密切合作,技术与产业紧密结合,在新品种新技术引进、示范、推广和高新技术产业化方面发挥了重要的作用。但是,由于产业联盟建设是一项创新性工作,是一件新生事物,没有现存的经验可以借鉴,还存在着许多不规范、不完善的地方。例如,由于产业联盟建设没有硬任务,有的县区产业联盟建立了以后,并没有实质性运作;有的产业联盟与产业基地、生产经营主体的对接还不够紧密,停留在点对点的服务上,没有覆盖到整个产业链上;有的产业联盟本地农技专家组与高校院所专家的联系和服务还不够到位,影响了高校院所专家作用的发挥;有的产业联盟还没有建立比较统一规范的工作制度与考评体系,高校院所专家和本地农技专家的积极性有待激励提高,等等。总而言之,高校院所专家和本地农技专家的资源还没有得到有效整合,作用还没有得到充分发挥。在现有县区产业联盟的基础上,围绕湖州市主导产业,组建粮油、蔬菜、茶叶、水果、蚕桑、水产、畜禽、笋竹、花卉苗木、休闲观光农业等市级主导产业联盟,把县区41个产业联盟统一纳入市级主导产业联盟管理,可以更好地整合科技和人才资源,扩大产业联盟服务的覆盖面。

市级农业主导产业联盟的成立,一是可以加强对县区产业联盟的协调管理与指导服务,促进产业联盟之间的合作交流,形成农技推广合力;二是可以统一规范联盟工作责任制和绩效考评制,促进产业联盟制度化、规范化、常态化管理,更好地调动产业联盟各方专家的积极性和创造性;三是可以最大限度地整合高校院所专家和本地农技专家等人才资源,减少人才资源浪费,使有限的人才资源发挥最大的效率;四是可以促进重大技术成果的引进和转化工作,加快区域现代农业产业技术体系创新与建设,推动农业高新技术的产业化,促进农业转型升级,加快现代农业发展。

(二)市级农业主导产业联盟成效

2011年5月13日,在县区分联盟建设的基础上成立了粮油、蔬菜、水果、茶叶、水产、畜禽、蚕桑、花卉苗木、笋竹、休闲观光等市级现代农业十大主导产业联盟,共有来自浙江大学、浙江农林大学、浙江省农业科学院、上海海洋大学、浙江省淡水水产研究所、中国农业科学院、浙江省林业种苗管理总站、浙江省林业科学研究院和浙江传媒学院等的56位专家受聘为湖州市现代农业十大主导产业联盟高校院所专家,选配湖州市级25名、县区50名农技专家作为本地农技专家小组成员,按产业组建专家团队;同时吸纳了湖州全市558个生产主体,包括农业龙头企业159家,农民专业合作社106家、种养大户293户,加盟市级十大主导产业联盟。

现代农业十大主导产业联盟的成立,能够更好地整合科技、人才资源,加强对县区产业联盟的协调管理与指导服务,增强湖州市农业科技创新能力,加快农业高新技术的产业化,更好地支持和支撑湖州市农业又好又快发展。

1.加强主体对接,不断拓展服务领域

产业联盟工作的着力点在农村经营主体,成效要体现在服务主体的数量和效果上。因此,产业联盟不断强化做好拓展"N"的文章,把任务落实到每个产业联盟、每个专家组,并通过主体对接会等多种形式,落实服务主体。

到2011年年底,湖州市已完成浙江大学湖州市现代农业产业联盟和五个县区分联盟的组建,成立10个市级主导产业专家联盟和42个县区产业分联盟,实现联盟建设县区及主导产业全覆盖。2012年,县区产业联盟达到50个,有效地扩大了产业联盟的网络,吸引更多经营主体加盟,农业经营主体加盟数达到1000个。截至2015年年底,直接联结生产经营主体达到1289家。通过和三县两区分联盟进行工作座谈和调研协调,县区已基本完成与市级产学研联盟对应的专家团队建设,三县两区共建立50个(其中吴兴区13个、南浔区7个、长兴县10个、德清县9个、安吉县11个)产业联盟,实现了县区分联盟对本地主导产业的全覆盖。

如湖州绿之源生态农业开发有限公司是湖州市一家农业龙头企业,通过与浙江大学合作,依托产业联盟,特别是高校院所专家的精心指导,近年来该企业取得了快速发展,被浙大命名为"浙江现代农业技术推广中心科技成果推广应用基地"。

到 2015 年年底,10 个市级产业联盟中,已从省内外高校科研单位聘请 111 名农业专家加盟高校院所专家组,其中核心成员 37 人;选配了市县区乡镇各级 227 名农技人员作为本地农技专家组成员,其中核心成员 72 人;共联结 1289 家农业经营主体。

2.开展产业调研,谋划产业发展

围绕湖州市十大农业主导产业,各产业联盟积极开展调查研究,提出产业发展对策,制订产业发展规划。截至 2015 年年底,联盟共组织市级层面专题调研 138 次,制定产业发展规划或撰写调研报告 98 份,如粮油产业联盟撰写了《湖州市粮食生产现状和发展对策调查》《关于确保稳定粮食生产与农民增收的对策与措施》《农机社会化服务体系发展对策研究》及《湖州市"水稻—水产"种养耦合技术的发展现状与对策研究》等 7 份调研报告;畜禽产业联盟制订了《湖州市湖羊产业振兴三年行动计划》;休闲观光产业联盟制订了《湖州市休闲观光农业园建设两年计划》等。同时,各产业联盟根据气候变化、作物生长规律,已制定了 32 项有针对性的生产技术规范或管理规程,指导企业和农户农作物种植生产,如水产产业联盟制定了市级地方标准《湖州南太湖毛脚蟹池塘生态养殖技术操作规程(DB3305/T 30—2013)》,市级地方标准蔬菜产业联盟制定了《湖州市樱桃番茄"黄妃"栽培技术规程》,笋竹产业联盟制定了省级地方标准《重竹地板单位产品能耗定额及计算方法》及《春笋冬出毛竹林高效培育技术规程》,畜禽产业联盟制定了国家标准《肉鸭产品质量分级》,花卉苗木产业联盟制定了省级标准《银杏绿化苗木培育技术规范》,茶叶产业联盟配合相关企业制定了《宋茗安吉白茶》企业标准等。这些产业调研报告、发展规划和生产技术规程对湖州现代农业产业发展起到了很好的指导作用,在推进全市农业产业化生产和区域化布局,产业结构调整和优势特色产业发展,龙头企业培育和规模化、组织化生产,品牌建设和市场开拓等各个方面,都产生了积极的引领作用。

3.强化农技主体培训和服务,提升主体素质

各产业联盟始终把农业技术培训作为服务"三农"工作的一项重要任务,把培训新型职业农民、提升农民综合素质作为助农增收的重要抓手,积极开展了形式多样的农技培训和农技服务活动,截至 2015 年年底,开展多种形式的培训 576 余次,累计培训农民和技术人员 4 万人次,组织各类技术下乡服务活动 1500 余次,接受咨询农民 2 万人次。

4.引进新品种,推广新技术、新模式,助推产业发展

各产业联盟充分发挥高校院所专家技术优势,把研究成果直接应用到生产中去,在本地农技专家的配合下,积极联系规模化农业企业,开展合作结对服

务,结合浙江省"两区"建设,按照"科技示范、技术创新、辐射带动、信息交流、技术培训"的功能和特色,建立科技示范基地,推广新品种、新技术、新模式。截至2015年年底,联盟共引进、试验、示范新品种、新技术、新模式786项,推广应用201项。其中,190余项经过遴选、评估,成为湖州市农业主导品种和主推技术。在推广新技术、新品种方面,着眼于提高农产品的品质和效益引进新品种、推广配套新技术,如粮油产业联盟先后引进"甬优538""浙优18"等超高产杂交粳稻新品种和"南粳5055""南粳46"等优质米新品种,其中2015年在南浔鼎鑫农业专业合作社引进的"甬优538"创造了亩产994公斤的水稻高产新纪录,比往年连作晚稻最高纪录高了84公斤。蔬菜产业联盟先后引进"UC308"芦笋、"耐热先锋F1"黄瓜、"澳立青"莴笋、"丰田65天"松花菜、"黄妃"樱桃番茄等蔬菜新品种。在新模式推广方面,着眼于提升现代生态循环农业发展水平示范推广新技术、新模式;促进了全市生态循环农业33个示范主体、927个示范点、2个样板区和11个示范区建设,全市减少化肥和化学农药施用量3162吨和517吨,规模畜禽场排泄物治理效率、秸秆综合利用率、农村清洁能源利用率分别达到97%、92.39%和73.8%。如畜禽产业联盟充分结合湖州市"五水共治"和"生猪双控"工作,推广"猪—沼—渔、稻、蔬"生态循环模式,生猪排泄污染物治理率达到100%,对接消纳率达到98%;推广"芦笋秸秆—羊—肥"循环模式,每吨芦笋茎叶可以满足1只成年湖羊年粗饲料的60%,羊粪制成优质有机肥还田,每年减少化肥用量50%,芦笋每亩增收400~500元;花卉苗木产业联盟推广了"容器育苗技术",茶叶产业联盟推广了"茶园绿色防控技术"等等。在助推农业产业发展方面,着眼于农业跨二连三,促进农民增收致富,宣传新理念、推广新模式。全市12个区域性农业休闲观光园区得到提升,农家乐高星级户数位列全省前茅,去年全市接待游客2300多万人次,直接经营收入突破40亿元。

新品种、新技术、新模式的推广,对调整产业结构,促进农业增产增效、农民增收起到积极的推动作用,带动湖州农业生产向产业化方向加快发展。

5.协助经营主体申报农技项目,提升主体科研能力

畜禽产业联盟2015年度协助企业(基地)申报"优质湖羊种质资源保护及肉用新品系选育""南太湖流域规模猪场生猪粪污无害化综合治理技术集成示范"等市级以上农业科技项目。水产产业联盟协助湖州金莲花生态农业有限公司申报并组织实施市级科技攻关项目"藕鳖共作高效生态种养模式的优化与示范推广",协助湖州天保泥鳅养殖专业合作社申报并组织实施"泥鳅大规格苗种培育关键技术的研究",已获得国家专利1项。

产业联盟成立以来,结合湖州现代农业实际情况,形成了有成效、有特色、有创新的亮点,取得了较大的成绩和影响力。如水果产业联盟利用技术优势不断推进"互联网+水果",在2015年与杭州挑食客科技有限公司、杭州檬果生活

等电子商务公司、微商成功合作的基础上,2016年支持联盟十大示范基地与20家重点企业加大与电商、微商的合作;休闲观光农业产业联盟深入贯彻习近平总书记"绿水青山就是金山银山"的科学论断,对安吉、长兴、德清、南浔休闲观光农业产业进行考察指导,同时在联盟自身建设上下功夫,建立了"浙大湖州休闲农业联盟"QQ群、微信群,浙大湖州休闲农业在业界的影响越来越大;茶叶产业联盟积极推广茶叶电子商务应用,构建"互联网＋"模式,成效显著,创新发展"茶叶金融",通过"互联网＋特色农业＋金融"模式,实现传统产业转型升级。

第四节　现代农业产学研联盟创新深化阶段

2012年,湖州市承担了中央农办农村改革试验任务"农业技术研发与推广体制机制创新专项改革",是浙江省唯一的农业技术研发与推广体制机制创新专项改革试验区,旨在以浙江大学与湖州市市校合作已取得的成果为基础,通过积极探索、创新改革,努力突破体制机制性障碍,建立健全、完善强化农科教、产学研结合的农业科技创新与技术推广新机制新模式,争取为全省、全国做出更多的探索示范。试验的内容包括优化提升"1＋1＋N"农技研发和推广模式、建立健全农业科技工作体制、基层农技推广工作管理体制、农业科研项目立项和考评机制、农业科技成果转化机制、农技研发和推广激励机制、农业科技创新投入保障机制等,完善落实农业科技人才队伍建设,完善提升农业技术研发与推广平台,培育壮大农业科技创新主体,完善新型农业社会化服务体系,实施重大农业专项等五项配套措施。

2012年,为认真贯彻浙江省委《关于全面实施创新驱动发展战略加快建设创新型省份的决定》和浙江省农业厅、科技厅《关于印发贯彻落实创新驱动发展战略进一步推进农业科技创新与推广应用实施意见的通知》,湖州市委市政府出台了《关于加快推进农业科技创新的若干意见》,明确指出,进一步突出创新主体培育,鼓励企业创建研发中心和企业研究院,完善和健全农技推广体系。

一、探索农业技术入股机制,打造研用结合的利益共同体

现有研究虽然探讨了产学研联盟的产生动因、合作模式、绩效、风险以及知识转移的概念内涵、知识转移过程和知识转移的影响因素,但是很少涉及产学研联盟合作过程中联盟成员的利益分配机制。而这正是影响产学研联盟稳定性的重要因素(刘云龙、李世佼,2012)。虽然其他领域技术入股相对较普遍,但在农业技术领域,科技人员的入股到底应如何实施还是一个新问题。

科研人员、高校与农业企业、园区合作的科学合理的利益分配和协调机制还未完全建立。科研人员、大学与政府、农业经营主体合作的目标之一就是各个参与主体以及相关各方在合作过程中实现自身利益的满足和扩大化。无论是农业企业，还是科研人员、大学，各方合作的目标之一在于利益的获得。在实际运行中虽然强调了"共同投入、利益共享、风险共担"的合作原则，但各方主体为了使自身获取更多的利益，难免出现难以协调的矛盾，特别是在合作研究和开发当中，各方的贡献往往也难以准确衡量，通常到了有可能获得成果、申报奖项的时候，就开始出现矛盾，影响合作的进一步发展，甚至由于矛盾不能化解而导致"联盟链"的断裂。

虽然"1＋1＋N"农推模式的推进不断深入，但还是难以解决农业产学研中的深层次问题，如农业技术知识产权归属、合作中各方利益的协调机制等。这些问题不解决，会严重影响农业科技人员的积极性。鼓励推行农业技术入股，势在必行。

新型农技研发与推广体系的核心是"1＋1＋N"产学研合作模式，这里的"＋"号不能理解为简单的联合或者是形式上的联结，更为准确地讲，这个"＋"号应该是"×"号，是一种深度的融合与互动；合作主体之间不是简单的联系，而是相互合作、互利共赢；结果不是单纯的"量"的累积相加，而是高度融合作用下的"质"的提升与发展。创新性研究"1×1×N"体系，作为"1＋1＋N"体系的升级版，对于释放体系前端（高校院所专家团队）"第一引擎"的创新活力，优化链条联结通道（本地农技专家小组）的应用转化效率，从而实现转化终端（现代农业经营主体及广大农民）的高效率、大范围技术应用具有重要的理论意义和现实价值。形成这种科研技术与生产经营深度融合的"1×1×N"体系形态的突破点在于——大力实施农业技术入股，打造研用结合的利益共同体（王磊，2014）。

（一）农业技术入股的实施

首先要明确农业技术入股的范畴，即包括哪些类型；其次要规范农业经营主体与农业技术创新人员间的权利义务关系；再次应考虑将农业技术知识产权作价入股，让技术提供者参与农业经营主体盈利分配，建立风险分担、利益共享的新型分配机制，使农业技术创新的产权效益与市场效益结合起来，形成良性的产学研合作动力机制。

为了探索农推联盟的合作动力机制，湖州创新性地实行农业技术入股的新模式，鼓励农技人员以技术、专利、知识产权等作为资本入股农业企业，以形成风险共担、利益共享的紧密合作关系。

2013 年，湖州市政府颁布了《关于鼓励推行农业技术入股实施的通知》，对农业技术入股的协议内容和收益分配方案等具体内容作了阐述，增强了联盟技术入股的可操作性,以此来鼓励农推联盟深入推行农业技术入股,扩大技术入股创新试点,加强农业技术成果转化以及产业化。

农业技术入股包含技术成果和技术能力的折价入股。技术成果作为一种物权,其相应的权能应该得到充分的实现,关键是权能完整、权属明晰,以及受益权的有效保护;再经过技术入股的方式,将此权能固化于农业生产环节或者农业产品之中。而技术能力折价入股是农技人员的技术要素活力充分激发的"催化剂",是市场在要素配置中起决定作用的技术体现。湖州市目前已经在新型农技研发与推广体系改革的技术入股方面做出了许多有益的尝试,并进行了先期的入股试点。从纯公益性的农业技术推广与咨询,到以技术顾问的身份在农业企业入股,甚至有些专家还直接创建了自己的公司。

为充分发挥专家的技术优势,更好地服务于农业企业,2013 年 5 月,粮油产业联盟与南浔区华扬粮油专业合作社签订技术服务协议,这标志着浙江大学湖州市现代农业产学研联盟探索试点农业技术入股农业产业化生产正式启动。技术协议规定:由粮油产业联盟落实 2～3 名技术专家定向对企业开展技术服务,协助做好全年生产布局、技术指导、优质高产新品种的引进等工作,全面指导承包经营的位于大虹桥粮食生产功能区内 3000 亩良田的农业生产;帮助企业开展优质有机大米生产技术探索,制定稻米生产标准化技术规程,争创优质稻米品牌,提升稻米生产效益;通过联盟专家的技术服务,实现企业粮食单产明显提高,比所在双林镇平均亩产增加 8％～10％,每亩农药、化肥用量降低10％,优质稻米及品牌建设增收 15％以上;联盟专家协助企业争取 1～2 个农业科技项目,改善水稻生产种、管、收等生产条件。企业将增产增收、节本增收、优质优价增收等各项总增收中的 10％奖励给产业联盟,作为产业联盟的技术服务所得;若出现技术指导失误或指导不力,而导致减产减收的,则减少收益的 10％由产业联盟承担。这一合作关系的建立,开创了产业联盟探索建立农业技术入股、互利共赢的农技研发和推广激励新机制的先例。

2013 年年初,畜禽产业联盟与湖州太湖湖羊养殖专业合作社签订了技术入股协议。签约以来,畜禽产业联盟按照技术入股协议所明确的职责,积极创新工作方式,对该场原有的选育、日粮、疫病防治以及饲养管理等方面进行了科学调整,重新制订了湖羊选种选配方案、日粮结构配方、免疫方案,合作申报实施湖羊肉用系选育、湖羊高产综合配套技术推广示范项目等省、市科技项目。年终以该场全年湖羊平均存活率、日增重、产羔率为评估指标,进行综合评估决定年终入股分红。目前试点工作已初见成效。

截至 2015 年年底,共有粮油、蔬菜、水果、畜禽、水产、茶叶和蚕桑等 7 个主导产业联盟,通过开展定点技术服务、技术指导、成果转让等方式,以农业技术入股的形式与南浔区华扬粮油专业合作社、浙江愚公生态农业发展有限公司、南浔双林古镇科技葡萄园艺家庭农场、湖州太湖湖羊养殖专业合作社、湖州天保泥鳅养殖专业合作社、湖州荻港徐缘生态旅游开发有限公司、长兴丰收园茶叶专业合作社等服务主体签订了风险共担、互利共赢的服务协议。这种技术入股、风险共担、利益共享的合作新机制,为联盟更深入、更紧密地服务主体,不断扩大覆盖面奠定了基础。

农业技术入股的推广,更好地激发了农技研发推广的内生活力,推动日臻完善的"1+1+N"新型体系更高密度地联结,进一步激发了技术要素活力,推动了农技推广模式向关联度更高的形态进化。

(二)农业技术入股的作用分析

1. 以农业技术入股为联结点,构建紧密型利益共同体

与传统农技推广体系完全不同,"1+1+N"农技推广体系强化现代农业经营企业的创新主体地位,鼓励和引导农技推广服务组织在确保政府的公益性服务供给的基础上,为经营主体的创新和个性化、特色化发展提供相应的服务,通过技术入股、建立技术服务外包合同关系、科技项目合作研发、合股举办经营主体或中介服务组织等方式,建立紧密的利益共同体关系,进一步完善利益共享、风险共担机制。农业技术入股的核心价值在于:一是技术成果的价值通过价格形式表现出来,农业科技研究的价值在市场化探索和促进经济社会发展中体现其应有的自身价值;二是改变了社会资源得不到充分利用、科技创新主体能力不足的状况,促进了产学研用的一体化,科研成果真正走向农业生产一线,生产占领科技前沿;三是改变农技推广制度层面的单向约束和道德层面的责任自觉,进一步明确了农技推广人员权利与义务的法律规范,健全了农技推广人员的市场激励机制。以农业技术入股为联结点,进一步深化农技研发与推广的供需对接,创新构建"1+1+N"型农技研推体系的紧密合作机制(王磊,2014)。

2. 推进科技资源资本化,建立直接对接生产的农技供给体系

"1+1+N"型农技推广模式以技术入股为突破口和联结点,其实质就是建立推进科技资源资本化,激活农技人员研发与推广动力,农技推广服务供给直接对接生产一线技术需求的紧密结合研、推、产的新型农技研推系统。政府大力引导和积极鼓励农技服务组织、农技研发或推广人员,运用持有的科技成果,或采用兼职、离岗等形式灵活地从事或服务现代农业发展,或按照双方协商的入股协议参与企业经营,获得企业收益分配。在农业生产经营实践中加快科技成果的产业化,实现农业科技成果由无形资产向有形资本的转化,使科研成果和推广服务的价值得到充分的实现,切实解决农业企业面临的技术缺乏、人才难留、创新能力薄弱等问题。深化农业科技研发与生产推广应用的供需对接,提高农技研发的针对性和实效性,提高科研和推广服务的主动性和积极性,推

进农业企业增强创新和集成再创新能力,建立起一个集科研、推广与生产于一身的利益综合体,演变进化为"1＋1＋N"农技推广模式的升级版,并在市场机制的有效促进下,向更高的发展阶段进化。

二、培育农业科技创新团队,解决农业共性技术问题

国外最早关注共性技术研究的是美国国家标准与技术研究院(NIST)经济学家 Gregory Tassey。1992 年,Tassey 提出了一个用于科技政策研究的"技术开发模型"。1997 年以来,该模型被称为"以技术为基础的经济增长模型"。后来,Tassey 围绕该模型把技术分为三个层次和类型:基础技术、共性技术和专有技术(Tassey,1996)。农业共性技术是农业技术产品商业化、市场化的基础,对整个农业产业、广大农业企业和农户的技术进步能产生深度影响,具有广泛应用价值。同时,它又是农业专有技术研发的基础和支撑,是科技成果转化为生产力的重要环节,在农业技术体系中具有承上启下的功能,既具有超前和探索性,同时又强调具有实用性和产业化前景。

从经济和管理角度看,农业共性技术具有"准公共产品"的属性和特征,这就决定了农业共性技术的供给和推广主体有很强的特殊性(张峭,2005)。培育农业科技创新团队是解决农业共性技术问题、关键问题的重要措施。

农业技术的推广不仅承担着技术的传递、辅导、转化和运用的职能,而且承担着传统农业的转型和现代农业产业体系培育的职能。单纯的农技推广或者在技术推广基础上推进的技术入股,都难以承担起这样的职能。现代农业面临着两个层面的高度完善:一是通过农业科技的追赶实现产业链上各阶段技术的高度完善,包括种业的发展、种养模式的创新(节能降耗和生态循环农业)、先进的农业机械和生产过程的全程机械化(智能化)、农产品的加工、农产品的储藏与物流技术;二是现代农业产业体系的高度完善,包括现代农业经营理念、经营制度和经营手段,特别是农业、农产品加工业、农业服务业及其衍生产业的发展,农业产业集群的打造和可持续发展,农业功能的开发、经营,农业文化的挖掘和重塑,与此相应的新型农民的培育等"三农"问题。农业科技创新团队立足全产业链,突破关键性技术,攻克关键性环节的制约,达成综合攻关和推广先进农业科研技术的效果;同时,立足产业体系跟上产业发展的潮流,占领产业发展的前沿,引领传统产业的升级换代,实现新兴产业的跨越式发展。这需要跨学科、多学科的合作,需要研、供、加、销各个层面的积极主动参与,尤其是充分调动农业企业作为创新主体的积极性,形成一体化的攻关合力。

(一)培育农业技术创新团队

为贯彻实施创新驱动发展战略,深化农业技术研发与推广体制改革试验,

适应现代农业技术融合、产业融合发展新特点,把握集群发展新趋势,依托产业联盟建设,进一步挖掘和整合农业技术研发和推广力量,推进核心技术、关键技术和共性技术的合作攻关和集成创新,提升湖州农业技术推广和科研整体水平,加快国家现代农业示范市建设步伐,2014年,湖州市政府制定了《湖州市农业科技创新团队培育办法》,扎实开展农业技术创新团队的组织申报和培育工作,根据现代农业产业发展现状及专家组情况,计划培育6个农业科技创新团队。

农业科技创新团队培育和组建的目的,是以提高湖州市农业科技创新能力和解决主导产业发展关键技术、共性技术为核心,以自主创新、集成创新和引进、消化、吸收再创新为途径,依托农推联盟平台,进一步整合高校(科研院所)的人才资源优势,培育一批"学科优势明显、要素配置合理、创新成果显著、发展潜力突出"的湖州市农业科技创新团队,推动湖州市农业产业结构调整和特色主导产业快速发展。

在《湖州市农业科技创新团队培育办法》中,明确了创新团队申报应具备的基本条件:

(1)所从事农业科技研发和推广工作符合湖州市现代农业的重点发展方向和长远需求。

(2)具有明确的创新目标和研发推广任务,有较好的发展前景。

(3)组织结构合理,核心人员相对稳定。

在《湖州市农业科技创新团队培育办法》中,还明确了创新团队应承担的任务:

(1)进行共性技术和关键技术研究、集成创新和示范推广,满足农业主导产业发展过程中的重大技术需求。

(2)推动高等院校、科研院所和农业企业建立产学研一体化合作,加快农业科技创新型企业发展,提升农业企业研发中心建设水平和研发能力。

(3)促进本土优秀人才培育,扩大创新团队覆盖范围,吸收本地高校、科研院所教师和科研人员,以及从事农业技术推广服务的农技人员、农业企业、专业合作社、家庭农场主参加,创新人才培育模式,加快人才梯队建设。

(4)开展前瞻性和战略性研究,为政府提供决策咨询服务,为产业联盟发展提供引领和示范,为产业发展提供公益性信息咨询和技术服务。

2014年度,农推联盟共申报和培育了3个农业科技创新团队:畜禽产业联盟组建申报的特色养殖种业创新团队、水产产业联盟的低碳循环渔业科技创新团队及蚕桑产业联盟的生态循环农业创新团队。

(二)农业科技创新团队机制分析

随着现代农业的快速发展,农业产业之间的合作越来越紧密,同时,农业科研项目运用到的技术可能覆盖多个产业的技术供给,一个创新产品可能涉及多个产业的先进技术。因此,为了适应农业产业之间关联度越来越高的发展需要,须积极探索加快各产业联盟专家团队之间的横向协作与各产业联盟之间的推广人员相互柔性合作,使相关产业之间的技术紧密连接,实现跨产业的农业科研技术融合(王磊,2014)。

1.围绕创新项目,建立柔性合作机制

根据农业科研项目或创新产品组建"创新团队",团队成员根据项目或产品所涉及的产业技术进行柔性组建,不改变其所属的联盟性质,项目完成或创新产品试验成功后即回到原有产业联盟。在完成本产业联盟基本推广任务的前提下,根据研发覆盖的专业领域进行人员的具体配置,组建农业科技创新团队。创新团队在若干个产业联盟之间或者产业联盟与产前、产后服务团队之间进行整体合作,依据创新项目或产品技术研发的实际需要和现有基础条件合理确定组建方式和研发内容,由创新项目或产品领衔人向农推联盟管理机构(浙江大学湖州市现代农业产学研联盟理事会)提出申请组建,经专家评审后,上报湖州市现代农业产学研联盟领导小组批准实施。

2.围绕共性关键技术研发,建立兼任合作机制

为加强相关产业专业领域共性关键技术研发的横向交流合作,促进同类科技资源的共享,从产业联盟的专家队伍中选取一名专家兼任共性技术研发"创新团队"领衔人,主要负责牵头组织跨越不同产业的研究有关共性关键技术的专家开展学术交流合作,促进资源共享、合作攻关。领衔人不仅兼任共性关键技术研发平台负责人,而且提供权威的共性关键技术指导服务。围绕共性关键技术进行研发的农业科技创新团队要坚持内外目标的协调统一,内部性目标实际上是参与共性关键技术研发的各相关联盟、各参与企业相互博弈而形成的一个团队的共同目标;同时,进行共性关键技术研发的农业科技创新团队的一个重要功能,就是要实现其技术或知识的外溢,从经济学上讲就是要实现其外部性目标。为了更好地实现共性关键技术创新团队的高效研发与技术推广,需要团队坚持其内外部目标的统一,也就是要使研发的共性关键技术可以跨学科、跨产业链运用,不是仅为某个学科或产业链的某个环节服务而研发的;也要注重共性关键技术的实用价值和推广的可行性,以体现新型农技研发与推广体系以农业科技创新团队形态出现的主要优越性。

3.围绕产业发展需要,建立内外融合机制

为满足产业迅猛发展的需要,可以通过柔性引进农业外产业团队,或组

建综合性农业产业联盟,促进农业产业与相关产业间的融合,促进一、二、三产业联动和现代农业转型升级。现代农业技术研发所覆盖的专业领域有很多,主要涉及遗传育种、耕作栽培、土壤肥料、植物保护、机械装备、产后加工、产业经济等环节。探索建立三大产业的横向联结机制,大胆引进农业产业外的、但与农业生产和农民生活相关的工业和服务业联盟,或者根据农业产业链的发展建立综合性产前、产中、产后服务联盟,以作为新型农推模式的有益补充。在根据农业主导产业分类组建产业联盟的基础上,进一步根据农业全产业链发展的综合视角,创新建立或柔性引进农业产业外创新服务团队,这对于促进一产"接二连三"或"跨二连三"式发展具有积极作用,也是新型农技研发与推广体系以跨学科、跨产业的农业科技创新团队体系形态出现的必然发展进化结果。

三、组建现代农业主导产业研究院,发挥市场配置作用

如何适应现代农业"接二连三"式发展,拓宽农业的综合功能,提高农产品的附加值? 依靠农业科技创新团队,显然还不能完全解决这一问题。

现代农业主导产业研究院是在"1+1+N"、"1×1×N"、农业科技创新团队三层体系阶段或进化形态的基础上发展变化而来的,是产学研等多方合作的农技研发与推广体系的最高发展形态。新型农技研发与推广体系的不断完善和进化,迫切需要在科技前沿的基础理论研究和产业发展的实际运用之间,建立一个高效通道;在关键技术的突破和集成创新提升产业综合竞争力之间,建立一个高效载体;在政府搭台、项目推动和市场配置、实现产学研一体化发展之间,建立一个制度构架的平台。主导产业研究院体系现阶段可以很好地满足以上三个需求。

(一)建立现代农业主导产业研究院的背景及意义

在政府行政制度和机构改革不断深化、行政性事业单位及产业主管局下属事业单位将逐步剥离的背景下,成立主导产业研究院这样的中介服务组织或转制成为企业的中介机构,意味着大量农业科技人员将走出公务员或参公队伍,直接面向市场,这为主导产业研究院的诞生提供了基础、营造了环境。从成长时序上来讲,它融合贯穿了湖州市新型农技研发与推广体系的各个阶段,以技术入股为基础,通过创新团队培养逐步发展而成;或者在没有实现技术入股的主导产业中,通过引进若干个创新团队直接组建。政府需要对主导产业研究院的资本运作、履职绩效、赢利模式、分配办法实施监管,依法保护合作各方的权益。与此同时,主导产业研究院的建立会大量吸引传统农技推广人员加入,也可以充分发挥传统农技推广体系的基层优势。传统体系已建立了广泛覆盖乡

镇的推广机构,拥有大量的推广人员队伍,也一直在为当地农业生产提供技术支持,熟悉当地的农业发展需求。由于目前传统的乡镇农技站管理体制没有理顺,造成许多农技人员政事不分、职能不到位,在编不在岗、在岗不在位等现象;即使是在编在岗人员,大部分也要承担较多的驻村包片等中心工作,其从事农技推广本职工作的时间和精力有限。融合并轨后的传统农技推广机构人员的主动性、积极性、创造性将被激发出来,可以更好地整合资源,发挥庞大的农技推广队伍原有的基层推广基础。

设立主导产业研究院的意义在于:它可以通过新型农业科技手段实现农业附加值的提高,包括农产品用途的拓展,农产品物理性状的改变,农产品化学加工的不断深化,生产成本、管理成本、财务成本的降低,服务方式的创新,新的消费群体、消费潜力、消费市场的激活,企业文化、品牌价值的叠加。同时,要解决技术、人才、资金要素的瓶颈,关键是要发挥市场在要素配置中的决定作用,需要政府打破原有的制度、体制障碍,实现要素的自由流动,而不是一味地用制度来固化要素的配置;需要一个平台、一个载体、一套全新的体制机制来集聚资源,来实现要素的优化配置,而主导产业研究院是实现这一突破的有益尝试和全新探索。最大限度地优化资源要素在不同层面的配置,从而提升配置效率,促进现代农业产业的发展,不断提升各产业的发展水平是农业科技研发与推广的服务需求、发展取向和价值目标。设立现代农业主导产业研究院可以实现政产学研高度融合,解决农业技术供给与需求之间不能无缝对接、农业产业发展缺乏技术和人才支撑等问题,从而提升现代农业发展的核心竞争力,这些也是新型农技推广体系所要达到的最终目标。

(二)湖州现代农业主导产业研究院现状

2013 年,畜禽产业联盟专家参与建立了浙江湖羊研究所,目前湖羊研究所的工作已经展开,联盟专家主要对湖州市规模较大的部分湖羊养殖企业进行了走访调研。基于调研结果,结合湖羊研究所的目标定位,畜禽产业联盟专家与湖州市农业科学研究院、湖州市畜牧兽医局联合申报了湖州市科技计划项目"湖羊牧草饲料新品种引种栽培及饲用品质研究""湖羊地方流行病病原分析及综合防控关键技术研究"两项。

2014 年初,茶叶产业联盟专家参与建立了浙江安吉宋茗白茶产业研究院。该研究院由浙江安吉宋茗白茶有限公司与中国农业科学院茶叶研究所、浙江大学茶学系、杭州中华供销总社茶叶研究院、浙江科技学院四家科研机构合作共建,工作目标是在合作单位的共同努力下,力争把研究院建设成为国内茶产业行业先进水平的技术研发基地。该研究院现已开发出凤形安吉白茶、兰花型安吉白茶、蒸青安吉白茶三类产品,丰富了安吉白茶产品种类,建成先进凤形安吉白茶生产线、兰花型安吉白茶连续化清洁化加工生产线、蒸汽杀青的安吉白茶连续化清洁化加工生产线三条,有效减低劳动力的使用,降低成本 400 万元/年,使产品标准化、清洁化,保证产品的稳定性,实现安吉白茶产量 45 吨/年,营业额可达 7000 余万元;培训技术骨干 10 名;通过订单农业辐射周边茶园 10000余亩,直接受益农户 300 余家。

2016 年,浙江大学农业技术推广中心与湖州市农业局共建浙江大学湖州休闲农业产业研究院。该研究院以浙江大学农业技术推广中心和浙江大学湖州市现代农业产学研联盟(休闲观光产业联盟)为技术支撑单位,聘任国内外顶尖专家为智囊团,下设科学研究中心、决策咨询中心、教育培训中心、规划设计中心、产业服务中心等,直接服务对象为湖州市休闲农业相关职能部门和经营主体,辐射浙江省和全国休闲农业教学、科研、推广机构和实体企业。其主要任务一是制定湖州市休闲农业产业战略规划和顶层设计;二是构建湖州市休闲农业产业发展新模式;三是建立休闲农业产业经营管理和服务人员以及新型职业农民的教育培训体系;四是形成一整套规范化服务、标准化建设、信息化管理、市场化运作的运营体系;五是创建国家级休闲农业产业示范基地。

(三)现代农业主导产业研究院的机制原理

对于新型农技研发与推广体系的公益性而言,农技推广是具有纯公益性质的公共产品,这意味着高校院所的专家教授、农技人员所从事的农业技术的推广是一项免费的服务,这项免费的服务需要政府投入财力来保障;其所推广的农业技术范畴主要用于保障粮食安全、确保人民群众的农产品基础日常消费、按照国家战略建设现代农业和确保农民持续稳定增收。而对新型农技研发与推广体系的市场性来说,先进农业技术推广的转化成果具有溢出效应,这部分溢出效应可以通过市场机制转化增效;其所推广的农业技术范畴主要用于满足人民群众较高的农产品需求、现代生活对农业品质的追求、现代农业企业对先进农业技术的客观需要和现代农业高效科学发展的技术创新渴望。发挥主导产业研究院的公益性和市场性动态平衡的核心价值是机会的公平和规则的公正。这首先要解决一个农技推广服务保障的满足度问题,即政府的财力能否完全保障的问题和公共财政的投入能否做到"阳光普照",即公共财政的普惠制问题。公益性的问题实质上可以通过政府向主导产业研究院来投入财政资金、购买公益性农推服务的方式来解决;而接下去要解决的是体系的溢出效益部分,主导产业研究院是兼具公益性和市场性的农业科技研发与推广体系载体,它可以通过研究院内的各种机构或公司,用商业手段将溢出效益部分通过市场提供给需要相关技术的农业生产主体。这可以让农技研发的先进成果在满足公益性服务的前提下,使农业企业的效益实现和现代农民的利益实现有一个公平的机会,通过市场机制的作用,激发起全社会采用先进农业技术来增加经济效益的强大活力。

1. 主导产业研究院的特征

如果说,农业创新团队是建立在核心技术研发基础上,那么农业产业研究院的内涵和外延则更加宽泛,更多是侧重于农业产业链,建立在整合政府、企业、市场多方因素的基础上。主导产业研究院是多方动态平衡前提下建立起来的创新农推机制载体,涉及三个方面的内容。

一是明确政府职能,即保障公共产品的供给,支持准公共产品的发展,维护私人产品的权益。

二是发挥市场在资源要素配置中的决定作用,履行政府的引导职能,切实维护市场秩序。

三是充分实现农业企业作为科技创新主体的作用,引导经营业主遵循市场经济规律,按照市场机制办事,推进绩效工资、做到多劳多得,保障农技推广人员的利益,完善利益激励机制。一项农业技术推广服务无论由政府来组织还是由市场来组织,都是要产生成本的:当政府提供农业技术推广服务的成本低于由市场提供同样推广服务的成本时,这项推广服务就应当由政府来完成,否则就应当由市场来完成,此时农技推广的公益性和市场性就达到了动态的平衡(张晓川,2012)。

现代农业主导产业研究院就是这样一个兼顾市场和公益,融合研发机构、推广机构、生产企业、销售平台,汇集政产学研资源,打通主导产业全产业链环节的综合性新型农技研发与推广平台体系。因此,研究院体系的性质是农推体系市场化运作背景下公益性和市场性的兼容载体,它几乎兼顾了前三个阶段体系发展的所有特征,并更多地体现出灵活的兼容性:一是由政府推动或企业发起,承接政府购买服务,履行公共服务职能的现代服务型企业,这是它的公共服务特征:二是以农业技术成果资本化为标志的股份制企业,这是它的技术转化特征;三是具有独立的市场主体地位,这是它的市场运作核心特征。

2. 主导产业研究院的定位

立足公益性、兼顾市场性是现代农业主导产业研究院体系建立的主旨,它是为了克服原有农技推广体系自我修复能力有限、可持续发展能力疲软、创新活力不足等缺陷而建立起来的,但同时,主导产业研究院的建立有其特殊的背景,它是在政产学研四方推动下建立起来的机构体系,它由强有力的政策推动,是准公益性的,也是政府转变职能背景下购买服务和合作推广的一种有益尝试。党的十八届三中全会在《中共中央关于经济体制改革的决定》中指出:要推广政府购买服务,凡属事务性管理服务,原则上都要引入竞争机制,通过合同、委托等方式向社会购买。强调"建设统一开放、竞争有序的市场体系,是使市场在资源配置中起决定性作用的基础。必须加快形成企业自主经营、公平竞争,消费者自由选择、自主消费,商品和要素自由流动、平等交换的现代市场体系,着力清除市场壁垒,提高资源配置效率和公平性"。公益性的事业需要公共财政的投入,但并不是必须由政府来实施建设;公共产品需要政府来保障供给,但并不是必须由政府来生产。政府职能转变的提出不仅是一个治理理念的更新,更是社会的进步和发展。政府的责任是制定合理的规则,并保障规则的有效执行。因此,现代农业主导产业研究院体系的建立并不是舍弃了公益性,而是当政府由主办转为购买服务、实施监管后,保证现代农技推广服务的公益性和市场性功能得到最大效率的发挥(郝胜华,2001)。

第五节　现代农业产学研联盟设计路径及理论分析

从前述简要的回顾中,我们可以看出,湖州的新型农技推广联盟体制的形成包括了农推体制创新启动、"1+1+N"农技推广联盟创新试点、"1+1+N"农技体系的推广和"1+1+N"农技推广体系的深化四种不断演化的农技推广形态。这种新型推广体系创新路径到底是如何形成的?又是基于什么出发点来设计的?

"1+1+N"新型农技推广体系,其理论支撑又是什么?有何创新?这些都是需要总结和梳理的。

一、新型农技推广体系的设计原则和路径

新型农推体系创新必须回答两个问题:为什么要改?如何改?为何改就是体现问题导向和市场导向,如何改就是体现路径选择和价值取向。浙江大学和湖州市共建的"1+1+N"新型农推体系设计的基本路径就是:围绕湖州农业主导产业,推动现代农业转型升级;围绕农业技术推广链,整合本地农技人员;从政府主导向需求主导转变、从线性推广到网络推广转变;坚持多元参与,实现共赢。要发挥市场在要素配置中的决定性作用,要着力于实现社会治理能力和水平的现代化,要注重推广链的系统性、整体性和协同性。

1.优化配置,资源整合

农业科技推广链不能单纯理解为技术推广,这是一种线性的推广路径。完整的农技推广链应该是从市场需求出发,经科技研发,再到推广应用,最后满足市场

需求;再根据市场新的需求进行科技研发,从而形成推广闭环(closed loop)。

在整个推广链中,政府、高校(科研院所)、本地农技人员、农业龙头企业(专业合作社)、培训机构(人才支持)、农业技术创新公共服务平台、农业园区的园区(企业)、消费者等,都是不可或缺的。在以往的农技推广体系中,各方资源没有有效地整合起来,更多是点对点对接。通过整合各方资源,尤其是通过市校合作共建这种机制,建立推广平台,方能实现产学研农科教一体化。

2.权责明晰,互利共赢

在整个农技推广体系中,各推广主体及农村经营主体定位准确、任务清晰、责任明确。建立健全市校推广联盟领导机构,实现统筹协调功能;建立健全高校院所专家组、本地农技专家组的考核制度和激励机制;建立健全专家组服务经营主体和公共服务中心的联系制度;通过建立多层次、多元化、多模式紧密型利益联结机制,完善风险共担、利益共享机制,实现协调可持续发展。

通过农技推广模式的创新,湖州市"三农"工作找到了聚力点,始终走在了全省乃至全国的前列;浙江大学服务社会功能得到加强,为创"双一流"大学奠定了基础;高校院所和本地农技专家找到了实现自我价值的用武之地,加速了科研成果的研发和转化;农村经营主体得到了实惠,湖州新型职业农民培训工作走在了全国前列。

3.搭建联盟,链网耦合

农技推广中的"人散、线断、网破"和"最后一公里"难题,关键在于没有建立健全农技推广链。长期以来,农技推广都是个令人揪心的话题:一方面,每年有大量的科研成果在评审,在获奖;另一方面,科技在生产领域的作用始终难以发挥,农技推广"最后一公里"始终就差"临门一脚"。在农业主管部门、教育部门、科研部门以及农业生产经营主体之间,横亘着鸿沟,大家各敲各锣、各唱各戏。这种部门分割、资源分散、供需分离的现象,在"1＋1＋N"模式中得到了破解。

湖州新型现代农业科技推广链在设计时,如何解决"人散、线断、网破"和"最后一公里"?第一通过机制体制创新,优化推广生态链。第二,搭建平台,为新型农技推广模式创新提供了保障。市校合作的平台,有决策层面的年会制度,有执行层面的季度例会,也有项目推进过程中的定期会商机制,形成了多层多元、快捷畅通的信息交流和沟通网络。第三,通过项目,为新型农技推广模式创新提供支撑。从最开始的"1381"行动计划到后来的"新1381行动计划",推进着每年上百个项目的实施。第四,构筑产学研联盟,为新型农技推广模式创新提供路径。从成果的转化到技术入股的共建共享,从技术的培训辅导到共同组建技术创新的团队,从立足于传统农推体系网破线断人散的补救到农推联盟、产业联盟的组建,从最初的首席专家到高校院所专家组加本地农技专家组,新型农推模式不断得到深化和完善。

依托高校和科研机构,构建农科教、产学研一体化农技推广联盟,通过"1+1+N"的模式,即一个高校院所团队加一个本地农技专家小组加若干个现代农业经营主体,开通了农业技术推广的"动车",推动湖州现代农业发展迈上了新的台阶。

"1+1+N"新型农技推广模式的建立,不可能是传统农推体系的复活,也不是简单的新元素的植入或嫁接,它应该是一种全新的构架。

4.产业联盟,"两区"载体

在农科教产学研一体化的农技推广联盟大旗下,围绕十大农业主导产业,湖州在市级层面组建成立了 10 个产业联盟;下属的 3 县 2 区分别根据自身产业发展特点,组建设立了 50 个产业分联盟(截至 2015 年)。这一新的推广模式,打破了农科教产学研相互割裂的局面,将科研、推广、生产应用三个环节紧密结合,保证了新技术、新成果能够快速到达农民手中。

在农推联盟的设计中,产学研各自为政的问题已经破解,农业技术可以畅通无阻地进入农户家中。但是,湖州农业高度"碎片化",与农业技术推广相绝缘,甚至相排斥。因此,要想让科技顺利进入生产主体,除了"拆篱笆",还得"建平台",培育生产主体成长。小农经营是自给半自给的经济,对良种、良法并无迫切要求。只有在以区域化布局、规模化发展、组织化生产、市场化营销为特征的现代农业充分发育的基础上,才能激发出生产主体对科技投入的旺盛需求。

"两区"建设由此进入"联盟"的视野。"两区"指的是粮食生产功能区和现代农业园区。为了确保现代农业发展,浙江提出像抓工业园区一样来抓农业"两区"建设,让农业园区化建设成为发展现代农业的抓手,将人、财、物、政策和服务等资源在这个平台上进行集中投放,加快现代农业基础设施建设,加快现代农业经营主体培育,加快农业主导产业的集聚化发展。

"两区"建设不仅为湖州农技推广联盟找到了运行平台,而且通过生产经营主体的培育,大大加快了科技进入生产领域的速度。因此,湖州果断提出了"园区建到哪里,联盟覆盖到哪里"的思路。

二、新型农推模式的理论阐述

所谓农技推广模式,就是指农技推广过程中所形成的路径、方法和形式,是在特定条件下,推广主体、推广客体和推广机制的存在方式和运转过程的综合表现。具体包括推广目标、推广对象、推广内容、推广策略、推广方法、推广组织结构和运行机制等。

(一)基于纳什均衡理论的推广主体分析

关于农技推广过程中各利益主体的分析,必然要牵涉到推广的主体和客体。现有的学术研究,有的从农技推广中农民主体意识的角度来研究,有的从"政府—农业企业"和"农业企业—农户"的视角研究(秦辉,2011;何小洲等,2016)。可以采用纳什均衡(Nash equilibrium)理论来分析"1＋1＋N"新型农业科技推广链各利益主体之间的关系。纳什均衡又称为非合作博弈均衡。假设有 n 个局中人参与博弈,如果某情况下无一参与者可以独自行动而增加收益(即为了自身利益的最大化,没有任何单独的一方愿意改变其策略的),则此策略组合被称为纳什均衡。所有局中人策略构成一个策略组合(strategy profile)。纳什均衡,从实质上说,是一种非合作博弈状态。

纳什均衡认为,在给定的条件下任何参与主体都要在各自设定的一种"框架(frame)"内活动,参与主体基于共有的信念和认知信息而做出的策略决策共同决定均衡的再生。诺贝尔经济学奖获得者道格拉斯·诺斯(Douglass North)认为,如果一种制度安排没有达到帕累托最优,就会处于一种非均衡状态。我国农业的小规模经营这一制度安排导致了农户经营主体的分散性和对农业技术需求的多样性,使其在获取农业技术、信息等生产要素时的市场交易成本很高,难以通过市场获取最优农业生产技术和成果。因此,在农业经营制度整体变迁的诱致下,能够有效降低高昂的交易成本并能获取最优农业生产技术与成果的制度安排就成为千百万农户的现实需要。

在创新农技推广体系时,一个前提条件是基于浙江大学和湖州市"市校共建社会主义新农村"框架,而且是举全校之力、举全市之力。市校合作得益于双方需求的互补,得益于共同的价值追求以及对彼此优势的相互倚重。"1＋1＋N"新型农推体系中,把地方政府、高校专家、推广平台、核心示范基地、本地农技专家、基层公共服务中心和经营主体等有机地联系起来,形成了利益共享的共同体。

从这个意义说,浙江大学和湖州市共建的"1＋1＋N"新型农技推广体系制度安排达到了帕累托最优[①]。

(二)政府与市场共同推动的双螺旋结构

1995 年,美国社会学家埃茨科威兹(Henry Etzkowitz)和荷兰学者雷德斯

[①] 帕累托最优(Pareto optimality),或帕累托最适,也称为帕累托效率(Pareto efficiency),是经济学中的重要概念,并且在博弈论、工程学和社会科学中有着广泛的应用。它指的是资源分配的一种理想状态:假定固有的一群人和可分配的资源,从一种分配状态到另一种状态的变化中,在没有使任何人境况变坏的前提下,使得至少一个人变得更好。帕累托最优状态就是不可能再有更多的帕累托改进的余地;换句话说,帕累托改进是达到帕累托最优的路径和方法。帕累托最优是公平与效率的"理想王国"。

多夫(Loet Leydesdorff)发表了题为"大学—产业界—政府关系三重螺旋的形成"的学术论文,同年,又合作发表了《大学—产业—政府三重螺旋关系:知识经济发展的实验室》,标志着三重螺旋理论的正式形成。这一理论将DNA结构的生命科学猜想引入到大学、产业和政府三者的互动关系中,运用博弈模型来描述大学、科研院所、企业以及政府之间的相互博弈,进而不断推动企业、技术和知识的创新过程(Etzkowitz & Leydesdorff,2000)。

Elmuti等利用战略联盟理论来解释产学研联盟的不稳定性,认为产学研联盟作为战略联盟的一种形式,如信任缺失等问题都会影响到产学研联盟的稳定性,并给联盟带来风险(Elmuti et al,2005)。随着我国社会主义市场经济的发展,产学研逐步走向了更为高级的合作形式——产学研联盟,产学研联盟也成为企业、高校和科研院所实现各自利益目标的战略性选择。产学研联盟中的知识转移是建立在风险共担、利益共享的基础上的,合作的整个过程必须有良好的机制作为保障,才能提高联盟风险管理的能力和改善联盟的契约关系,才能更加有效地发挥产学研联盟各方的互补优势。

在借鉴"三重螺旋理论"的基础上,进一步梳理湖州新型农业科技研发与推广体系的四种形态演变,我们可以发现,不论是哪个阶段或哪个形态的农技研发与推广体系,都离不开三个主要特征。

第一,新型农业科技研发与推广体系是在政府推动和市场需求,或者说公益性力量和市场性力量的双重作用下形成的结果。

第二,四种状态都是在推广目标的多元性、参与要素的多样性、涉及权属的复杂性、制约因素的多重性交互作用下构成的综合体。

第三,农业科学技术研发与推广活动作为一种科技创新推广活动,绝非是两种作用力自成系统、独立演进的发展过程,各个形态的农推体系发展也不是一种简单的线性进化关系,各参与主体更不是靠一种形式上的创新推广链条环节连接,它是一个综合复杂、紧密互动,并在一定时期内通过内外环境共同作用而达到动态平衡的系统工程。

这种系统结构模式可以比喻成人体DNA的双螺旋结构,在政府推动和市场需求两条链的相互作用下,各要素之间经过不同形式的协作联结、排列组合,彼此之间信息沟通、互相补充、缠绕上升,从而形成了湖州市新型农技研发与推广体系特有的双螺旋结构模型;同时,由于各个要素之间联结紧密程度有异、结合形式不同,在不同的社会经济发展外部环境的影响下,新型农技研发与推广体系的双螺旋结构在被其他地区"复制"的过程中,如同生物的遗传与变异一样,在不定向变异与定向选择的共同作用下产生了"物种多样性",即产生了新型农技研发与推广体系的发展形态或者进化阶段的多样性。

湖州新型农技研发与推广体系的双螺旋模型(王磊,2014)如图2-3所示。

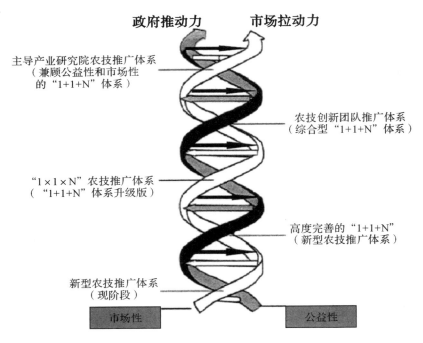

图 2-3　湖州新型农技研发与推广体系的双螺旋模型

从政府推力来看,政府推动下的农业技术进步往往具有满足公益性需求的性质。在市场经济条件下,公益性农技推广具有实现公共服务和市场效益的双重价值取向,公益性农技推广除了考虑推广项目本身所产生的经济效益外,更重要的是要考虑其可能带来的长远和宏观的经济与社会综合效益。所以政府推动力更多地表现为制度供给、制度设计,表现为引导作用。但是单纯的政府推动力,无法解决推广链各主体的利益诉求,也无法实现技术成果转化最大化、最优化。科技创新的受益主体最终在企业,推动力也来自于市场需求。所以传统的农技推广过于侧重于政府的行为,导致与市场脱节,与需求脱节。

从市场需求拉力来看,市场需求拉力下的应用技术推广创新要求建立畅通高效的推广服务体系,为农业技术与产品研发提供最贴近市场和用户需求的信息,解决农业科学技术应用信息不对称的问题,并进一步提供技术进步的动力。同时,市场需求力拉动下的农技研发与推广体系通过以农业生产主体为核心,进行技术自主创新、集成创新和消化吸收再创新,培养生产企业适应市场要求的研发能力、应用水平和产品开发能力,推动产业的更新换代,提升从上游到下游的全产业链科技水平、从下游到上游的技术信息反馈能力。

由于传统的农推体系由政府单一主导,忽视市场作用的发挥,对农业生产主体的科研技术需求不了解,在推广活动中较多存在信息不对称、供需不平衡的客观现象,无法适应农技推广体系准公共性的发展趋势。基于此,湖州新型农技研发与推广体系探索运用了政府主导与市场运作相结合的推广模式创新,让公益性的技术推广活动由政府推动来完成,市场性的农技转化与运用交给市场来完成。

(三)参与式农技推广理论

参与式农技推广,是参与式理论在农业推广领域中的应用,被许多国家证明为是一种有效的农业推广途径。它注重农民在农业推广中的主体作用,不再把农民视为推广的被动对象,变传统农技推广自上而下的线性推广为自上而下和自下而上共同演进的农业推广方式。参与式农业推广通过在推广过程中给予农民赋权,以农民需求为导向,激发农民参与到推广活动中,并对农民进行农业技术、农业生产、市场推广、文化素质等综合培训,提高他们的素质和能力。

"1+1+N"新型农技推广模式,正好符合参与式农技推广的特点。

一是强调需求导向。新型农技推广模式从湖州主导产业对农业科技的需求出发,从湖州发展生态循环农业、智慧农业、品质农业出发,从湖州新型农业经营主体的需求出发。

二是注重农民的参与。所有外部的技术、信息及资金等输入,都只能起到辅助作用,关键还在于激发农民的内在需求。农技推广模式的可持续性,激发了农民的内源动力。"1+1+N"新型农技推广模式的一个重要内容就是对新型职业农民的培训。

三是整体性。常规的农技推广发挥的主要作用是联结农技推广机构(主要以高校院所为主)与推广客体(新型农村经营主体)的桥梁和纽带,实现科技成果由潜在生产力到现实生产力的转变。但实践证明,这种作用的发挥存在很大的局限性。问题的主要原因是研究、推广和应用系统分离。参与式农技推广的整体性表现在:扩大了农业研究子系统、农业推广子系统和经营主体系统三者的交叠面,把三个子系统统一在农业创新体系的系统下。创新团队和产业研究院的培育和组建,正是参与式农技推广模式的体现。

四是开放性。参与式农技推广强调推广系统要素与系统环境之间、系统要素与系统要素之间的协调关系。为了确保系统运行的有效性,提高推广工作绩效,需要不断从不同领域和层面主动吸纳新的要素。我们从"1+1+N"新型农推模式演变过程中就可以看出,从一开始的一个首席专家到后来的专家团队,从浙江大学到联合其他院校和科研单位,从以浙江大学专家为主体到本地农技专家参与。"1+1+N"新型农技推广模式之所以有生命力,正是在于它开放式的联盟架构。

五是项目性。参与式农技推广是通过项目来实现的,始终围绕项目计划的制订、项目活动开展、项目的监测与评估等。"1＋1＋N"新型农技推广模式,也是基于市校合作的项目——"1381行动计划"和"新1381行动计划"才得以实现。未来"1＋1＋N"农技推广模式创新,必须围绕"美丽湖州"这一大目标。

(四)"政用产学研"新型农技推广的三维结构模型

浙江大学徐海圣副教授等撰写的《新型农技研发与推广体系的湖州实践》一文中,从合作主体、推广活动和配套体系三个维度,提出了湖州政用产学研、农科教相结合的新型农技研发与推广的三维结构模型(王磊,2014;王磊、徐海圣,2015),见图2-4。

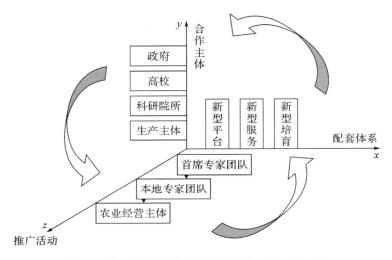

图2-4 新型农技研发与推广体系的三维结构模型

从图2-4可以看出,z轴代表了新型农技研发与推广体系的推广创新链,y轴代表了新型农技研发与推广体系的合作主体创新链,而x轴则代表了新型农技研发与推广体系的配套体系创新链。整个新型农技研发与推广体系改革,始终贯彻着一条主线——坚持创新。

z轴推广活动创新链是新型农技研发与推广体系的核心,而核心之中最值得关注的,正如我们在总结"1＋1＋N"湖州模式特点中所提到的,是第二个"1"——本地专家团队,这是湖州模式的推广链的一大创新。围绕湖州十大主导特色产业,以浙江大学为主体的联合其他院校组成的高校院所专家团队,是推广链的第一个"1";通过地方农技专家小组,包括基层农技人员,组成推广链的第二个"1";现代农业核心示范基地、农业龙头企业、农民专业合作社和家庭农场主体,构成了庞大的推广基石,即推广链的"N"。这个模式犹如生态系统中的生物链——我们称之为"推广生物链":高校院所专家团队(第一个"1")拥有大量的创新性成果,他们是农业技术从研发到应用推广这条链的前端,犹如生态系统中的生产者;地方农技推广专家小组(第二个"1")是农业科研和农业生产之间连接的高效通道,既是"推广生物链"中的初级消费者,也是传递者;伴随着农业生产力的不断提高,适应现代农业发展的农业生产经营主体不断涌现,种养大户、农业龙头企业、农民专业合作社、家庭农场、农业园区对于现代农业科研成果和先进技术存在着迫切的需求,在带动周边农民创业增收上发挥着巨大的辐射作用,所有接受两个"1"技术带动的、进行农业科技成果转化的农业生产主体都是新型农技研推模式这条链的终端(第三个"N"),他们是农技"推广生物链"的次级消费者和最终消费者。

y 轴合作主体链是新型农技研发与推广体系的保障,体现了政用产学研一体化的特征。政用产学研是一项创新合作的系统工程,是生产、学习、科学研究、实践运用的系统合作,是技术创新上、中、下游及创新环境与最终用户的对接与耦合,是对产学研结合在认识上、实践上的又一次深化。"政"即浙江大学和湖州市市校合作的长效共生机制,是农业科技创新的制度供给端;"用"进一步强调了"应用"和"用户",突出了产学研结合必须以企业为主体,以用户为中心,以市场为导向,进一步突出了知识社会环境下以用户创新、开放创新、协同创新为特点的创新 2.0 新趋势;"产"即湖州当地农业生产主体,他们是技术需求的主体,他们具有最现实的技术应用反馈作用,能促进高校、科研机构的研究向更具针对性和应用导向性方向转化,为农业科研人员建立从生产问题入手的立项机制改革奠定基础;"学"即以浙江大学为主体的涉农高校,他们是知识创新的主体,拥有丰富的学术研究和科研成果资源,特别是其中的应用性研究尤其需要结合实际生产,浙江大学为了积极推进农业科技推广体系创新,在体制机制上进行了一系列校内改革,从涉农学院师资队伍中分离出一部分科研教师以建设农技推广队伍,专门制定了农推人员的职称评审标准;"研"即科研院所,它们是农业科技研发创新的主体,它们联结基地、学科、产业,提供基础性、方向性、战略性农业科研技术成果等公共产品。

z 轴是新型农技研发与推广体系的配套工程。为了充分激发政产学研参与农业科技推广的内在动力,使农科教技紧密结合,加快现代农业科技成果向现实生产力转化,新型农技研发与推广体系共建立了三大配套体系,以支持整个系统的高效运转、提供有效的配套支撑服务。

新型配套平台体系建立以浙江大学农业科技园区为核心,以农业科技前沿研究和区域特色主导产业产业化重大专项为重点的研究试验展示平台;健全以现代农业精品园为依托,以市校合作项目为支撑的技术转化推广平台;完善以现代农业特色主导产业园为载体,以"三位一体"现代农业社会化服务体系和生产性服务业发展为基础的实践运用平台。

　　新型配套服务体系包括以浙江大学为主的高校和科研院所专家领衔,以试验平台、示范平台为依托,集原始自主创新、集成创新、转化运用再创新于一体的高校院所专家服务团队;以市级农业首席专家领衔,以现代农业精品园、特色主导产业园为依托,集桥梁与纽带、信息传导与反馈、推广辅导与服务创新于一体的本地农业科技服务团队;以农业科技型企业或农业企业研发中心领衔,以农业园区为载体,以农民专业合作社或"企业+农户"的模式为依托,集示范推广运用于一体的现代农业经营主体或联合体辐射团队。

　　新型配套培育体系以建立湖州农民学院为依托,完善了新型农技研发与推广的人才培育体系,形成"农推专业硕士教育(浙江大学)+高职、本科教育(湖州农民学院)+中等职业教育(现代农业技术学校)+普训式教育(农民创业大讲堂、农业实用技术培训)"相结合的"四位一体"人才梯度培养结构;健全"全日制高等教育+远程教育+在职研修+短期培训"相结合的"四位一体"分类教育培训体系;着力培育"学历+技能+创业+文明素养"相结合的"四位一体"新农村建设领军人才;构建"高校院所专家+农民学院教师+本地农技人员+创业成功人士"相结合的"四位一体"师资队伍。

第三章　现代农业产学研联盟机制建设

农技推广涉及多个主体,各主体之间存在着利益上的博弈。农技推广具有双重性,既有公益性,又有市场性。如何合理地配置政府和市场在农技推广体系创新中的作用,保障"1+1+N"产业联盟的有效运行,这是湖州市和浙江大学在创新农技推广体系改革中一直思考的问题。

在现有的农技推广服务模式的构建过程中,政府是制度创新的主体、资金投入的主体和平台建设的主体。国内外实践证明,农技推广体系机制本身不能自发形成,也不能单靠市场要素的长期磨合,政府在创新农技推广体系中起着协调组织、管理和引导(包括资金的重点投入)等重要的多重功能。

2011年9月,湖州市被浙江省确定为农业科研与技术推广体制创新的专项改革试验市。湖州市被要求通过积极探索、创新改革,努力突破体制机制性障碍,建立健全、完善强化农科教、产学研结合的农业科技创新与技术推广新机制新模式,争取为全省、全国做出更多的探索示范。

第一节　联盟工作推进和管理机制

什么是制度(systems)？艾尔森纳把制度定义为一种决策或行为规则,后者控制着多次博弈中的个人选择活动,进而为与决策有关的预期提供了基础。从系统论的角度看,制度是社会系统的基本构架,它起到了协调、整合、界定等作用。

市校合作由最初的尝试探索到形成成熟的共建模式和运行机制,在推动市校共建,特别是在共建社会主义新农村示范区、湖州美丽乡村建设和农村改革发展中发挥着越来越显著的作用。经过十年的探索和创新,市校合力推进的工作机制更加完善,多层次、多元化合作的框架更加显现。

一、市校双方共建领导机构

(一)共建新农村领导机构

为了推进省级社会主义新农村建设实验示范区工作,真正体现"举全校之力、举全市之力",湖州市成立了省级社会主义新农村实验示范建设领导小组,由市委书记、市长任组长;同时建立产业发展、村镇规划建设、基础设施、生态环境、公共服务、素质提升、社会保障、城乡综合改革等八大工程协调小组,由市委常委、副市长任组长;并设立八个专项工作协调小组,由市领导分任组长,具体负责实验示范区"八大工程"的组织实施;同时对各县区也做出了相应的要求,结合县区实际,建立由县区委主要领导任组长的工作领导小组和有关工作协调小组。

2007年,根据工作需要,将湖州市省级社会主义新农村建设实验示范区工作领导小组、湖州市社会主义新农村建设领导小组和湖州市城乡一体化领导小组三个领导小组合并,成立湖州市省级社会主义新农村建设实验示范工作领导小组,由市委书记、市长任组长,领导小组成员增至59人;调整农办机构设置,将市委市政府农业和农村工作办公室独立出来单独设置,并将市新农村建设实验示范区工作领导小组办公室与其合署办公,提高工作效率;城乡综合改革、素质提升等市省级社会主义新农村建设实验示范工作领导小组专项工作协调小组及时调整人员力量,通过召开协调小组成员单位会议、进行专项工作督查等,强化工作领导与落实。

浙江大学以"聚焦湖州、立足浙江、服务西部、面向全国、走向世界"为目标,全面参与社会主义新农村建设,建立了由校党委书记、校长任组长,29个部门、学院主要负责人为成员的领导小组,抽调专职人员设立领导小组办公室,增设了浙江大学地方合作委员会和地方合作处,成立了浙江大学新农村建设专家咨询委员会和农业技术推广中心,形成了市校联动、由上至下、层级负责的组织领导体系和工作协调机制。

(二)建立市校合作,推进工作机制

市校双方以积极的姿态强化市校联动合作,建立了规章制度和工作规程。市校双方在决策层面建立了由浙江大学党委书记和校长、湖州市委书记和市长参加的高层会晤机制。在执行层面建立市校双方的季度工作例会。此外,还有项目推进过程中的定期会商机制,形成了多层次、快捷稳定的市校沟通网络,不断推进现代农业产学研联盟体系创新。

2006年10月11日,市校双方在湖州举行了第一次会晤,就有关重大事项进行交流、商议。

2009 年 11 月,浙江大学和湖州市合作共建省级社会主义新农村实验示范区第三次年会召开,在此次年会上双方就农科教产学研一体化联盟、浙台农业合作试验区等两个建设方案达成了共识。

2011 年 12 月,浙江大学和湖州市合作共建省级社会主义新农村实验示范区第五次年会召开,在这次年会上,双方签订了新一轮市校合作协议,实施"新1381 行动计划"[①],合力把湖州建成浙江省美丽乡村建设示范市,拉开了深化合作的序幕。

2012 年,召开浙江大学和湖州市市校合作美丽乡村第六次年会,动员和部署农业技术研发与推广体制机制创新专项改革试验工作。会议确定了优化提升一个模式、建立健全六大机制、强化落实五项措施的总体思路和主要目标任务。根据专项改革试验的总要求,市校双方在会上新签署了湖州南太湖农技推广中心新一轮建设协议。试验的内容包括优化提升"1+1+N"的农技研发和推广模式,建立健全农业科技工作体制、基层农技推广工作管理体制、农业科研项目立项和考评机制、农业科技成果转化机制、农技研发和推广激励机制、农业科技创新投入保障机制等,完善落实农业科技人才队伍建设,完善提升农业技术研发与推广平台,培育壮大农业科技创新主体,完善新型农业社会化服务体系,实施重大农业专项等五项配套措施等。根据协议,市校双方在提升"1+1+N"农推模式建设、完善产学研一体化农推体系,提升农技研发和服务平台建设、完善现代农业公共服务体系,提升农民教育培训载体建设、完善现代新型农民培训教育体系等方面开展合作。

2016 年 1 月,浙江大学与湖州市在湖州联合召开市校合作共建美丽乡村第九次年会,认真学习贯彻党的十八届五中全会,布局实施"十三五"事业发展蓝图,回顾总结市校合作九年多来的历程,研究探讨今后一个时期的市校合作工作。

市校除了高层年会外,在执行层面上还建立健全市校双方的季度工作例会,就市校合作工作重点每季度召开由浙江大学和湖州市主要领导参加的工作例会。2009 年 6 月,在市校季度工作例会上,双方就浙江大学(长兴)农业科技园建设和进一步完善新型农业技术推广体系改革试点方案等进行工作部署。2011 年 9 月,在市校合作工作季度例会上,双方就 2011 年湖州市"市校合作"年会方案、浙江大学—湖州市现代农业产学研联盟建设进行了讨论。

2016 年 3 月,浙江大学和湖州市市校合作 2016 年第一季度工作例会在浙大紫金港校区召开,就精心办好市校合作 10 周年学术研究进行工作部署。

---

① "一个目标":把湖州建设成浙江省美丽乡村示范市;"三大平台":提升科技孵化辐射、人才智力支撑、体制机制创新;"八大工程":实施产业发展、规划建设、生态环境、公共服务、素质提升、平安和谐、综合改革、党建保障;每年新增 100 个以上市校合作项目建设。

湖州市现代农业产学研联盟高度重视联盟自身建设,定期组织召开现代农业产学研联盟工作年会和季度工作例会;各分联盟根据湖州市现代农业产学研联盟理事会工作要求,结合各分联盟工作实际,把年会和工作例会常态化。如市级蔬菜产业联盟 2015 年共召开 4 次工作例会,例会讨论了 2015 年工作计划,交流了各阶段的蔬菜生产情况、规模主体的生产管理情况、分联盟工作经验及成效,并讨论了湖州市蔬菜产业"十三五"规划建议;市级水产产业联盟结合工作例会积极开展调研活动,协助湖州本地农业企业申报与实施科技项目、制定标准化生产技术规程、建立科技示范点,引进新品种、推广新技术、新模式;笋竹产业联盟 2015 年度召开 4 次工作例会,围绕"五水共治"和"湖州市生态文明先行示范区建设"总体要求,讨论了湖州竹产业的"十三五"规划。

市校各层面的定期工作推进机制,为"1＋1＋N"新型农技联盟的有效运行提供了有力的制度保障。

二、农推联盟组织框架

浙江大学湖州市现代农业产学研联盟的组织构架,是在湖州市和浙江大学"市校合作"大框架下的,由湖州市委市政府主要领导和浙江大学新农村研究院领导共同组成湖州市现代农业产学研联盟领导小组,负责政策的制定和重大问题的决策,这也充分体现了"举全市之力,举全校之力"。现代农业产学研联盟,组建由高校领导、专家教授、地方政府分管领导、农业产业行政主管部门、科研院所、农技专家以及相关职能部门参加的产学研联盟理事会,负责产学研联盟的运行管理和具体问题的协调工作,浙江大学湖州市南太湖现代农业科技推广中心为联盟理事会日常办事机构。同时在吴兴区、南浔区和长兴县、安吉县、德清县成立相应的领导机构,建设现代农业产学研分联盟。联盟下设十大主导产业联盟,产业联盟由高校院所专家团队、本地农技专家和县乡镇相关部门、责任农科人员所构成的农技推广服务小组和若干个农业龙头企业、农民专业合作社、生产经营大户等组成。如图 3-1 和表 3-1 所示。

新型农技推广体系制度建设,为克服高校与地方相分离、科研与成果转化相脱节、政府服务与农业发展需求不相适应的矛盾和问题,奠定了组织框架和体制基础。

浙江大学湖州市现代农业产学研联盟自建立以来,边实践边总结边完善,按照规范、有序、高效的要求,不断调整和理顺联盟组织结构,加强协调指导,统一规范湖州全市产学研联盟管理,制定了《浙江大学湖州市现代农业主导产业联盟专家团队工作制度》和《浙江大学湖州市现代农业产学研联盟专家组工作目标考核办法》,明确了分工合作、例会交流、重大活动报告等多项工作制度;建

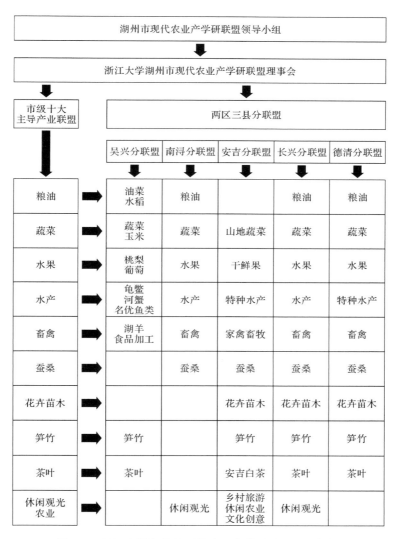

图 3-1　浙江大学湖州市现代农业产学研联盟组织架构

表 3-1　浙江大学湖州市现代农业产学研联盟专家组概况

主导产业联盟	1个 高校院所专家组		1个 湖州本地农技推广组		N个 服务主体数
	组长	人数	组长	人数	
蚕桑	浙江大学教授	10	经济作物推广站专家	26	81
水产	浙江大学教授	12	水产技术推广站专家	24	149
粮油	浙江大学教授	13	农作物技术推广站专家	20	182

续表

主导产业联盟	1个高校院所专家组		1个湖州本地农技推广组		N个服务主体数
	组长	人数	组长	人数	
蔬菜	浙江大学教授	10	农作物技术推广站专家	25	118
畜禽	浙江大学教授	11	畜牧兽医局专家	23	131
茶叶	浙江大学教授	13	经济作物推广站专家	21	158
水果	浙江大学教授	10	经济作物推广站专家	21	130
笋竹	浙江农林大学教授	10	林业科学研究所专家	28	73
休闲观光农业	浙江大学教授	12	农村能源生态办专家	18	180
花卉苗木	浙江大学教授	10	林业技术推广站专家	21	87
合计		111		227	1289

注:数据截至2015年年底。

立联盟专家组组长负责制,制定专家岗位目标责任考评制度,明确了工作目标、量化指标、考核程序和奖励办法。这些制度的建立,推动了联盟常态化、规范化管理,有效地调动了各方专家、技术人员的积极性、能动性和创造性,确保了联盟工作的有序开展,使联盟建设实现了量的增长和质的提升,服务功能大大增强;逐步形成了发展目标明确、组织机构健全、管理层次清晰、工作制度严明、科技支撑有效和服务对象广泛的"1＋1＋N"的新型农技推广新模式。

1.现代农业产学研联盟的目标任务

现代农业产学研联盟的目标任务是:以现有农业技术推广体系为基本框架,以浙江大学等省内涉农高校、科研院所为技术主导,围绕现代农业发展,构建以县级农业技术推广联盟为核心单元,以高校院所专家组为技术支撑,以项目为载体,以现代农业示范基地(园区)、龙头企业、专业合作组织为主要工作平台,建立农科教产学研一体化的新型农技创新和推广联盟,促进农业科技创新和农业技术推广有机结合,加快现代农业科技成果向现实生产力转化,充分满足广大农民和农业企业对农业科技的需求,为湖州现代农业发展、农村经济转型升级提供科技支撑、人才保证和技术服务。

2.市级农业产业联盟的管理与运行机制

(1)市级农业产业联盟的组织结构

市级农业产业联盟由浙江大学等高校和有关科研单位首席专家组成的高校院所专家团队、本地农技专家和技术人员组成的农技推广小组及本产业的经营主体组成,按产业设高校院所专家组组长和本地专家组组长,其中高校院所专家团队、本地农技专家分别由高校院所专家组组长和本地农技专家组组长负责。目前十个主导产业联盟,已从浙江大学、浙江农林大学、浙江省农业科学院、浙江省淡水水产研究所等大专院校和科研单位选聘了 111 名专家作为专家团队成员,本地共 227 名农技专家,形成了由浙江大学为主的专家团队领衔,湖州市县区农技专家参与,农技推广服务覆盖所有产业的农推联盟体系。

(2)市级农业产业联盟的主要职责

市级农业产业联盟主要履行综合、协调、指导、服务等职能,具体有以下几个方面:研究并提出全市本产业发展规划和技术创新建议,制订年度本产业领域的技术工作计划;制订本产业技术培训计划,组织实施全市性专题培训;联合开展科技攻关研究;组织新品种、新技术、新机具和新模式的引进、试验、示范;创办、领办产学研示范基地和高新技术产业化示范区,指导浙江大学湖州市现代农业科技推广中心试验基地建设;负责对县区产业联盟的指导服务,加强产业联盟信息交流;组织调研和指导本产业生产;总结宣传新型农技推广工作经验与典型;负责对本产业联盟首席专家和本地农技推广小组人员的考核。

(3)市级农业产业联盟的管理模式

现代农业产学研联盟理事会日常工作由浙江大学湖州市南太湖现代农业科技推广中心承担,湖州市农业局科技与信息处配合,负责对全市十个主导产业联盟的协调管理。十个主导产业联盟高校院所专家组组长为本产业联盟技术总负责,负责专家团队的组织、协调和管理,并协调联络本产业县区联盟的首席专家开展工作。本地农技专家组组长负责与高校院所专家团队的对接联络,负责本地农技专家组成员的组织、协调和管理,负责对县区本地农推小组的指导服务。县区产业联盟在县区产学研分联盟理事会领导下独立开展工作,并接受市产业联盟的业务指导。

第二节　现代农业产学研联盟的专家考核机制

为确保联盟有效运行,联盟理事会还制定了专家团队工作制度,分别就高校院所专家和本地专家制定了清晰的考核和奖励办法。每年年底,联盟理事会组织专家针对各产业联盟年度工作情况,进行综合评定。

在强化现代农业产学研联盟专家机制创新,着眼于专家主导作用发挥,在调动和保护好首席专家积极性的同时,强化专家良好工作环境的营造;在服务专家的同时,强化专家参与产业发展、农村经济转型升级、美丽乡村建设等重大决策的机制建设。既要突出重点充分发挥浙江大学和其他高校科研院所专家的作用,也要完善机制,注重发挥本地农技专家的作用,特别是要强化他们在高校院所专家与经营主体之间沟通、联系、协调、服务等方面的桥梁和纽带作用。

一、联盟专家团队工作制度

全面推行农业技术推广工作目标管理,将各项推广职能分解成具体任务。

为了更好地履行浙江大学湖州市现代农业产学研联盟的工作职责,指导规范产学研联盟专家团队工作,有序有效推动产学研联盟运行,制定《浙江大学湖州现代农业产学研联盟专家团队工作制度》。

1.分工合作制度

根据浙江大学湖州市现代农业产学研联盟组织框架,各主导产业联盟由高校院所专家组和本地农技专家组组成专家团队,高校院所专家组由聘任的省内外高校、科研院所专家组成,本地农技专家组由市、县区及重点产业乡镇农技部门业务骨干组成。

高校院所专家组和本地专家组实行分类管理。

高校院所专家组的主要职责包括:

(1)承担智库职能,服务科学决策;

(2)与本地农技专家合作研究并提出湖州市本产业总体发展规划和建议;

(3)制订本产业技术年度培训计划并组织实施;

(4)研究制定或指导本产业技术操作规程、农业标准化生产、技术服务规范等;

(5)建立本产业高新技术成果展示区(或示范基地);

(6)联合开展农业科技攻关或农业科技成果转化等研究;

(7)开展新品种、新技术、新成果或新模式的引进、展示、推广工作;

(8)负责本产业联盟高校院所专家组成员的业绩考评;

(9)培育新型农业生产主体,提高农业生产组织化程度,创新农技推广模式,总结新型农技推广工作经验或模式等。

本地农技专家组的主要职责包括:

(1)协助高校院所专家组研究提出全市本产业发展规划意见或建议,研究提出全市本产业农业科技推广年度计划;

(2)协助组织和协调本产业领域的重大关键技术(机具)的引进、试验、示范和集成推广,确定主导品种、主推技术和主要措施,并指导各县区相关产业联盟组织实施;

(3)协助组织并指导各县区相关产业联盟对生产主体,包括农业企业、农民专业合作社、家庭农场、科技示范户以及乡镇、村级农技员的培训工作;

(4)协助研究制定本产业、本专业领域的技术操作规程及生产模式图,推广标准化生产技术,指导农产品生产主体的田间生产档案记录,规范农产品质量安全管理;

（5）运用农技通、农民信箱、乡村广播等渠道和下乡服务、现场指导等形式，做好产业政策、农业法规、科技知识和市场信息的宣传、咨询与指导工作；

（6）协助总结和示范高效生态种养、资源循环利用、农业污染治理等典型模式与成功经验，积极推进本产业的高效、生态、协调、可持续发展。

（7）加强产业联盟专家团队的配合与协作。高校院所专家组和本地农技专家组实行联席会议和季度例会制度，加强交流，共同研究，协作推进。主导产业联盟高校院所专家组和本地农技专家组联合协调和指导县区相关产业分联盟开展工作。

2.工作例会交流制度

组织季度工作例会。主导产业联盟专家团队原则上每个季度召开一次联席工作例会，交流总结工作，研究探讨问题，形成意见建议。

工作例会审核。联席例会的议题、时间、地点、邀请对象、经费预算等事项，由高校院所专家组和本地专家组两位组长协商，报经浙江大学湖州市南太湖现代农业科技推广中心审核后组织实施。

每次工作例会提前7天发会议通知，并实行专家签到制度。如因特殊原因不能到会，需向高校院所专家组组长或本地农技专家组组长请假。

产业联盟应加强与联盟内生产主体的交流，主动吸收生产主体参加专家团队联席例会。

3.工作计划与总结制度

年度工作计划从以下两个层面制订。

（1）产业联盟专家团队年度工作计划。在高校院所专家组和本地农技专家组分别制订年度工作计划的基础上，由两个组长共同协商，研究制订产业联盟专家团队年度工作计划，并报联盟理事会备案。

（2）县区分联盟年度工作计划。由分联盟高校院所专家牵头商议相关成员，制订分联盟年度工作计划，并与市级产业联盟工作计划相配套。产业联盟专家组成员应根据工作要求制订个人年度工作计划。

年度工作总结从以下三个层面完成。

（1）产业联盟专家组成员在每年12月底前对该年度工作进行自查总结，并报送本产业联盟高校院所专家组组长或本地农技专家组组长。

（2）县区分联盟在每年12月底前完成年度工作总结，并报送本产业联盟高校院所专家组组长和本地农技专家组组长。

（3）综合县区分联盟和各位专家组成员总结材料，形成产业联盟年度工作总结，并报联盟理事会。

4.重大活动报告制度

大型活动是指市级产业联盟组织的全市性的技术培训、现场会、参观考察等活动。

产业联盟组织的重大活动原则上应提前 7 天报告联盟理事会,并通知县区分联盟。

5.信息报送与对外宣传制度

及时报送工作信息。各产业联盟落实专门人员(联盟信息员)对本联盟的重大活动、工作进展、阶段成效等信息及时报送给联盟理事会。

加强产业联盟的宣传。产业联盟的成功经验、先进典型要及时组织总结宣传,组织的重大活动邀请新闻媒体宣传报道。

产业联盟专家组成员建立专家来湖州技术指导工作日志,以便总结交流和考核。

二、联盟专家组考评机制

建立工作考评制度,科学制订考评方案,细化实化考核指标,坚持定量考核与定性考核相结合,平时考核与年度考核相结合。为充分调动产业联盟专家的工作积极性,增强工作责任感、使命感和为农服务意识,激励和促进专家认真履行职责,加快推动农技推广与服务,切实加强对专家组工作业绩的科学评价,根据《农科教产学研一体化农业技术推广联盟建设方案》,制定《浙江大学湖州市现代农业产学研联盟专家组工作目标考核办法》。其中考核内容和指标详见下文。

1.考核内容

每个产业联盟甄选 10 名左右热心于湖州现代农业产业发展,并能积极投身于湖州现代农业产业发展的国内外高校院所专家组成高校院所专家组,明确其中有 3 名左右核心专家;

每个产业联盟遴选 20 名左右湖州市现代农业产业骨干组成本地农技专家组,明确 6 名左右核心成员(其中市本级专家不超过 6 名);

现代农业产业联盟专家组广泛联系农业生产主体,合作开展品种、技术及模式的引进与创新,为农业生产主体解决相关的农业生产和经营难题,做到服务到户;

高校院所专家组和本地农技专家组通过交流与合作,培养和提高本地农技专家组成员为现代农业产业服务的技术和水平,并共同指导和协助县区分联盟的建设;

高校院所专家组应与湖州市农业公共服务体系相衔接,参与基层农业公共服务平台建设及服务,不断提高农业公共服务体系的服务技术与水平;

及时准确提供各产业联盟的各项技术推广活动信息,及时更新现代农业产学研联盟信息平台的相关内容;

专家组应在湖州市国家生态文明先行示范区以及浙江省"五水共治"的背景下,重点关注生态环境,从原来的追求产量,依托资源和能源消耗型的模式转变为依托人力资源、科技创新,发展轻污染模式的现代农业,并注重机械化生产、模式的创新。

2.考核量化指标

组织召开本产业联盟专家组工作例会 4 次;

制定本产业发展规划(包括实施方案)和年度工作计划各 1 份;

提交本产业发展和技术需求相关的专题调研报告或意见建议书 1 份及以上;

建立本产业核心示范基地 10 个;

提出本产业主导品种和主推技术;

协助合作企业(或基地)申报市级及以上农业科技和产业化项目 1 项;

引进新品种或引进推广新技术、新模式、新创意等 5 个(项)及以上;

举办全市性本产业知识讲座或技术培训不少于 4 次;

总结本产业、本专业领域的典型案例 2 个;

高校专家组到湖州开展技术开发、示范、推广及技术培训等的年度总时间,核心成员 30 天及以上,一般成员不少于 15 天;

参与或指导基层农业公共服务平台(农业公共服务中心、区域农业服务中心等)建设与服务;

及时提供农情及本联盟工作信息;

提交联盟年度工作总结 1 份。

在对产业联盟专家组的考评机制中,始终坚持把农民的满意度作为考评的重要指标,注重公益性职责履行、工作目标实现、农业技术推广项目实施、向社会提供公益性服务的质量和效果等。对农技人员的考评,以推广服务工作实绩为基础,以岗位职责、聘任合同、年度工作目标、服务对象满意程度为依据,结合日志记录、制度执行等情况,做到专业能力与工作表现并重、工作数量与质量并重、标准统一与岗位差异兼顾。

第三节　农技研发和推广激励机制

"1+1+N"产业联盟创新是以绩效考核为根据的多重激励与有效保障效能优化机制。建立市校对接、市县(区)配套、成果转化与推广服务并重、社会效益与经济效益统一的绩效考核体系,严格工作台账、信息报送、季度例会、项目验收、督促检查等工作制度,考核结果与职级晋升、表彰奖励、经费保障等挂钩,实现了积极性调动、投入效率提高、成果转化高效、社会效益突出、经济效益明显增长的协调发展,激励和保障效能不断优化。市校合作共建的农技推广的主体是科研人员,推动市校合作共建的农技推广模式的构建应从两个方面充分调动科研人员的主观能动作用:一方面,鼓励科研人员产出实用性强、市场适应性高的科技成果;另一方面,充分调动他们走出校门、服务社会的积极性。为此,涉农高校应建立合理有效的激励机制,改变重纵向轻横向、重理论轻应用、重论文轻发明的状况,把科技成果的数量、学术水平和实际应用的经济效益等评价综合起来进行考虑,打破只以论文数量、理论水平为标准的制度,加大对产业化的科技成果奖励的权重,促进实用性科技成果的产出;完善科研人员的考核制度,坚持分类评价,根据科研人员不同的分工和行为,采取不同的激励管理模式。

一、浙江大学农业技术推广岗位考核激励机制

2010 年 5 月,浙江大学湖州市现代农业产学研联盟成立后,浙江大学加快推动人员分类管理,逐步完善浙江大学农业技术推广岗位教师的评聘管理办法,吸引更多的教师参与到农业技术推广工作中来。

2014 年 12 月,浙江大学农技推广中心(以下简称"中心")围绕学校建设世界一流大学的目标,遵循农业、生命和环境大类学科发展的客观规律,积极推进学校农业技术推广"培育服务、引领指导、突破创新"的发展进程,结合党中央"三农"工作、新农村建设和农业现代化的要求,根据学校公益性社会服务工作特点和前期实施考核的经验,进一步落实《浙江大学农业技术推广岗位管理实施细则》,推进农业技术推广岗位(社会服务 I 类)人员工作的有效开展和"中心"事业发展,制定《农业技术推广岗位(I 类)考核办法》。

1. 考核原则

(1)重点推进与兼顾全面相结合的原则。以国家和地方的重大战略需求为导向,以"中心"在学校构筑农业科技大平台和承接大项目中做出主要贡献为重点,同时兼顾其他领域或地方政府等服务对象的需要,以及学院等相关单位在学科建设和公益性社会服务中的工作需要。

(2)基本要求与目标导向相结合的原则。鼓励教师紧紧围绕农业技术推广工作的重点、公益性社会服务的要求、自身专业能力和工作成效的提高,主动积极开展工作,并做出社会效益显著和声誉良好的业绩。

(3)注重成效与排序激励相结合的原则。根据教师承担各类工作的数量和质量给予分类评价,在鼓励教师积极参与各类工作的同时,注重工作的成效。

2. 考核内容

考核内容主要分为六个方面:

(1)公益性技术推广包括重点技术推广、社会公益性服务和培育性技术推广三个类型的多种分项工作。承担该类工作是每位教师参与考核和聘岗的基本条件,各分项工作的考核合格是该类工作赋分的基础。重点技术推广工作是指"中心"根据学校的战略发展目标和自身发展需要确定的工作,主要包括"中心"与县区及以上地方政府重点合作开展农业技术推广和科技服务团队、与地方政府或现代大型农业企业合作实施重大农业科技项目和重大基地建设团队,以及经"中心"认定的专业性农业技术推广分中心团队等工作。团队中"中心"教师成员必须在3人及以上,鼓励吸引"中心"以外教师参与。社会公益性服务工作是指"中心"内部公益性行政服务工作("三办三部"及"新农村"杂志社等其他公益性工作)、国家定点扶贫工作、组织部派遣支援西部和地方挂职工作等。培育性技术推广工作主要包括省级科技特派员(包括团队特派员首席)、农业部现代农业产业技术体系岗位科学家团队主要成员、各地产业首席专家或尚未形成团队的市级以上产业联盟成员、学校相关部门组织与地方政府合作进行的农业技术推广项目或某一领域农业重大科技项目的实施等工作。

(2)基地建设是指主要以浙江大学农业科技成果为基础,有一定规模和相对稳定的土地或场所,"中心"教师与规模农业生产主体合作,以农业新品种、新技术、新设备、新产品试验示范为基本内容的农业科技试验与示范场所。基地分为试验示范基地和培育性基地。基地建设工作的主体是参与试验示范基地和培育性基地建设的教师团队或个人,参与综合试验示范基地或综合培育性基地建设的教师必须在2人以上。

(3)科研开发工作是指教师作为骨干参与由学校或"中心"组织申报的国家和省部级重大技术研发或推广项目、"中心"管理的地方政府或企业合作项目、主持的纵向省部级及以上科技项目(根据科研院的规定定性)、主持并归口"中心"管理的地厅级农业技术研发或技术推广项目,以及其他学校入库项目。

(4)专业水平是指对教师在相关学术组织、相关产业的专业委员会、专业刊物等担任有关职务,以及在相关专业刊物发表专业论文、出版专业书籍或编写农业技术推广相关的教材资料等的工作评价。

(5)学科支撑工作是指对教师在所在学科发展中所做贡献的评价,包括重大项目实施和基地建设、学生培养和学科公益性工作等。

(6)日常工作是指教师按照"中心"要求及时提交年度公益性社会服务工作计划、年度总结报告和单项工作汇报材料,及参加"中心"或各部和办公室组织的活动和会议等工作。

二、联盟绩效考核机制

为充分激励和调动联盟专家的工作积极性,加快推动农技推广与服务,科学评价高校院所专家组和本地专家组的工作业绩,根据《浙江大学湖州市现代农业产学研联盟专家组目标考核办法(2015年修订版)》工作任务要求,每年评选优秀产业联盟和先进个人。优秀产业联盟重点关注对湖州农业产业升级、政府决策、农业增产和农业增收及浙江大学涉农学科发展、人才培养等方面做出的贡献。

实施绩效考核,能有效激发农技推广专家活力。进一步完善农技推广业绩考评制度,细化考评内容,制定科学考评标准,推行工作单位、农业主管和服务对象三方考评办法;制定与考评相配套的激励机制,鼓励农技专家开展科学实验、高产创建、技术示范、科普培训等活动。

三、农业技术入股机制

规范经营主体与技术创新人员间的权利义务关系,将农业技术知识产权作价入股,让技术提供者参与企业分配,建立风险共担、利益共享的新型分配机制,使农业技术创新的产权效益与市场效益结合起来,形成良性的动力机制。

为了进一步深化"农业技术研发与推广体制创新试验"成果,充分调动农业技术服务组织和农业科技人员的积极性、主动性,促进农科教、产学研紧密结合,增强科技支撑保障能力,加快湖州现代农业的发展步伐,湖州市制定了《湖州市鼓励推行农业技术入股实施办法》(简称《办法》),该《办法》中将"技术入股"界定为:技术成果持有人(或者技术出资人)以技术成果作为无形资产作价出资现代农业经营主体。技术出资方取得股东地位,相应的技术成果权能按双方协议转归现代农业经营主体享有。

1. 农业技术入股类型

《办法》规定了农业技术入股的四种形式[①]:

(1)领办、创办实体:技术成果持有人利用技术成果创办或领办各类现代农业经营主体、农业科技型企业、中介服务机构。

(2)合作共同研发:农业技术人员以其智力资源、研究课题和开发项目作为资产出资现代农业经营主体,联合培育、研发和推广农业新品种、新技术、新模式;研究和开发农产品加工新产品、新工艺、新包装;研发和推广农业新设施、新装备。

(3)技术成果转化运用:技术成果持有人以其技术成果作为资产出资现代农业经营主体,开展技术成果的转化、推广和运用。

(4)承接经营主体服务外包:技术成果持有人以其技术成果,为现代农业经营主体所需的技术创新、信息支撑、经营管理、人才培养等,提供持续的管理和

---

① 参见《湖州市关于鼓励推行农业技术入股实施办法》(湖州市人民政府2013年12月12日)。

中长期的服务。

2. 农业技术入股政策

《办法》中提出了鼓励农业技术入股的政策措施：

鼓励技术成果持有人以技术入股的方式直接从事或服务于现代农业发展，加快技术成果的转化运用和再创新。技术入股所得收益的分配不受单位工资总额限制，不受个人绩效工资标准限制。

鼓励和支持拥有技术成果的各类农业事业单位在职在编农业技术人员，采取离岗、兼职的形式或利用业余时间，到技术入股的生产经营性实体或中介服务机构任职、兼职或提供服务。

鼓励市外技术成果持有人以技术成果向湖州市农业生产经营实体或中介服务机构入股，股份比例和收益分配由技术出让方和受让方商定。

鼓励农技人员、农业技术服务组织或团体成员积极促进科技成果转化和先进实用技术推广运用。个人利用单位研发而未能及时转化的技术成果作价入股的，须与权能所有者（单位）签订授权和收益分配协议。单位可提取入股收益或股权的 20％ 至 60％，用于对技术研发的主要承担者和为技术成果转化做出突出贡献者的奖励。

社会团体或事业单位作为技术成果持有人，领办或创办生产经营实体或中介服务机构的，从登记注册起 3 至 5 年内，每年可从收益或净利润中提取不低于 20％ 的比例，用于奖励对该技术完成和转化做出主要贡献的人员，提取比例最高不超过 50％。

单位组织农技人员开展技术承包和技术服务所获收益，可从收益或净利润中提取不低于 30％ 的比例，分配给参与技术服务和技术承包的农技人员，提取比例最高不超过 70％。

政府奖励。对技术成果持有人、其他农技人员以及事业单位、团体组织实施农业技术引进、转化、推广，开展农业技术服务的，由行政主管部门负责考核，对做出突出贡献者政府予以精神和物质的奖励，奖励情况作为职称、职务晋升的条件。政府奖励不纳入单位绩效工资总量。对于个人或单位获得行业主管部门奖励的，参照省人力社保厅、省财政厅《关于向突出贡献人才实行绩效工资总量倾斜的指导意见》（浙人社发〔2013〕161 号）执行，由人力社保、财政部门追加绩效工资总量。

税收优惠。事业单位（包括科研机构、高等学校）在技术入股过程中，符合条件的技术咨询、技术服务、技术培训等技术转让所得，在一个纳税年度内，所得在 500 万元以下的免征企业所得税，超过 500 万元的部分减半征收企业所得税。

第四节　农业科技创新投入保障机制

2012 年,中央一号文件精神提出"持续加大农业科技投入,确保增量和比例均有提高。发挥政府在农业科技投入中的主导作用,保证财政农业科技投入增幅明显高于财政经常性收入增幅,逐步提高农业研发投入占农业增加值的比重,建立投入稳定增长的长效机制"。逐步建立起以政府投入为主体的多渠道、多元化的农业科技投入体制,这是农业科技投入创新的大趋势。确定事业经费常年性增长的合适比例,调整政府的投入方式,提高固定经费拨款在总投入中的比例,为重大科研成果的产生创造良好的科研条件;财政科技经费加大投入力度,确保科技三项经费的三分之一用于农业科技;调整优化科技发展资金、新农村建设资金、农业发展资金等政府专项资金投向,加大对农业科技创新、农技推广重点项目的支持。在增加政府财政投入的同时,充分发挥市场和社会需求对农业科技进步的导向和推动作用,鼓励企业和社会资本投入。

一、建立对农业科研投入的长效机制

湖州市专门出台《湖州市人民政府关于建设省级社会主义新农村实验示范区若干财政税收政策的意见》《关于改进金融服务、推进湖州市新农村建设的工作意见》《关于引导和鼓励国有资本参与新农村实验示范区建设的指导意见》等文件措施。湖州市还设立了新农村实验示范区建设专项资金,每年安排 1300 万元专项资金,用于扶持新农村实验示范区市校合作项目,并对评为优秀项目和在市校合作共建新农村中做出突出贡献的个人给予奖励。

2006 年以来,湖州市进一步扩大公共财政覆盖农村范围,逐步提高财政支农支出占财政总支出的比重,建立起与市场经济体制、公共财政制度和社会主义新农村建设相适应的稳定的财政支农资金增长机制。2006 年,全市财政预算内资金用于"三农"的达到 16.72 亿元,增长比例为 22.50％;2007 年,全市财政预算内资金用于"三农"的达到 24.60 亿元,同比增长 47.13％;2008 年,全市财政预算内资金用于"三农"的达到 26.16 亿元,同比增长 6.34％;2009 年,全市财政预算内资金用于"三农"的达到 36.17 亿元,同比增长 38.26％;2013 年,全市财政预算内资金用于"三农"的达到 82.65 亿元,同比增长 23.40％;2014 年,全市财政预算资金用于"三农"的达到 95.63 亿元,同比增长 15.70％。表 3-2 为 2001—2014 年湖州市财政用于"三农"的经费。

表 3-2　2006—2014 年湖州市财政用于"三农"经费

年份	经费/亿元
2006	16.72
2007	24.60
2008	26.15
2009	36.17
2013	82.65
2014	95.63

二、健全多元化农业科技研发与推广的投入机制

科技创新投入本身普遍不高,尤其是农业科技创新投入更加难以保障。如何破解这一难题?单纯依靠政府财政投入和农业经营主体自身投入显然不太现实。为此,湖州市在加大农业科技扶持力度的同时,健全政府主导下的多元化农技推广投入保障机制。

该机制旨在进一步整合资源,提高投入效率和效益,进一步拓宽资金投入渠道,鼓励企业每年增加农业科技研发投入,引导社会资本投入农业科技创新,吸引创业投资基金投向农业高新技术企业,增加对农业企业科技研发的金融支持和信贷投入。区分公益性与非公益性农业科技研发与推广服务,在确保对公益性服务项目投入的同时,通过购买服务的方式调动现代农业经营主体开展农业科技研发与推广的积极性,增强企业的服务意识和社会责任感。对非公益项目,鼓励工商资本、社会资本进入,通过政策扶持和有效监管,使其规范经营、规范服务,健康有序可持续发展。

坚持政府主导与发挥市场在要素配置中的基础作用相统一,科研项目申报与服务地方经济社会发展相统一,知识产权保护与科研成果转化运用相统一,强化信息对接,建立多种形式的紧密型利益联结机制,进一步整合浙江大学等高校科研院所优势教育资源、前沿科研成果、先进的实验设备、丰富的人脉资源,使其聚焦湖州,服务于湖州现代农业发展、农村人力资源的开发和各类人才的培养。

三、设立市校合作项目专项资金

项目合作是市校合作共建的有效切入点和有力抓手。通过设立市校合作专项补助资金,调动农业企业的主体积极性,结合产业培育计划,积极与高校科研院所开展产业发展核心技术、关键问题的攻关项目合作,开展新品种、新技

术、新模式的试验、转化、推广项目的合作,开展农业科技集成创新的项目合作,促进了财政投入、部门资源、企业主体和高校资源的有效整合和优化配置,实现了农业科研、成果转化运用、农技推广服务、企业创新发展的共赢,服务效率和经济效益的同步提高。市校双方通过建立动态管理的合作项目库、开展各种形式的项目需求恳谈会,加大项目对接力度、建立合作项目进展情况月报制度和定期督查制度、建立市校合作项目效益评估体系和市校合作专项资金,有力推进项目合作。

为支持和鼓励各级各部门和单位(项目业主)与浙江大学等高等院校、科研院所开展积极有效的合作,扎实推进湖州市"新 1381 行动计划"的组织实施,湖州市财政设立湖州市(本级)社会主义新农村建设市校合作项目专项资金,2013年出台了《湖州市(本级)社会主义新农村建设市校合作项目专项资金管理办法》。凡是符合现代农业发展方向,体现现代农业发展水平,具有一定经营规模和较高科技应用水平,初具品牌和示范带动效应的种养业合作项目;提升产业化经营水平,提高农产品附加值和市场竞争力,具有较高科技含量的农产品储存、运输、保鲜、加工等农业产业化经营合作项目;符合农业产业发展政策导向要求,具有较强成长性和较好发展前景,在区域块状经济中具有主导地位、发挥支柱作用的二、三产业合作项目;对美丽乡村示范市建设有推动作用或重大影响的课题研究等合作项目,均列入市财政专项资金之中。

市校合作项目专项补助资金是湖州市委、市政府为推进市校合作深化,促进高校科研成果在湖州的转化,不断提升农业科技水平,实现农业增效、农民增收而设立的专项资金。专项资金设立以来,每年带动实施重点项目 100 多项,截至 2015 年年底,已累计实施项目近千项。项目的实施依托于市合作平台,依托于"1＋1＋N"产业联盟的建立和运转。市里专门成立财政局、新农办牵头的市校合作项目验收组,对项目进行督查和评估。用通俗的话说,这一做法,就是"政府花钱为农民买技术"。农户和基地享受到了来自浙大的免费技术培训、免费新品培育、免费现场指导。

此外,湖州市鼓励和支持企业与产业联盟专家、科技人员合作开展农业科技研发,新品种、新技术、新模式引进和产业化试验,对因不可抗拒因素造成的损失会给予一定的风险补偿。

第四章　现代农业产学研联盟体系建设

为了充分激发政产学研参与农业科技推广的内在动力,使"1+1+N"产学研联盟紧密结合,加快现代农业科技成果向现实生产力转化,新型农技研发与推广体系建立了农村新型实用人才培养平台、农业科技研发和创新平台、农业科技公共服务平台"三位一体"的现代农业科技服务体系,以支持整个系统的高效运转、提供有效的配套支撑服务,有效弥补目前农技推广体系中"人散、网破、线断"的不足。

湖州农民学院、南太湖农推中心、浙江大学(长兴)农业试验站等平台配套体系建设,既是市校合作共建的结果,也为"1+1+N"产学研联盟提供了坚实的支撑,使得"1+1+N"产学研联盟模式随着机制体制的建设不断完善、不断深化。

第一节　农村新型实用人才培养平台建设

按照联合国粮食及农业组织(FAO)对农业推广的定义,推广是将有用的信息传递给人们,而且帮助这些人获得必要的知识、技能和正确的观点以便有效地利用这些信息技术的一种过程。在欧美国家,农业技术推广的外延扩大到农业推广,不仅仅是农业技术本身的推广,而且更注重对农业经营主体的知识传播和教育,其中澳大利亚对推广定义的界定对我们更有启发性,即通过沟通交流和成人培训,帮助新型农村经营主体和农业生产者认识和发现所需的创新,并帮助其实现这一变化。它强调的是发展人的知识和技能。

没有成为市场经济主体的现代农民,就没有现代农业。党的十七大报告中明确指出要培育有文化、懂技术、会经营的新型农民,发挥亿万农民建设新农村的主体作用。同样地,在农业技术推广链中,没有人才的支撑,也就无法真正形成有效的推广链。

没有一支高素质、懂技术的农业生产者队伍,就不可能实现真正意义上的农业现代化。把培育新型农民作为推进科技兴农的根本,坚持领军人才培养与面上培训两手抓,市校合作创办湖州农民学院,实施农民素质提升工程,切实提高农民职业技能和综合素质,为农业技术创新、现代农业发展提供有力保障。

一、政产学研共建人才培育平台,提升农村人才科技素质

科技创新的本质就是人才的创新,人才已成为农技推广"最后一公里"的重要制约因素。在第一章分析现代农业产学研联盟模式创新背景中,我们可以看到湖州市农村人才素质和全国情况大致相同,农民老龄化、低学历成为农业现代化的最大痛点。以湖州市南浔区菱湖镇为例,作为全国三大淡水鱼生产基地之一,现有 8000 多人从事水产养殖工作,绝大部分年龄在 45 岁至 65 岁之间,其中多数在 55 岁左右;大部分是小学文化程度,初中文化程度的都很少。高龄、低学历的农民急需专业技能、营销理念等培训。培养农业急需型、领军型、复合型新型职业农民,已成为实现农业现代化的当务之急。

1. 湖州农民学院"四位一体"的师资队伍建设

2010 年 4 月,湖州市与浙江大学合作,在湖州职业技术学院基础上成立了全国首家开放式的农民学院。湖州农民学院整合了浙江大学湖州市南太湖农业技术推广中心、湖州职业技术学院、湖州社区大学、乡镇成校、现代农业产学研联盟及乡镇农技推广中心等教育资源,重点培养具有大专以上学历文凭、中级以上职业资格证书的"学历＋技能型"农民大学生,满足现代农业发展和新农村建设急需型、领军型高端人才的需求。作为全国首家地市级的农民学院,湖州农民学院实行管委会领导下的院务会议负责制,管委会主任由湖州市委、市政府分管农业农村工作的领导担任,并建立了由湖州职业技术学院、湖州市农办、市农业局、市教育局、浙江大学湖州市南太湖现代农业科技推广中心等单位参加的农民学院院务会议制度,聘请现代农业产学研联盟高校院所专家为农民学院的特聘教授。农民学院实行"学历＋技能＋创业"的模式,强化实用实效;建立考核评估、动态管理机制,鼓励支持学员创业创新。农民学院现已开设纯农、涉农专业 10 个,下设德清、长兴和安吉三县农民学院分院和市本级八里店、埭溪、环渚、练市、道场、双林、菱湖等 8 个教学点,在校学生达到 1392 人。所招新生中纯农专业学生占总数的 44％,农业科技示范户、种植养殖专业户、科技致富能手占学生总数的 27％。同时,还与浙江大学合作开设了农推硕士班,涉及农村区域发展、园艺、农业信息化等三个专业。

作为新型农技研发与推广体系的人才孵化器,湖州农民学院建立起了一支"高校院所专家＋农民学院教师＋本地农技人员＋创业成功人士"相结合的

"四位一体"的专家教师队伍。截至 2015 年年底,农民学院已选聘高校院所农技专家 50 人、本地农技专家 22 人、湖州电大专业教师 50 人、乡镇农技人员 30 人,在农民大学生培养、特色教材编写、新专业建设、创业实践基地建设等方面发挥了巨大作用;已培育了具有大专学历和中级以上专业资格证书的农民大学生 600 余名。

2. 现代农业产学研联盟农技培训

除了农民学院人才培养平台外,湖州现代农业产学研联盟也始终把农业技术培训作为服务"三农"工作的一项重要任务,把培训新型农民、提升农民综合素质作为助农增收的重要抓手,积极开展了形式多样的农技培训和农技服务活动。产学研联盟每年安排 30 万元用于农技培训,年培训农技人员和农民 1 万名;每年组织专家技术下乡服务 400 余次,开展各种形式的培训 200 余场次,培训农民和技术人员 14000 多人次。

仅 2015 年,蔬菜产业联盟共组织各类培训 60 期,培训人数达 3200 多人次;水果产业联盟共举行各类培训班 30 期,培训人数达 1800 多人次;茶叶产业联盟开展了各类技术培训、知识讲座 20 余次,培训湖州新型职业农民(茶农)150 多人;水产产业联盟在 2015 年度共举办各类专业技术培训 67 次,培训人数达 3720 人次,其中高校院所专家共 34 次,培训人数 1800 人次,本地专家组共 33 次,培训人数 1920 人次。开展农技培训是产学研联盟指导生产、联结核心示范基地把科技转化为生产力,促进当地农业产业转型升级和提升经营主体农技水平的最有效手段,充分发挥了产学研联盟对湖州现代农业发展的科技支撑作用。

二、完善农技推广人才体系建设,推进新型农民培育提质增效

以市校合作共建的湖州农民学院为依托,完善新型农技研发与推广的人才培育体系。

1. "四位一体"的人才梯度培养结构

目前,湖州农村新型实用人才培养已形成"农业硕士教育(浙江大学)+高职、本科教育(湖州农民学院)+中等职业教育(现代农业技术学校)+普训式教育(农民创业大讲堂、农业实用技术培训)"相结合的"四位一体"人才梯度培养结构,为湖州的农技研发与推广体系提供了全方位的人才支撑服务。

2. 农业硕士培养领军人才

2011 年,湖州市依托浙江大学,为满足湖州现代农业发展的需要,针对新农村建设的领军型、高端型、实用型人才,开展市校合作,以培养农业硕士。农业硕士合作培养模式,是湖州农技研发与推广人才培育的一大创新,是湖州市对培育现代农业高端领军型人才的探索与尝试。首批 40 名农业硕士学员均由全

市农口线上具备农业推广与农村发展实践经验的技术人员、"三农"工作者、农业龙头企业经营者、专业合作社领办人和大学生村官组成,其中,共涉及农村与区域发展、园艺、作物、农业信息化等四个专业方向。农业硕士在校三年的培育工作由浙江大学和湖州农民学院共同负责完成。

目前,培育的专科层次农民大学生在籍总数已达到 2108 人,探索招收 23 名专科毕业生参加涉农方向的本科学习;与浙江大学合作培养农业硕士,目前已入学 74 人;与本地农业中职学校已合作招收 85 名中高职一体化学员。

三、深化农村人才培育改革,创新职业农民培养路径

1."七位一体"的新型职业农民培育湖州模式

依托农民学院,扎实推进全国新型职业农民培育试点,建立职业农民培育机制,探索建立市县(区)联动、社会力量参与、农民自主选择专业、省市县乡专家授课、技能＋创业统筹、培训与认定结合、产业政策配套"七位一体"的新型职业农民培育湖州模式。该模式被农业部列为全国十大职业农民培育典型模式之一,湖州市也成为浙江省唯一整市推进的全国新型职业农民培育试点市。"七位一体"具体体现在:

(1)市县区联动推进。每年培育新型职业农民 2000 名,计划到 2018 年全市培育新型职业农民 1 万名以上。

(2)社会力量参与。采取政府购买服务的形式,以湖州农民学院为教学主体,以乡镇成校等为培训基地,按照统一培训计划、统一培训教材、统一培训师资、统一培训标准、统一培训管理"五统一"培训方式,把教育培训送到农民家门口。

(3)农民自主选择专业。紧密结合湖州市十大主导产业,确定十大培训专业,以农民自愿申报与农业部门审核把关相结合,选择有一定生产规模和生产实践的农民参加培训,切实增强教育培训的针对性。

(4)省市县乡专家授课。依托"1＋1＋N"产业联盟,把省市县乡四级专家作为主要师资力量,通过自编乡土教材、结合生产实际讲解、重点难点问题研讨等形式开展授课培训,着力解决生产实际问题。

(5)技能＋创业统筹。以提升学员操作技能为重点,辅以外出考察、基地实践、创业经历分享等形式,激发学员创业乐业的信心和干劲。

(6)培训与认定结合。对从事农业生产经营并获得农业中职学历以上文凭的学员予以直接认定。其他学员,按照一年不少于 15 天标准进行培训鉴定后予以认定。实行资格证书年检、档案登记、电子信息记录"三效"管理制度,强化后续教育。

(7)产业政策配套。对持证的新型职业农民在土地流转、技术支持、项目立

项、金融保险、劳动工资、社会保障等方面给予重点扶持,鼓励引导新型职业农民通过创办家庭农场等形式创业兴业,努力为湖州现代农业发展提供政策支持。

截至 2014 年年底,湖州市已经培育认定新型职业农民 2017 名,为农业经营主体注入了新鲜血液。

2. 制定推进新型职业农民培育的《实施意见》

2014 年,湖州市政府制定《湖州市关于加快推进新型职业农民培育的实施意见》(简称《实施意见》)和《湖州市新型职业农民认定管理办法》等具有湖州特色的培育政策。《实施意见》指出:紧紧围绕"美丽乡村、品质农业、两富农民"工作目标,以加快推进国家现代农业示范区建设为载体,以农业"两区"建设为平台,充分运用市校合作和湖州农民学院在农民培育上取得的成果,通过加强涉农继续教育、农民职业教育、农业技术培训等途径,加快构建新型职业农民培育体系。加强政策引导和扶持,以提高农民素质和农业技能为核心,促进新型职业农民发展,培育一批青壮年成为有文化、懂技术、会经营、善管理的新型职业农民,推进农民职业化,提升农业科技化、机械化和信息化水平,提高土地产出率、资源利用率和农业劳动生产率,为加快推进湖州市城乡一体化,促进农业、农村经济发展和农民收入持续较快增长增添活力。

《实施意见》的总体思路是分类培养:

(1)浙江大学农业硕士项目,主要培育现代农业领军型技术管理人才。

(2)湖州农民学院"学历+技能+创业"教育,主要培育高素质技能型实用人才。

(3)农推联盟各类技术培训,主要培育高素质农业生产经营管理人才。

(4)中央农业广播学校(湖州)、农村职成教学校,主要培育技术操作人才。

(5)对现有农业生产经营主体,采取专业授课、专家指导等形式,着重加强农业科技文化素质、产业关键技术及经营管理等方面的培训,提升生产经营技能和管理水平;对大中专毕业生,通过政策引导,加强在职学历教育等途径,鼓励其成为高水平现代农业领军人物;对青壮年劳动者,采取短期的"学校+基地"形式培育,侧重于农业生产技能培养,不断提高生产过程的实际操作能力;对初高中毕业生中有意从事农业工作的学生,开展"学历+技能+创业"多元化教学培训,着力提升综合技能素质,为培养高素质复合型职业农民提供人才储备。

四、打响"湖州农民专家"品牌

为了进一步加快农村实用人才培养,湖州市全面实施了农民专家培养工程,在粮油、蔬菜瓜果、茶叶、蚕桑、林业、畜牧业、渔业生产加工和农业机械作业等 8 个专业领域,共评选出两批 100 名"湖州农民专家"。市政府对农民专家在技术培训、项目立项、职称评定等方面给予重点扶持,建立农民专家岗位绩效考评制度。2009 年起,财政还专门给农民专家实行岗位津贴制度,考评合格者每人月发津贴 300 元。

湖州市把农民专家作为农业领军人才的重点对象来培养。目前,已有 35 名农民专家进浙江大学等高校进修学习,有 46 名农民专家破格晋升为中级职称,一批农民专家已获得"浙江省优秀农村青年""湖州十佳科技兴农领路人""省科技示范户"等称号,成为当地科技应用、产业发展、机制创新的"领头羊",在现代农业科技示范、增产增收、带动农户方面起到引领作用。

第二节　农业科技研发和创新平台建设

科学技术是第一生产力,农业科技是发展农业生产力的主导力量。湖州市充分依托浙江大学等高等院校、科研院所强大的科技创新优势,紧密结合全市农村产业发展的实际与需要,大力推进农业科技创新平台建设,充分发挥平台集聚要素、集聚人才的作用,努力增强农业科技的创新能力、转化能力和辐射能力。

在农业科技创新服务平台方面,湖州市先后与浙江大学共同成立了浙江大学湖州市南太湖现代农业技术合作推广中心、浙江大学(长兴)省级农业高科技园区、浙江大学湖州蚕桑产学研创新中心、浙江南太湖(吴兴区)农业高科技园区科技孵化器、安吉现代农业科技示范园等 9 大科技创新服务平台。

一、市校共建农技研发大平台

1.浙江大学(长兴)省级农业高科技园区

农业科技园是以现代农业科技成果组装、集成与示范、推广为手段,将土地、技术、人才进行高度集中与高效管理的现代农业发展模式。参与农业科技园的建设是高校实现产学研结合的重要途径之一(陆建飞等,2006)。

环境保护型、资源节约型的两型高效农业,是中国农业现代化的必由之路。农技研发的创新如何顺应现代农业的发展趋势,转向环境友好型、生态美丽型农业,这给高校农技研发提出了更高的要求。浙江大学(长兴)省级农业高科技园区(浙江大学长兴农业科学试验站与农业科技示范园区)坐落于长兴县泗安镇,2008 年年底,浙江大学与长兴县合作共建的省级农业高科技园区,是浙江大学与湖州市合作共建社会主义新农村实验示范区的重要组成部分,也是浙江大学与长兴县人民政府共建的集服务教育教学、科学研究、示范推广于一体的综合性农业高科技园区,主要任务是为本科生提供暑期实践、毕业实习和 SRTP (本科生科研训练计划)训练等提供平台,为教师和研究生科研试验、重大项目实施、农业科技成果示范推广提供基地。现建有设施农业与概念农业区、育种与转基因新品种培育区、畜牧科研与沼气中心、水产与水资源循环利用区、果树优良品种培育与休闲采摘园(百果园)、食品加工与农机试验区、珍稀/濒危生物资源保护利用区和科研与生活区等八个功能区。

浙江大学(长兴)省级农业高科技园区包括高效、循环设施农业基地,优良品种种植示范基地和国家转基因育种等基地,为浙江大学农技人员提供科学试验和示范平台。示范园区同时负责农业科技产品与相关技术向周边地区辐射,培育当地农业科技龙头企业,组织实施湖州市与周边地区的农民科技培训与文化教育等工作。园区内开展着多项科研成果转化实验。

2008 年 10 月 12 日,《人民日报》以"新农村建设的实验示范区"为题写道:

> 在占地面积约 3000 亩的浙江大学(长兴)农业科技示范园区核心区,设施农业与概念农业区、育种与转基因新品种培育区、畜牧科研与沼气中心等 8 个功能区形象地诠释了现代农业科技。按照规划,浙江大学(长兴)农业科技园将建成"中国的绿谷、世界农业之都、现代农业产业的领舞者"。

该园区不仅为浙江大学提供科研成果的试验和转化,而且为长兴县农产品培育引进良种、传播优良种养殖技术、推广农业标准化生产、走优质化道路提供了智力支持。园区紧紧围绕长兴县的花卉、水产、蔬菜等农业产业,积极推进生态化养殖基地、花卉和药材基地等项目的建设,为长兴县加快乡村产业转型升级,加快培育现代农业、促进农民创业增收提供了技术保障。

浙江大学(长兴)农业高科技园区(浙江大学农业科技试验站长兴分站)被浙江发改委列为重点建设项目,转基因育种基地被批准为国家转基因试验基地、国家植物基因研究中心实验基地、浙江省转基因作物实验基地;生态牧场已被确定为农业部畜牧养殖生态小区。2013 年,浙江大学(长兴)农业科技园成功晋升为国家级农业科技园区。

浙江大学(长兴)农业高科技园区在科技驱动发展、探索创新农业生产模式方面取得了新成效。在浙江大学(长兴)农业科技园区,分子育种中心、转基因作物育种基地以及农产品生产全程管理技术示范基地着实提升了农业科技创新能力,促进了农业科技成果转化,推动了现代农业发展。

2.浙江南太湖（吴兴区）农业高科技园区科技孵化器

吴兴区与浙江大学农业与生物技术学院等合作共建的"浙江南太湖农业高科技园区科技孵化器"于2007年6月正式挂牌运行。现为浙江省12个省级农业高科技园区之一，拥有核心区域1万亩、示范区域10万亩、辐射区域30万亩。

浙江南太湖农业高科技园区科技孵化器现建有加工研发中心、绿洲中试示范中心、农产品检测中心、土壤检测中心等四个中心，2007年成立当年，就组织申报农业科技项目26项，争取补助资金557万元，为入园企业和中试基地科研项目提供产品检测检验样品3120多份。

南太湖省级农业高科技园区成立以来，开展果蔬等技术研发和果蔬新品种选育、中试示范科技成果转化，联合开发玫瑰花饮料等21种新技术、新品种。不仅在农业科技成果转化、农业人才培养以及推进农业产业化和现代化等方面取得了显著成效，更是给广大农民发了一个增收"大红包"。南太湖省级农业高科技园区2015年全区地区国内生产总值（GDP）439.17亿元，园区农林牧渔业总产值31.26亿元，农村居民人均可支配收入25142元，同比增长9％。

二、本地主导产业研发创新平台

围绕深入实施高效生态现代农业"4231"产业培育计划，按照政府主导、企业参与、高校联手的思路，湖州市调动多方积极性，培育建立了粮油、淡水渔业、桑蚕、竹笋、茶叶、花卉等10大农业主导产业科技创新平台；建立了渔业、蚕桑两个省级重大科技创新服务公共平台；建立了油菜、蚕桑两大国家级综合试验站和浙江省农作物区试验站；建立了国家级罗氏沼虾遗传育种中心。产业科技创新服务平台的建设，有力地推动了新品种、新技术的示范、应用和推广。2011年，全市主导品种应用面积170.7万亩，农作物良种覆盖率95％以上；农业新技术应用面积250万亩，主要农业实用新技术覆盖率达90％以上。

1.湖州蚕桑科技创新服务平台

蚕桑产业作为浙江省的传统优势产业，在全国具有举足轻重的地位，是最具浙江特色和中国特色的两大农业产业。湖州是浙江省主要的蚕桑基地之一，在浙江省占据重要地位。依托湖州市丰富的蚕桑业资源，积极发展和大力提升湖州蚕桑产业科技创新能力，对解决湖州乃至全省的蚕桑关键技术问题，提高蚕桑产业的竞争能力，促进农业增效、农民增收和新农村建设，具有重要意义。湖州是蚕桑、丝绸的主要发祥地之一，蚕桑丝织生产历史已有5200多年。蚕桑业作为湖州地区的传统优势产业，拥有优势品种和繁育技术，具有明显区域经济特色。

湖州蚕桑科技创新服务平台，是由湖州市农业科学院牵头，联合浙江大学动物科学学院、浙江省农业科学院蚕研所、湖州市蚕业技术推广站等 3 家核心层单位组建的浙江省第一个农业类区域平台。项目总投资 1200 万元,省科技厅财政支持 300 万元,2007 年由省科技厅立项,2010 年 7 月已通过项目验收。平台搭建以来,按照"整合、共享、服务、创新"的基本思路,以及"政府搭建平台,平台服务企业,企业自主创新"的要求,把"务实、创新、合作、开放"作为湖州平台自身发展思路,已初步建立一个集蚕业应用技术研究、成果转化与技术推广、技术培训与咨询服务三大功能于一体的区域科技创新服务产业平台。

2011 年,农业部批准成立国家蚕桑产业技术体系湖州综合试验站,年经费资助 50 万元;同年,组建湖州现代农业蚕桑产业联盟,年经费资助 25 万元。

湖州蚕桑科技创新服务平台成立以来,新技术、新品种、新模式推广明显加快,蚕业新技术的开发走在全国前列,如利用蚕蛹作为生物反应器生产口蹄疫疫苗疫原,彩色丝的开发,蚕丝化妆品、氨基酸产品、丝胶卫生巾等的开发,家蚕接种蛹虫草开发,人工饲料的农村小蚕共育和科普蚕开发,桑叶菜、桑葚产品的开发及利用桑枝进行食用菌生产等。

2.罗氏沼虾遗传育种中心

湖州淡水渔业资源非常丰富,是四大家鱼的主要产地。2007 年,由浙江省淡水水产研究所、浙江大学等单位共同组建浙江省渔业科技创新服务平台。同年,浙江省淡水水产研究所申报的国家级罗氏沼虾遗传育种中心获批建设。该中心是全国唯一一家淡水虾类遗传育种中心,也是浙江省第一家国家级水产动物遗传育种中心。该中心主要承担收集罗氏沼虾不同地理野生群体,开展罗氏沼虾多性状复合育种,并定期为国内良种场和苗种场提供优质良种和生产技术操作规范等工作,这对推动浙江省乃至我国罗氏沼虾种业产业的发展意义重大。

该中心培育的"南太湖 2 号"是国内第一个罗氏沼虾新品种,已连续多年被农业部列为渔业主推品种,2014 年生产推广"南太湖 2 号"虾苗 6.777 亿尾,养虾户平均亩产达 400 千克,亩产量销售额达 16000 多元,亩利润达 8000 元,经济效益和社会效益显著。近年来,该中心除了建有国家级罗氏沼虾良种场外,还向国内 10 多家罗氏沼虾苗种场提供了"南太湖 2 号"亲本,辐射推广养殖面积达 8 万多亩,实现了罗氏沼虾种业育、繁、推一体化支撑产业发展的模式。

3.湖州湖羊研究所

湖州是湖羊的发源地,也是湖羊的主产区,饲养湖羊已有 1700 多年历史。湖羊,是湖州优势特色畜牧产业,也是现代农业的主导产业,是浙江省十大主导农业产业之一。目前,湖州市已经建立南浔练市、长兴吕山、吴兴东林、吴兴八里店等 4 个湖羊保护区,湖羊年出栏 34 万只,产值 5.1 亿元。2015 年初,"湖州湖羊"还获得了国家农产品地理保护标志。

湖州湖羊研究所成立于 2014 年 10 月,是全国首家公益类研究湖羊的专业科研机构,由湖州市农业科学研究院、浙江省农业科学院、湖州市畜牧兽医局、浙江大学联合筹建,主要围绕湖羊保种繁育、健康养殖、产品开发开展科研攻关,主要职责为解决养殖及加工企业发展过程中出现的技术问题、推广先进技术、研究湖羊产业发展技术瓶颈、参与湖羊产业文化及市场运作模式建设等。

畜禽产业联盟专家积极参与湖羊研究所的建设工作,紧紧围绕湖州市湖羊振兴三年行动计划,主要参与了对全市规模较大的部分湖羊养殖企业的走访调研;基于调研结果,明确了湖州湖羊研究所的目标定位,联合申报了湖州市科技计划项目两项:《湖羊牧草饲料新品种引种栽培及饲用品质研究》和《湖羊地方流行病病原分析及综合防控关键技术研究》。

三、农业企业原始创新研发平台

充分发挥农业企业在农业科技工作中的主体作用,大力创建企业研发中心和院士、博士工作站。截至 2015 年年底,湖州全市已培育省级农业科技型企业 147 家,省级农业企业科技研发中心 72 家,科技示范户 12250 户;建立桑树、水产省级良种(种苗)场 2 个,畜禽等省二级良种繁育场 10 家,省级规模化水产苗种繁育基地 3 个;长兴茶乾坤食品有限公司建立了院士工作站,湖州众旺禽业有限公司建立了农业博士后科研工作站。

湖州太湖湖羊养殖专业合作社湖羊场创建于 2011 年,是吴兴区国家级湖羊保护区核心保种场。全场占地面积约 480 亩,其中羊场占地面积 80 亩,配套饲料基地面积 400 亩,建有标准羊舍面积 8200 平方米,附属用房 3300 平方米,配套建造较为完善的饲料加工、消毒防疫、排泄物处理利用等设施设备。2012 年 5 月,该场被批准为二级种羊场,10 月审核通过为省级标准化示范场,目前达到存栏约 8000 头,存栏能繁母羊 3000 头以上,年出栏肉羊达到约 1 万头左右、种羊 5000 头,初步建成了设施完善、制度健全、管理科学,实施标准化、生态化的规模湖羊养殖场,成为吴兴区湖羊保种、种羊生产、肉羊生产、生态循环农业等四大示范基地,为本地区湖羊种质资源保护、湖羊产业发展和生态循环农业推进做出了积极贡献。

湖州众旺禽业有限公司创建于 1997 年,是一家从事樱桃谷(SM3)种鸭繁育、养殖、销售和技术服务的专业种禽生产企业。该公司和浙江大学、浙江省农科院等高等学校、科研机构合作攻关,以产学研联盟专家为技术依托,坚持产学研联合开发,承担了多项省、市级科研项目。其核心基地"湖州众旺种鸭场"也已被认定为国家二级种鸭场、无公害农产品生产基地和省级现代畜牧生态养殖示范基地。近年来,该公司以"公司+合作社+农户+基地+科技"的生产模式,下设南浔善琏建旺禽业专业合作社,带动社员 1630 户,累计为农户增收 2 亿元。

合作社先后被评为全国优秀农民合作经济组织、省级示范性专业合作社等。

湖州众旺农业博士后科研工作站是浙江省首家农业博士后科研工作站。浙江大学和浙江省农科院担任首席专家,面向家禽业发展进行科研攻关,围绕新型禽种研发、试验和推广、人才交流与培训、家禽行业发展战略研究等多领域开展合作与交流。目前,湖州众旺已经形成集种禽研繁、标准化养殖、加工销售为一体的完整产业链。

长兴蜜蜂研究所创建于 2013 年,由长兴意蜂蜂业科技有限公司与湖州市农业科学研究院合作共建,长兴意蜂蜂业科技有限公司总经理邱汝民任所长。该研究所与浙江大学等单位合作,以蜂产品研发、新品种新产品试验、科技成果转化应用和人才培育为重点,旨在加强产学研合作,进一步增强湖州市养蜂业的软实力,推进湖州市蜜蜂产业的健康发展。

农业企业创新能力的提升,有力地助推了农业企业的发展壮大,推动了农业和农村经济结构的调整。2015 年,湖州市认定了浙江美丽健乳业有限公司、浙江科力饲料有限公司、德清成龙园林绿化有限公司、长兴双胞胎饲料有限公司、浙江播恩生物技术有限公司、长兴县佛山寺林果场、长兴永盛牧业有限公司、长兴忻杰生态农业开发有限公司、长兴欧蓝农业股份有限公司、浙江草荡湖农业科技有限公司、安吉航进竹木工艺有限公司、安吉峰禾园茶业发展有限公司、湖州怡辉生态农业有限公司、湖州紫丰生态农业有限公司、湖州南浔温氏食品有限公司、湖州南浔方隆兔毛加工厂、浙江东裕生物科技有限公司等 17 家为重点农业龙头企业。这些重点农业龙头企业它们的成功大多成为现代农业产学研联盟的核心示范基地,离不开联盟专家的指导和示范。

第三节　农业科技公共服务平台建设

农业科技公共服务平台建设长期以来一直滞后,一方面影响了现代农业产学研联盟成效的发挥,另一方面也直接导致农业科技成果转化率低。湖州市和浙江大学在市校共建美丽乡村过程中,从一开始就很重视农技推广体制机制创新,着力强化农业科技公共服务体系建设。

一、浙江大学湖州市南太湖现代农业科技推广中心

2006 年,以共建省级新农村实验示范区为契机,浙江大学和湖州市人民政府经过充分研究和协商,决定合力共建新型农业技术推广平台。2007 年 6 月 27 日,浙江大学和湖州市人民政府签订了共建"浙江大学湖州市南太湖现代农

业科技推广中心"(简称南太湖农推中心)五年协议。中心的成立为浙江大学与湖州市开展更加广泛深入的合作、扎实推进省级社会主义新农村建设提供了平台和纽带。协议到期后,2012 年 12 月 7 日,浙江大学和湖州市人民政府继续签订了"深化南太湖现代农业科技推广中心建设"五年协议。

中心自建立以来,得到了市校双方领导的高度重视和关心。2008 年,在湖州新农村建设实验示范区"1381 行动计划"的基础上,中心由于在平台、项目、基地、园区、培训等方面开展工作,成绩显著,被浙江大学和湖州市人民政府共同授予了"市校合作工作先进集体"。2010 年,在中国浙江网上技术市场活动周暨杭州科技合作周上,中心被评为浙江省第一批重点科技中介服务机构,并在同年由于在建设新农村事业中做出突出贡献,荣获中国科技市场协会三农科技服务金桥奖。

1. 南太湖农推中心的定位

南太湖现代农业科技推广中心由浙江大学和湖州市合署共建,统筹"1＋1＋N"农业技术研发和推广体系建设的综合协调、监督考核和服务管理,承担湖州市现代农业产学研联盟理事会日常办事机构职能。中心遵循农业技术推广专业化、服务综合化和功能多样化的原则,围绕农业两区建设、农业主导产业发展和农村经济转型升级的需求,联合区域内外政府科研机构、大专院校、培训机构、农业科技示范园区、农业龙头企业和农民专业合作组织,促进农业高新技术和成熟技术的推广和产业化,建成集国内外农业新品种繁育和引进、农业高新技术成果转化推广、现代职业农民培训等于一体的综合性现代农业技术研发和推广服务平台。

从当时来看,浙江大学和湖州市市校共建的一个突破口就是湖州"三农"必须有一个联络机构,南太湖农推中心作为"市校共建社会主义新农村"框架下的一个结晶应运而生。后来的发展、创新以及所取得的成效,证明市校合作共建的南太湖农推中心已成为中国现代农业科技推广体系创新的助推器、重点节点。

2. 南太湖农推中心的功能

南太湖农推中心,不仅是一个科技成果转化的加速器,还是一个反应灵敏的农业综合服务的平台。过去农技成果创新推广从实验室到田间地头,中间环节多,牵涉到的部门复杂,而且又无法与市场需求对接,导致科技成果和市场需求两张皮。而南太湖农推中心在农技专家与农业经营主体之间搭起了一座桥梁,使农技专家能随时随地掌握成果推广、生产情况,及时解决推广和生产过程中的问题。

(1)试验示范基地建设和成果转化

试验示范基地具有六大功能:一是湖州市农业科技创新基地,为开展新品种选育、植物组培快繁等研究提供良好的科研条件;二是湖州市农业科技成果转化基地,引进、消化、吸收国内外先进科研成果并进行应用推广;三是湖州市农业科技服务基地,举办新技术、新品种、新模式培训咨询活动;四是湖州市现代农业展示基地,在生态高效农业、设施农业、作物新品种、栽培新模式等方面展示现代农业的最新科研成果;五是湖州市农业科技对外合作基地,为开展与大学、科研院所和农业龙头企业的合作提供基础条件;六是湖州市社会科普教育基地,为湖州市中小学师生开展农业科普教育提供支持和服务。

(2)开展对外交流和教育培训

南太湖农推中心在成立之初,除了建设以提升湖州农业科技创新能力为目标的应用研究平台、以项目实施为抓手的技术推广平台外,还积极建设针对农民的教育培训平台。南太湖农推中心利用自己在国内外学科中的影响力,邀请国外著名大学的农业专家为农民讲课。包括日本立命馆大学、美国内布拉斯加州大学、泰国孔敬大学以及保加利亚普罗夫迪夫农业大学在内的教授们都来基地考察过,中心利用自己的专家资源,常常可以让湖州农民们听到世界一流的教授讲座。

但随着形势发展、需求变化,南太湖农推中心现在已经不仅仅是承担农技研发和推广,同时也承担了新型职业农民培训、政府咨询等功能,而且现在是市校合作的协调机构。

二、基层农业公共服务平台

2013年,中央一号文件指出"要坚持主体多元化、服务专业化、运行市场化的方向,充分发挥公共服务机构作用,加快构建公益性服务与经营性服务相结合、专项服务与综合服务相协调的新型农业社会化服务体系"。中央的一号文件,为基层农业推广服务体系建设指明了方向。夯实基层农业公共服务平台,加速农技服务供给方式转型,成为"1+1+N"现代农业产学研联盟创新建设中的重要任务。

1. 基层农业公共服务平台面临的困境

计划经济时代流传下来的以政府为主构建的公益性农技推广服务体系所面临的困难和问题有三:一是这类农技推广机构因其公益性,运行主要靠政府保障,与其服务对象的收入高低没有直接的关系,缺乏利益联结机制,影响了积极性的调动和保持;二是随着农业产业链不断拉长、农业新品种不断增加、农业新科技不断涌现,基层农业公共服务机构人员知识老化,难以适应现代农业科技发展的步伐;三是目前以产业或产品统一性为基础组建的合作社,其内部职能交叉,权责不明晰,管理不规范,难以成为政府购买服务的承接主体。因此,在推进合作社规范化建设过程中,引导合作社增强服务功能,从而构建和完善农技推广服务网络,是政府应该予以高度重视,切实采取措施加以落实的一项基础性工作。

2.基层农业公共服务平台的构架

基层农业公共服务平台是一个以政府政策和公共财政转移支付为导向、以市场经济主体为载体、以现代科技为支撑,强化政府调控、充分发挥市场在要素资源配置中的基础作用,按照公平、普惠、高效、共赢原则建立和发展起来的农业生产性服务业各相关企业所构成的产业集群,一张覆盖农业产业、覆盖产业链各个环节、覆盖相关服务业部类,并服务于所有生产经营者的服务网络。

基层农业公共服务平台的构建,必须充分考虑政府、服务商和服务对象的视角。①

从政府的视角看:以科技为核心的农业公共服务体系是一个"政府＋服务商(服务供给者)＋服务对象"的基本结构。以确保粮食和农产品供给安全、实现农业生产经营者增收致富为目的,以公共服务信息互动网络为平台,以组织和提供公共产品和服务为路径,以信用评定和履约监管为手段,通过品种创优、技术创新、文化创意、品牌创强,促进现代农业和农业新产业发展。在政府与服务商之间,政府发挥主导作用,通过政策引导鼓励优秀资源向农村配置,通过二次分配实现社会分配的公平正义,通过强化政府监管,维护正常的市场经济秩序,有效发挥市场在要素配置方面的基础作用,提高要素配置效率。在服务商与服务对象之间,服务商以服务需求为导向,以政府政策为依据,以履行契约为基本责任,向服务者提供免费的公益性服务,并以此为影响力,为服务对象提供准公共产品和私人产品等有偿服务。对于服务对象来说,他是服务商所提供服务的受益者,也是服务商履行与政府契约的有效监督者,服务对象依据自身的服务需求和服务商的服务质量、服务价格选择服务商。

从服务商的视角看,农业公共服务体系是一个以农业技术研发、示范推广、转化运用为核心的生产性服务业的产业集群,是一个随着科技与产业、产业与产业、产业内部各要素之间不断融合,以及本身的不断发展而不断丰富和充实的产业集群。集群中的每个企业依据市场经济法则,竞争龙头地位,处于龙头的企业影响并带动其他企业的发展。尽管这些企业的经营规模、资本实力、市场竞争力不同,但是,任何一个企业的服务都以提高农业的科技水平为基础,科技的基础性作用决定了它的核心地位。产业集群的每个企业一方面通过履行与政府的契约、通过优质高效完成服务责任而实现服务价值;另一方面,企业间依据市场法则在互为上下游的关系中实现利益的再分配,同时,通过拓展服务领域而赢得更多的经济效益,并以此不断增强服务能力。服务性企业是独立的市场经济主体,这决定了它的高效率;服务性企业与政府是一种契约关系,决定

---

① 参见天生弱质博客:http://blog.sina.com.cn/s/blog_4dc00f6c01015llv.html。

了它必须有很强的责任感；服务性企业与服务对象是一种履责关系，决定了它的服务态度和服务质量；服务性企业间是一种互利互惠的依存关系和竞争关系，决定了要素配置的优化和配置效率的提高。

从服务对象的视角看，农业公共服务体系是一张以技术为纽带联结起来并不断拓展的大网。就农业生产经营者来说，他们关心的是新品种，它能够满足市场需求并能引导市场需求——即能够占领市场消费前沿，它是优质安全并具有高附加值的特征。农业生产经营者关心的是新技术，它能够减轻劳动强度、节省人工成本；能够减少农资消耗、节省生产成本并有效控制农业面源污染，实现清洁化生产、可持续发展；能够提供标准化的操作流程和规范化的过程控制，有效控制病虫害、提高防疫防灾能力，确保产品的绿色安全。农业生产经营者关心的还有新模式，能够有效减少废弃物排放、提高物质能量转化效率、提高资源利用率的循环农业模式；能够有效拓展种养殖空间、提高单位面积产出率和劳动生产率的立体种养模式；能够有效实现产销对接、降低销售成本和市场风险的产销一体化模式；能够有效控制农药、化肥施用，依据动植物生长需求提供最优化营养供给和防病防疫方案的智能化控制模式。

从湖州的实际情况来看，整合浙江大学农推中心、浙江大学（长兴）农业试验站、长兴国家现代农业高科技园区、南太湖农推中心、湖州市农科院等资源，以现代农业产学研联盟为基础，根据农业主导产业布局，构建区域性农业综合服务中心，形成农业科技试验示范基地＋农业科技转化推广团队＋综合服务中心和公共服务网络平台的农业公共服务体系，以及试验示范＋运用推广＋生产经营的现代农业科技研发推广运用体系，实现农科教、产学研的无缝对接和融合发展。

3. 湖州基层农业公共服务平台建设现状

高校科研与基地生产真正实现无缝对接，单纯依靠高校院所专家和本地农技专家的力量显然还是力不从心的，必须健全乡镇层面的农业公共服务平台。近年来，湖州市随着乡镇农业公共服务平台建设完善，在基层农技推广中承担着越来越重要作用。通过现代农业产学研联盟专家对接乡镇农业公共服务平台，建立现代农业产学研联盟与基层农业公共服务中心的对接会商机制，提高了农技推广服务的针对性和实效性，实现联盟服务与基层农业公共服务互促共进、融合发展。

2005 年，湖州市开始全面开展基层农技推广体系改革，设立综合性农技推广机构，明确基层农技推广机构的公益性职能，实现公益性与经营性分离；2006年，湖州市建立责任农技制度，形成一支由首席农技推广专家、农技指导员、责任农技员组成的农技推广队伍；2009 年，湖州市建立农技推广、动植物疫病防控、农产品质量监管"三位一体"的综合性农技推广机构。

2010 年 7 月，湖州市政府出台了《关于加快推进基层农业公共服务体系建设的意见》（湖政发〔2010〕32号）并指出：建设农业公共服务体系是各级政府的重要职责，基层农业公共服务机构是实施科教兴农战略的重要载体，基层农业公共服务队伍是推动农业科技进步和服务"三农"的重要力量。加强基层农业公共服务体系建设，增强农业公共服务能力，有利于强化农业基础，有利于加快农业科技成果转化，有利于保障农业生产和农产品质量安全，推动农业转型升级，促进农业增效农民增收。

2011年，省委省政府下发了《关于扎实推进基层农业公共服务中心建设进一步强化为农服务的意见》（浙政办发〔2011〕136号）。年底，湖州市被农业部确定为国家现代农业示范市，成为深化"农业技术研发与推广体制创新"专项试点城市。

2012年，根据省委省政府《关于扎实推进基层农业公共服务中心建设进一步强化为农服务的意见》要求，湖州市全力推进基层农业公共服务中心建设，要求三年内全市全面建成58个基层农业公共服务中心，其中示范性服务中心21个，一般性服务中心37个。

2013年，湖州市政府制定出台了《湖州市基层农业公共服务中心建设及服务规范》，进一步规范基层农业公共服务中心建成后的管理运行，特别是狠抓乡镇农产品监管队伍建设，积极扶持乡镇农产品检验检测室开展有效的检测工作。目前全市基层农业公共服务中心已全部确定为公益类全额拨款事业单位，所需经费统一纳入乡镇财政预算，在财力允许的前提下，着力保证农技服务人员的工资、福利及办公设施、技术培训、示范基地等各项经费的到位。市财政每年安排80万元用于市区农技推广项目的资金扶持，市、县二级农发基金安排或配套安排的农技推广资金逐年增加，市级产学研联盟也每年安排60万元用于农技培训和推广服务，极大地改善了基层农业公共服务中心的服务条件，增强了服务功能。

为不断增强基层农业公共服务能力，有效促进现代农业发展，湖州市加大对基层农业公共服务的财政支持力度。基层农业公共服务体系人员和工作经费全额列入县（区）、乡镇财政预算，确保工资、福利及办公、设施、技术培训、示范基地建设等各项经费足额到位，每年按照财政经常性支出增长比例同步递增。各级财政每年安排一定的资金，用于乡镇农业公共服务条件建设。乡镇政府加强统筹协调，确保农业公共服务人员与其他公益类事业单位人员享有同等的工资福利待遇。加强乡镇农业公共服务机构内部管理，积极争取上级农业公共服务项目支持，逐步改善工作、生活条件。乡镇农业公共服务机构将设立"一站式"综合性农业公共服务窗口，装备乡镇土化、水质、农残等速测实验室，有条件的乡镇创建优质农产品展示营销中心，建立农业信息服务站点，重点产业基地建立气象观测点等，不断改善乡镇农业公共服务机构的公共服务条件。

按照示范性公共服务中心结对产业服务基地不得少于2个、非示范性中心不得少于 1 个的要求,全市 58 个基层农业公共服务中心累计联结农技产业服务基地 123 个,涵盖粮油、蔬菜、水产、蚕桑、茶叶、水果、畜牧等七大产业,累计在编农技人员 400 多名,农技人员到岗率在 85% 以上,有力提升了湖州市基层农业公共服务的能力。

截至 2015 年年底,湖州市有基层农业公共服务中心 58 个,其中德清县 12 个、长兴县 16 个、安吉县 13 介、吴兴区 8 个、南浔区 9 个。湖州市实现了基层农业公共服务中心全覆盖,并全部通过省级考核验收。这标志着湖州市为农服务的触角延伸到了一线,推动农业转型升级有了新助力。

4.建立联盟专家联系基层农业公共服务平台制度

为加快推进现代农业产学研联盟与基层农业公共服务中心的对接会商机制,实现联盟服务与基层农业公共服务互促共进、融合发展,提高农技推广服务的针对性和实效性,特制了《浙江大学湖州市现代农业产学研联盟专家进驻基层农业公共服务中心工作制度》。

该工作制度规定了产业联盟进驻专家(包括高校院所专家和本地专家)的职责:

进驻专家要立足当地农业产业发展特点、规模、区域布局和农民需求,联合乡镇农技人员制订相应的产业发展规划和年度工作计划,并共同组织实施。

进驻专家要加强产业联盟重点试验示范基地与服务中心联结的农技产业服务基地的有机结合,确定主导品种、主推技术,并提出主要对策措施,促进当地农业新品种、新技术、新模式的引进、试验、示范和集成推广。

进驻专家要强化农业信息化服务通道,依托农业信息网站、农民信箱、农技110、农技云平台等农业信息服务平台,及时解答由乡镇责任农技员、农民提出的农业生产经营问题,同时主动为他们提供各类相关农情信息、惠农政策、农业科技知识等,实现双向互动。

进驻专家要充分利用新型职业农民培育平台,结合联盟培训工作,组织开展对乡镇农技人员、村级协管员以及包括科技示范户、农业企业、农民专业合作社、家庭农场等农业主体在内的培训培养工作。

该工作制度同时也规定了服务中心的职责:

服务中心要协助配合已进驻的联盟专家制订相关产业发展规划和年度工作计划,并共同组织实施。

服务中心要负责联结农技产业服务基地,推荐其作为联盟重点试验示范基地,并组织配合联盟专家对适合当地产业领域的新品种、新技术、新模式进行引进、试验、示范和集成推广,按照“专家—农技人员—科技示范户—辐射带动户”的农业科技进村入户服务模式,对科技示范户进行技术指导,引导其对农技产业服务基地的新品种、新技术、新模式加以推广应用。

　　服务中心要利用农业信息网站、农民信箱、农技110、农技云平台等农业信息服务平台,将田间地头的农技服务情况,特别是农户最关心、最迫切需要解决的农业生产经营问题反馈给联盟专家,遇到技术难题要及时与联盟专家沟通联系,通过专家会诊尽快找出解决办法。

　　服务中心要协调配合联盟专家开展乡镇农技人员、村级协管员以及科技示范户、农业企业、农民专业合作社、家庭农场等农业主体的各类培训培养工作。

第五章　新型农业技术推广模式的特点

2006 年,湖州市与浙江大学的市校合作共建社会主义新农村,走出了一条现代农业建设与可持续发展的湖州道路。这条道路的主要内容是:在浙江大学的大力支持与合作的基础上,搭建现代农业建设的科技创新平台,培育创新型科技载体、创业型科技载体、服务型科技载体,通过农业科技园区的示范作用,推进农业科技自主创新建设,带动湖州现代农业的发展,提升农业可持续发展能力;搭建现代农业建设的科技型人才培养与成长平台,为农业培养了一批永远不走的科技与经营管理人才,提升农业人力资本水平;搭建现代农业建设的体制机制创新平台,实行农业生产要素向现代经营主体集中的体制机制创新,实行农业长效投入机制建立的创新,激发农业发展的活力,推动农业全面发展。

10 年来,市校合作的一个重要成果就是形成了新型农技推广体系——"1+1+N"农技推广模式。那么这种模式的特点是什么? 是否已经形成了可复制、可推广的创新"范式"?

课题组认为,"1+1+N"农技推广模式的最大亮点可以归纳为:始终坚持地方政府与高校协同创新,坚持顶层设计和问题导向相结合、政府引导和多元参与相结合、农技推广与主导产业深度融合、农技推广与培育经营主体创新创业相结合,通过完善建立农业推广链,较好地解决了农技推广中的"最后一公里"难题,较好地解决了农业现代化的"科技短板",促进了湖州市现代农业和浙江大学涉农学科协同发展。

第一节　坚持地方政府与高校协同创新

所谓协同,是指协调两个或者两个以上的不同资源或者个体,使其一致地完成某一目标的过程或能力。在农业科技创新推广链中,政府和高校两者有着不同的利益诉求,如果不能做到共赢、不能形成利益共同体的话,那么就无法长久地合作。所以说,充分调动地方政府、高校、科研机构以及农业经营主体等各类创新主体的积极性和创造性,跨学科、跨部门、跨行业组织实施深度合作和开放创新,对于加快不同领域、不同行业以及创新链各环节之间的技术融合与扩散,显得更为重要。

浙江大学走出象牙塔、服务地方战略,和湖州市地方政府借助科研院所致力发展社会经济战略,是一个必然的趋势,只不过双方在湖州找到了一个"三农"契合点,从点对点到面对面,举全校之力,举全市之力,达到协同创新。

合作才能取得双赢。合作有多种层次,有战略层面的协同,有战役层面的配合,有战术层面的支持。当然,在具体实施过程中,三者之间不是绝对分离的,它们相互渗透、相互转化。

一、从供给侧改革看协同创新

如果从农技推广供给侧改革视野来看协同创新,供给方面主要取决于协同的双方——地方政府和高校所具有的职能、掌握的资源、对科技创新现状的认知水平,以及推进产学研合作的技术手段等;需求方面则主要取决于市校合作的本区域产学研合作中存在的急需解决的问题。

(一)协同创新的含义

协同创新(collaborative innovation)最早由美国麻省理工学院斯隆中心(MIT Sloan's Center for Collective Intelligence)的研究员彼得·葛洛(Peter Gloor)给出定义,即"由自我激励的人员所组成的网络小组形成集体愿景,借助网络交流思路、信息及工作状况,合作实现共同的目标"。

协同创新是以知识增值为核心,企业、政府、知识生产机构(高校、研究机构)、中介机构和用户等为了实现重大科技创新而开展的大跨度整合的创新组织模式。

协同创新是通过国家意志的引导和机制安排,促进政府、企业、高校、研究机构发挥各自的能力优势,整合互补性资源,实现各方的优势互补,加速技术推广应用和产业化,协作开展产业技术创新和科技成果产业化活动,是当今科技创新的新范式。

协同创新是各个创新要素的整合以及创新资源在系统内的无障碍流动。协同创新是以知识增值为核心,以企业、高校科研院所、政府、教育部门为创新主体的价值创造过程。基于协同创新的产学研合作方式是区域创新体系中重要的创新模式,是区域创新体系理论的新进展。合作的绩效高低很大程度上取决于知识增值的效率和运行模式。知识经济时代,传统资源如土地、劳动力和资本的回报率日益减少,信息和知识已经成为财富的主要创造者。在知识增值过程中,相关的活动包括知识的探索和寻找,知识的检索和提取,知识的开发、利用以及两者之间的平衡,知识的获取、分享和扩散。协同创新过程中知识活动过程不断循环,通过互动过程,越来越多的知识从知识库中被挖掘出来,转化为资本,并且形成很强的规模效应和范围效应,为社会创造巨大的经济效益和社会效益。

(二)协同创新的意义

党的十八大以来,党中央把创新摆在国家发展全局的核心位置,高度重视科技创新,围绕实施创新驱动发展战略、加快推进以科技创新为核心的全面创新,提出一系列新思想、新论断、新要求。

2014年10月25日,浦江创新论坛在上海开幕,国家主席习近平和俄罗斯总统普京分别致信祝贺。习近平主席在致信中指出,"协同创新"是指围绕创新目标,多主体、多元素共同协作、相互补充、配合协作的创新行为。无论是制度创新、文化创新,还是科技创新,都必须全面贯彻"协同创新"这个理念。"协同创新"是一种致力于相互取长补短的智慧行为。

协同创新已经成为地方政府和高校提高科技创新能力的全新组织模式。随着技术创新复杂性的增强、速度的加快以及全球化的发展,当代创新模式已突破传统的线性和链式模式,呈现出非线性、多角色、网络化、开放性的特征,并逐步演变为以多元主体协同互动为基础的协同创新模式,受到各国创新理论家和创新政策制定者的高度重视。纵观发达国家创新发展的实践,其中一条最重要的成功经验,就是打破领域、区域和国别的界限,实现地区性及全球性的协同创新,构建起庞大的创新网络,实现创新要素最大限度的整合。

二、市校合作长效共生机制建设

2005年10月,党的十六届五中全会通过了社会主义新农村建设的重大战略。浙江大学和湖州市抓住了这一重大战略机遇,双方充分认识到参与社会主义新农村建设的重大意义。资源要素的互补性决定了不同资源要素整合的可能性。高校拥有的资源与地方政府拥有的资源具有互补性,资源的互补性为高校与地方政府之间资源供给与需求的有效联结创造了机缘,为资源的有机整合提供了可能。地方政府引入大学的智力、技术与人才等资源可以有效缓解新农村建设中的资源不足,优化地方经济资源的配置效率,增加地方经济社会发展在人才、技术、信息等方面的资源存量。

在2005年的湖州,"三农"工作面临两个方面的挑战:在经过了结构调整和粮食市场化等一系列的改革之后,农民收入如何实现快速可持续的发展;在率先推进农村环境建设基础上,实践中央提出的新农村建设,如何持续走在全省乃至全国前列,发挥示范和引领作用。信息、技术、人才、智慧、创新力的瓶颈制约日渐显现,而背后城市与乡村社会结构的二元,政府与市场作用力发挥的两只手,硬实力建设与软实力提升的两张皮,机制创新与体制改革的双重阻力在实践中凸显出来。

此时的浙江大学,目光聚焦在紫金港。四所高校的合并、新校区建设并投入使用,在浙大人心中激荡起新的追求。从国内一流走向世界一流的目标定位和世纪担当,催动人才培育、科学研究、服务社会、传承文化四大功能的拓展,资源的重组与配置触及利益格局的调整。按常理政府和高校是"两条道上跑的车",但此时双方都急需找到一个支点。在新农村建设的号角声里,在中央新农村战略、"创新驱动战略"和省委"八八战略"的大背景下,双方走到了一起,举全校之力,举全市之力,进行了长期的、全方位的全面合作。

地方政府与高校之间建立协同机制,促进协同创新,协同发展。地方政府与高校共建省级社会主义新农村实验示范区是一个合作博弈过程,这一博弈具有联动性。要维持长久合作共建必须使市校之间形成的合作伙伴关系走向长效、共生的发展关系。

(一)市校合作长效共生机制的特点

所谓长效机制,就是指能长期保证制度正常运行并发挥预期功能的制度体系。长效机制不是一劳永逸、一成不变的,是随着时间、条件的变化而不断丰富、发展和完善。理解长效机制,要从"长效"和"机制"两个关键词上来把握。机制是使制度能够正常运行并发挥预期功能的配套制度,有两个基本条件:一是要有比较规范、稳定、配套的制度体系;二是要有推动制度正常运行的"动力源",即要有出于自身利益而积极推动和监督制度运行的组织和个体。

所谓共生机制又叫互利共生,是两种生物彼此互利地生存在一起,缺此失彼都不能生存的一类种间关系,若互相分离,两者都不能生存。有生物学家提出了一个叫作"共生起源"的理论,认为共生是地球上复杂生物起源的关键。在物种的进化过程中,日益多样的生物逐渐形成了一系列共生关系,不同的生物在共生关系中发挥不同的作用,以维持生存。这些共生关系逐渐发展成一个关系紧密的互利网络,每种生物都好像是机器上的一个齿轮。

从市校合作10周年来看,浙江大学和湖州市共建省级社会主义新农村建设实验示范区已经形成长效共生机制的特征。

1.建立市校合作的长效机制

从顶层来看,建立浙江大学和湖州市共建省级社会主义新农村实验示范区工作领导小组,领导小组办公室具体负责日常工作的联系和沟通。通过市校合作年会制、季度例会制,在实验示范区领导小组成员之间建立合作共建的定期协商机制,及时沟通共建情况,商讨解决实验中出现的问题。在县(区)建立相应机构,形成从上到下、层级负责的领导体系和协调机制。

从中层来看,建立现代农业产学研联盟,联盟理事会和联盟领导小组具体负责"1+1+N"农技推广体系运作。

2008年,在原浙江农业大学参与农业技术推广工作的基础上,浙江大学成立了国内高校中首家农业技术推广中心。农业技术推广中心是充分整合并发挥浙江大学涉农学科的人才、技术、信息资源优势,加快农业科技成果转化、集成创新、推广服务的重要平台。中心紧紧围绕"以服务为宗旨,在贡献中发展""顶天立地""高水平、强辐射"等服务理念,按照"聚焦湖州,立足浙江,服务西部,面向全国,走向世界"的工作思路,以服务农业、生命和环境领域国家重大战略需求为目标,针对国民经济建设和社会发展中农业、生命和环境领域的重大理论和现实问题,培养和集聚一批高水平应用型的领军人才和创新团队,着力提高自主创新和成果转化能力;建设和提升一批高水平强辐射的科教基地和创新平台,着力提升自我发展和学科支撑水平;设计和实施一批高水平高效益的科研课题和推广项目,着力增强自身动力和社会服务本领。逐步建立"党政主导,教师主体;人才引领,制度保证;平台支撑,项目推动;市场导向,多元统筹"的社会服务新模式、新机制。中心有教职工76人,其中具有高级职称的教师57人。中心下设综合、科技成果推广、技术培训等3个办公室,以及生物种业与植物生产、动物生产、生态环境工程与规划等3个业务部门。

2008年7月,学校又出台了《浙江大学关于加强现代农业技术推广中心建设的若干意见》,进一步完善了加强学校现代农业技术推广中心建设的有关政策,制定并完善了"农业技术推广系列"教师的职称晋升和考评制度,以充分调动广大教师的积极性。

2012年4月,浙江大学新农村发展研究院成立(教技函〔2012〕39号)。浙江大学新农村发展研究院以农村建设和发展的实际需求为导向,以机制体制改革为动力,以服务模式创新为重点,充分发挥学校人才培养、科学研究、社会服务和文化传承创新的综合能力,组织和引导学校广大师生积极投身社会主义新农村建设,切实解决农村发展的实际问题,在区域创新发展和新农村建设中发挥学校的带动和引领作用。以建设"世界一流大学"和"服务三农"有机融合为目标,通过若干年努力,将浙江大学新农村发展研究院建设成为具有一定国际影响力、引领支撑新农村建设的综合性科技创新、技术服务和人才培养平台,模式创新和战略咨询的服务平台,实现从源头创新到产业应用的科学技术支撑,从政策研究到模式创新的宏观理论支撑,从专业人才培养到职业农民培训的人才队伍支撑,从体制创新到机制创新的政策研究与咨询体系支撑。在区域创新发展和新农村建设中发挥带动和引领作用,构建以高校为依托,农科教紧密结合的综合社会服务平台。按"统一规划设计、统一组织实施、统一考核管理"的基本思路,立足东部,面向全国,坚持"以服务为宗旨,在贡献中发展"的理念,通过"学科交融、科教结合、农工互动、农医联动",不断强化农科教的有机交融,大力推进校—校、校—院/所、校—地、校—企的深度合作,继续提升"顶天立地,纵横交错,高强辐射"的综合服务"三农"能力,形成"世界水平、中国特色、浙大特点"协同服务新农村建设的新模式。新农村发展研究院强化综合示范基地建设,在继续加强学校永久性基地建设的同时,建设若干个具有区域特色的现代农业或农业新品种、新技术和新产品试验示范基地及一批分布式服务站;深化和完善高校依托型的新农村建设综合服务平台和农业技术推广新模式,促进科技发展和人才培养有机结合、成果转化和新型农民同步成长、科教平台向校外基地延伸发展;围绕我国新时期新农村建设重大理论问题和实践需求,研究新农村建设机制和模式创新,创新新农村建设理论与技术体系;以生产发展为基础,构建7个跨校和跨地区的资源整合与共享平台,提高"三农"综合服务能力;开展体制机制改革和"准入机制"等内部制度建设,改革学校办学和人才培养模式,为新农村建设提供技术支撑和人才保障。

2.建立稳定的运行机制

湖州市与浙江大学以"合作共建新农村实验示范区"协议的形式确定了战略合作伙伴关系。在市校合作共建框架下,市直各部门、县(区)、乡镇、企业、其他组织、农民等主体与高校、研究院所(中心)、专家合作,在搭建科技创新服务平台、人才支撑平台和体制机制创新平台的过程中结成合作伙伴关系。这些主体或通过具体研发项目解决企业技术难题,或通过建立农业科技推广中心、农业科技示范园区、农业高新技术产业孵化园等载体实现现代农业科技的推广与转化,或通过建立社区教育中心、教学科研基地等培育新型农民,提高农民科技文化素质。各主体之间的合作遵循自愿原则,按照市场规律就具体项目进行洽谈并签订合同,双方按照合同约定内容进行合作。政府与高校对项目合作进行牵线搭桥,并提供政策与制度支持,对重大的、效益好的合作项目进行扶持。政府对新农村建设的政策引导与市场运作的有机结合、党政主导作用与市场力量的基础作用共同刺激了多主体的合作愿望,并使合作愿望与市校共建新农村实验示范区的目标取得一致。

3.形成良好的共生机制

湖州市与浙江大学层面的合作建构了合作共建新农村实验示范区的组织架构,这是实验示范区建设形成整体合力的基础。地方政府不仅获得了来自高校的智力资源与技术支持,而且为区域内社会力量参与新农村建设提供了制度供给和新的参与路径。浙江大学在合作中也不仅获得了地方资源支持,为科研成果转化为现实生产力搭建了一个直接平台,而且在服务地方经济社会发展的过程中体现了自我价值,通过与地方政府合作共建新农村找到了促进高校学科发展的支点之一。

4.不断发展完善市校合作长效机制

2006年,浙江大学和湖州市紧紧围绕社会主义新农村实验示范区建设,共同签署了"1381行动计划";2011年底,市校又共同签署了"新1381行动计划",以全力打造美丽乡村升级版,加快建设全省美丽乡村示范市为目标。

(二)市校优势互补共赢

正如习近平总书记指出的,"协同创新"是一种致力于相互取长补短的智慧行为。浙江大学和湖州市这种市校合作的长效共生机制,使双方取长补短,形成共赢,是一种优势的嫁接,双方都从中获得了发展机遇。

湖州市借助浙江大学丰富的人才、科技、教育等资源优势,推进了新农村建设。湖州农业现代化综合水平得到提升,2014年湖州市农业现代化发展水平综合得分达到了85.43分,比2013年提高了2.6分,继续位列全省11个地市第一,领跑全省农业现代化建设进程。同时,在农业部国家现代农业示范区建设水平监测评价中,湖州市2014年国家现代农业示范区建设水平综合得分78.39分,超农业现代化基本实现阶段3.39分,已经率先迈入基本实现农业现代化阶段。浙江大学则进一步强化了服务社会的功能,为创世界一流大学提供支撑。通过与地方政府协同创新,在为地方社会经济发展做出积极贡献的同时,浙江大学涉农学科也获得了自身发展所需的广泛社会资源。师资队伍考核机制更趋合理化,人才培养更"接地气",加快了科技成果的转化。

此外,政府治理能力也得到了提升。湖州"三农"工作始终走在浙江省前列,并形成了可复制可推广的"三农"经验。

第二节　注重顶层设计和市场导向相结合

"顶层设计"原本是个工程学的术语,从系统论来看,顶层设计是一种带有预见性、前瞻性的管理思想,重视顶层设计就意味着能够全面系统地对实现目标的全过程进行科学合理掌控,尤其是对各种要素资源的配置和功能作用能够达到最优化。在2011年中央经济工作会议上,明确提出了加强改革顶层设计,在重点领域和关键环节取得突破。从此,顶层设计成为中国的一个政治新名词。顶层设计,其在工程学中的本义是统筹考虑项目各层次和各要素,追根溯源,统揽全局,在最高层次上寻求问题的解决之道。

一、农技推广顶层设计和市场导向的关系

2012年12月31日,习近平总书记主持中共中央政治局第二次集体学习。在谈到"改革开放是前无古人的崭新事业,必须坚持正确的方法论"时他指出,摸着石头过河和加强顶层设计是辩证统一的。2014年12月,习近平总书记在中央全面深化改革领导小组第七次会议上指出,推动顶层设计和基层探索良性互动、有机结合。

从现代政府治理角度来看,顶层设计强调的不只是从宏观、全局、战略角度去规划、设计,更主要的是指如何顺应基层的强大发展冲动。从湖州"1＋1＋N"农技推广新型体系的形成过程来看,起初好像是行政推动的结果,事实上,它的每一步发展都离不开自下而上的动力。

应该说,在我国农业科技创新体系改革中,我们并不缺顶层设计,各种法规、意见层出不穷,但是长期以来,我国农技推广"线断网破"和"最后一公里"的问题始终得不到根本解决,农技研发和推广与农村需求、市场需求相脱节。大多数高校也仍然局限于"象牙塔"中,服务社会功能没有得到充分体现。中国农村发展仍然是一种"问题应对型"发展,即根据农村当前发展所面对的挑战和问题,制定有关"权宜之计",缺乏系统性思考和整体性策略。此问题根源在于对"顶层设计和市场导向关系"的认识发生了偏差。从字面上理解,顶层设计好像是自上而下,再加上官本位的传统思维,顶层设计演变成了上级设计,自上而下的行为。于是,我们常常处于面对问题、等待设计的尴尬境地。改革的动力不足,创新的意识弱化,特别是协同创新的氛围不浓,深化改革演化为被动的工作落实,创新同样演化成了同一起跑线上比拼速度的兴奋剂。

事实上,顶层设计不是闭门造车,更不是拍脑袋决策,而是源于实践的创新、实践的需求。改革开放30多年的成功,恰好说明了顶层设计是顺应了基层强大的发展冲动。

传统农技推广体系只注重农技研发而忽视推广和市场需求;只注重生产而忽视营销;只注重初级农产品而忽视产业链。当解决了农业技术问题,提高了农产品产量和质量时,农业又陷入了另一困境——增产并不能带来增收,增产并不能带来环境优美。随着农业现代化基本实现,影响农业现代化全面实现的因素也越来越复杂,积累的深层次矛盾问题也越来越多。传统农技推广面临的问题并不仅仅是"一公里"的问题,牵涉面更广。从纵向看,有产业链问题;从横向看,有价值链问题。这时候,农技推广改革和创新必须有"顶层设计"。

1.农技推广体系顶层设计要突出前瞻性

顶层设计关注的问题,往往是覆盖面广、带动性强或具有全局性、战略性影

响的领域。因此,创新农技推广体系的顶层设计必须重视问题导向,从造成农技推广"线断网破"和"最后一公里"问题出发,找出症结,对症下药。如何创新和完善农技推广链?如何解决推广链中的各方利益?农技推广是公益性的政府行为还是市场主体行为?农技研发与推广如何才能促进农业现代化?如何才能真正惠民,让农民有获得感?农技推广与产业链、价值链、生态链关系到底如何?农技推广与农业、农村、农民"三农"的作用?创新农技推广体系需要全面、系统、协调推进。要处理好眼前与长远、局部与整体的关系,所以需要顶层设计。"不谋万世者,不足以谋一时;不谋全局者,不足以谋一域。"探讨的这些问题,不仅是重要的学术问题和理论问题,而且对于中国政府在农村领域的政策选择和中国农村发展具有重要的影响。

"1+1+N"产学研联盟,无论是体制创新还是机制创新,都具有超前性和前瞻性,有些探索在全省乃至全国都起到了引领作用。如浙江大学新农村发展研究院,是全国高校第一批新农村发展研究院之一;浙江大学和湖州市共同组建的浙江大学湖州市南太湖推广中心平台,是全国第一家市校共建的农技研发和推广平台;浙江大学湖州市现代农业产学研联盟、农业技术入股的探索,农业科技创新团队和产业研究院的探索等,都具有开创性。如果没有农技推广顶层设计,也就不可能有这些创新。

2.农技推广体系顶层设计要形成共识

顶层设计一般具有普遍性,必然会影响到不同利益体。无论是市校共建社会主义新农村体制,还是在整个农技推广链建设中,浙江大学、湖州市、高校院所专家、本地农技推广专家、农业经营主体等之间利益的分配、调整,都是必须考虑到的。如果没有责任担当意识,遇到问题就绕着走、遇到阻力就选择妥协,那么也就不可能形成"1+1+N"产学研联盟的"湖州模式"创新;如果没有浙江大学和湖州市对社会主义新农村战略形成共识,那么就不可能形成"合作共建",不可能举全市之力和举全校之力;如果没有对"1+1+N"产学研联盟创新的认识,没有形成农业经营主体的内生性需求,没有对高校院所专家的激励机制,那么参与创新改革的积极性不高、主动性就不强。

3.农技推广体系顶层设计要实现落地

改革是发展的动力之源,改革落地是决定改革见效的关键所在。顶层设计要有高度和前瞻性,但更重要的问题是如何变成基层动力——落地。

创新落地,就必须突出问题导向、效果导向,建立完善创新工作机制。在"1+1+N"农业技术推广体系创新过程中,非常重视农技推广链的"传导机制"建设。农技推广中的"线断网破"和"最后一公里",关键在于没有建立健全农业推广链。湖州设计新型现代农业科技推广链时,始终坚持传导链。通过南太湖农推中心、现代农业产学研联盟、湖州农民学院、基层公共服务中心、高校院所专家和本地农技专家等平台,联结农推专家教授与经营主体,联结科研成果与生产应用。

通过建章立制,明确主体责任,健全创新体系全流程高效可考核可评价的责任链条体系。建立浙江大学和湖州市高层的每年一次的年会制度,截至2015年已举办了浙江大学和湖州市主要领导参加的九次年会;在具体执行层面,有市校分管领导参加的市校合作工作推进会,浙江大学湖州市现代农业产学研联盟和各主导产业联盟的季度工作例会;针对市校合作专项资金项目,建有会商制度;对高校院所专家和本地农技专家组分别制定详细的考核制度,甚至还建立了高校院所专家组在湖州开展技术研发、技术示范推广、技术指导及技术培训的工作日志。建立联盟专家进驻基层农业公共服务平台制度,提高了联盟服务的有效性。

二、农技推广联盟顶层设计和市场导向路径

顶层设计必须加强对实施方案、机制和路径的深入研究。

从湖州深化农业技术研发与推广体制机制创新来看,改革创新需要系统的设计、需要整体推进、需要理论的支撑,更需要实践的不断突破。

1. 党政引导与市场运作相结合

党政引导与市场运作相结合就是充分发挥党委、政府在市校合作中的重要作用,强化组织领导,举全市之力和全校之力建设新农村。湖州市里建立了书记、市长任组长的新农村建设领导小组,分管市领导任组长的"八大工程"8个协调小组,共有12位市级领导和45个部门及各县区主要负责人直接参加新农村建设领导小组,专门成立了市新农村建设办公室;县(区)都建立了相应的机构和制度,形成了从上到下、一级抓一级的领导体系和协调机制。分管领导亲自担任浙江大学湖州市现代农业产学研联盟理事长,市校合作的年会、季度工作例会、产学研联盟工作推进会,湖州市主要领导都亲自参加。为了加强学校服务地方经济社会发展的功能,浙江大学增设了地方合作处(含科教兴农办公室),统筹学校与地方合作事务,从学校层面上理顺了关系,加强了对科教兴农工作的领导。同时成立了由校党委常务副书记任主任、一位副校长任副主任的浙江大学地方合作委员会,建立了学校与地方互动的领导体制和工作机制。学校高度重视社会主义新农村建设工作,并将其纳入学校重要工作议程,精心谋划,周密部署。为切实加强对新农村建设工作的领导,学校成立了新农村建设领导小组,由学校书记、校长任组长,常务副书记、常务副校长、两位副校长任副组长,以及党办、组织部、宣传部、学生工作部、研究生工作部、校办、科技处、人文社科处、地方合作处、相关学院等29个部门、学院主要负责人为领导小组成员。同时从地方合作处、宣传部、科技处、人文社科处等职能处室抽调专职人员

组成新农村建设领导小组办公室。为了指导学校新农村建设工作,学校还成立了浙江大学新农村建设专家咨询委员会。专家咨询委员会以浙江大学相关学科的专家为主体,并邀请部分国内知名专家组成,其主要职责是为新农村建设提供决策参谋,指导新农村建设示范区(示范点)的工作。学校整合经济学院、管理学院、法学院、公共管理学院、教育学院等多个学院、学科的力量成立了学校直属独立运行的跨学科社会科学研究基地——中国农村发展研究院,重点开展与新农村建设的相关理论和实践的研究和探索,旨在办成解决我国"三农"问题和建设社会主义新农村的思想库,并为"三农"培养高级管理人才。

党的十八届三中全会提出,"经济体制改革是全面深化改革的重点,核心问题是处理好政府和市场的关系,使市场在资源配置中起决定性作用和更好发挥政府作用"。但如何使市场在资源配置中起决定性作用,怎样更好发挥政府作用? 由于现有的农推体系由政府主导,忽视市场作用的发挥,对农业生产主体的科研技术需求不了解,在推广活动中较多存在信息不对称、供需不平衡的客观现象,无法适应农技推广体系准公共性的发展趋势。基于这个认识,湖州新型农技研发与推广体系探索运用了政府主导与市场运作相结合的推广模式创新,让公益性的技术推广活动由政府推动来完成,市场性的农技转化与运用交给市场来完成。此举不仅发挥了政府在整体规划、财政投入、融资配套、人才引进等各个方面的优势作用,也积极发挥了市场在配置科技资源中的基础性作用,大胆尝试农业技术入股、主导产业研究为代表的农技推广市场化运作模式,突破传统农推体系中市场作用薄弱的难题,以实现农推活动中政府职能的角色转变。

2. 政策供给与基层探索相结合

众所周知,政府的最大优势是政策资源,因而当政府支持或反对某一经济活动时,最惯用也是最有效的手段便是政策供给。在"1+1+N"农技推广联盟形成发展过程中,湖州市和浙江大学充分发挥政策资源优势,从制度供给上保障"1+1+N"农技推广联盟的正常运行。当然,在产学研合作发展到一定程度时,地方政府支持和鼓励产学研合作的行为应逐渐从"供给角度"转向"需求角度",即针对当地产学研合作的实际需求,侧重从需求角度发挥政府作用(胡继妹、黄祖辉,2007)。

2011 年 9 月,湖州市被浙江省确定为农业科研与技术推广体制创新的专项改革试验市(中央农办农村改革试验任务),要求湖州市通过积极探索、创新改革,努力突破体制机制性障碍,建立健全、完善强化农科教、产学研结合的农业科技创新与技术推广新机制新模式,争取为全省、全国做出更多的探索示范。

首先,从机制创新来看,加强新型农技推广体系制度建设,构建"1+1+N"农技推广联盟的组织,明确了浙江大学湖州现代农业产学研联盟的工作职责,及现代农业十大主导产业联盟的管理与运行机制;完善了现代农业产业联盟专家考核机制;健全了农技研发和推广的激励机制,推行农业技术入股;进一步夯实了农业科技创新投入保障机制。浙江大学也专门成立了新农村发展研究院和农业技术推广中心,并完善了"技术推广系列"教师的考核、晋级制度;学校党委常委会、校长办公会定期听取社会主义新农村建设工作汇报,及时解决工作中的困难和问题,社会主义新农村建设的重大项目由学校领导亲自抓落实。各学院责任到人,把开展社会主义新农村建设的绩效纳于各涉农学院或相关学院班子考核指标体系。同时,把参与社会主义新农村建设作为发现、培养后备干部的重要途径,通过压担子、压任务,在实践中锻炼干部,提高干部的综合素质。

其次,从体制创新来看,新型农技研发与推广体系共建立了农村新型实用人才培养平台、农业科技研发和创新平台、农业科技公共服务平台三大配套体系,以支持整个系统的高效运转、提供有效的配套支撑服务。依靠湖州农民学院和产业联盟搭建农村新型实用人才建设平台;市校合作共建农技研发和创新平台,培育本地主导产业的研发平台;同时,完善了农业科技公共服务平台建设。

3. 政用产学研一体化

农业技术推广联盟以政府为主导,以产业发展为方向,以高校、科研院所和企业为主体,以科研攻关和成果转化项目为纽带,整合社会科技资源,实现农技推广公益服务功能、科研攻关课题创新、成果转化效率效益提高互促共赢。浙江大学与湖州市政府成立合署的现代农业产学研联盟领导小组,市级层面、县区层面分别围绕当地主导产业成立相应的产业联盟。各级产业联盟均由高校院所专家团队,本地农技专家和县乡镇相关部门、责任农科人员所构成的农技推广服务小组,若干农业龙头企业、农民专业合作社、生产经营大户等"政产学研、农科教技、省市校乡"人员组成。

"四位一体"的创新体制为政、用、产、学、研多方协作下紧密整合资源奠定了组织框架和制度基础。

4. 农民参与,多元化推广

从 20 世纪 70 年代开始,许多西方国家的农业科研与推广逐步采取了"农民参与式",其优点一是充分尊重农民意愿,创造多方合作的互动式研究和推广方式;二是科研人员直接推广成果,消除研究、推广与生产的脱节,及时了解农民需求,吸收农民本土知识和经验,尊重农民的评价筛选,及时改进提高科研成果;三是建立农民的自信心,发挥农民的主观能动性和主体作用,提高农民的科学意识,推动农民参与科技创新;四是农民是志愿者和积极参加者,也是三合一的生产者、研究者和推广者,农民参与的过程,就是螺旋循环式升华研究和推广农业科技成果的过程(景丽等,2010)。

农业经营主体是"1+1+N"产业联盟的受益者,同时也是建设主体。在建设中,充分尊重农民意愿,广泛调动农业经营主体的积极性、主动性和创造性。

"1＋1＋N"农技推广联盟的"N"就是核心示范基地（各类农业经营主体），通过核心示范基地带动和辐射其他现代农业经营主体。截至2015年，湖州市十大产业联盟联结经营主体1289家，入驻基层农业公共服务中心58家，实现对主导产业、规模经营主体和基层农业公共服务中心的全覆盖，为湖州市现代农业发展做出了重要贡献。其中，浙江清溪鳖业有限公司等96家服务主体成为首批联盟示范基地，德清县新安镇农业公共服务中心等10家农业公共服务中心为首批示范性服务中心。

多元化推广是构建农业新型社会化服务体系、建设现代农业的客观要求，也是市场经济发达国家农业推广的主要做法。多元化推广的本质是要从以"政府为主导"，转向"政府指导、多元发展"的农业/农技推广，亦即"一主多元"。多元化推广的核心是充分发挥政府公益性推广和企业经营性推广两方面的积极性。政府公益性推广通过提供基础性服务，为多元推广奠定工作基础；政府通过项目、政策支持等方式，带动多元推广提供相关服务；通过发挥桥梁纽带作用，聚合多元推广力量，围绕建设现代农业产业体系开展一体化技物结合服务。

从政府层面看，既有湖州地级市，还有县区，甚至乡镇，形成行政链；从高校科研院所层面看，以浙江大学为主体，联合其他院校和科研院所，包括基层农技研发和推广的湖州农科院、提供"三农"智库的湖州市农村发展研究院、提供新型职业农民培训的湖州农民学院等，形成推广链；从经营主体来看，既有各类农业专业合作社、农业龙头企业，也有家庭农场、农户等，形成客体链。

第三节　突出高校院所与本地农技专家紧密合作

随着现代农业产业结构的调整、效益农业的快速发展，原来的农推技术人员无论是知识结构还是技术能力方面都难以适应新形势下农民对新技术、新品种的需求；另一方面，随着国家机构改革的推进，公务员制度的实施，这些不能适应新形势下新需求的传统农推技术人员被列入了改革的首先对象，有些地方农推机构被取消，有些地方农推人员被列入事业单位，一部分农技人员因此而离开农推队伍，自己从事农业产业化经营，领办基地、农产品加工厂，等等，农技推广陷入了"线断、网破、人散"的状况。

"1＋1＋N"新型农推模式的精华就在于高校院所与本地农技专家之间建立紧密合作关系，这是破解"线断、网破、人散"的关键之处。造成农技推广体系中的"线断、网破、人散"和"最后一公里"关键，在于没有建立健全农业推广链网络。而湖州新型农技推广体系的一大创新就是通过本地农技专家把高校专家成果与农业经营主体实现转接,通过本地农技专家带动了农业经营主体的创新创业,真正破解了现有农技推广中的"最后一公里"难题。"1＋1＋N"农推联盟的第二个"1",即本地农技推广专家组,重点充实乡镇农技人员进入联盟,大大提高了产业联盟与经营主体联系的紧密度,进一步健全和完善了农技推广链的建设。

一、耦合——破解线断

"线断"实际上就是说农技推广网络没有实现"纵向到底",高校科研成果"养在深闺人未识",过于"高大上"而不"接地气";因为首席专家人数有限,难以面对面广量大的农推工作,难以常年走进千家万户,所以会影响专家们的基础研究、技术开发,这就迫切需要推广链的中间环节,一个由本地农技专家组担当"二传手"的传导机制。

与现有我国其他高校农技推广模式不同,湖州新型现代农业科技推广链在设计时,始终坚持传导链的建设。最初通过南太湖农推中心和示范基地,把高校科研成果与经营主体的需求有机联结起来,即"1＋1＋N"产业联盟形成的第一个阶段——"1＋1"模式;但在实践过程中发现,仍然没有完全解决整个推广链的无缝对接。所以第二阶段发展过程中,增加了本地农技专家小组,这个"二传手"发挥了至关重要的"传帮带"作用。通过本地农技人员传导机制,有效解决了"最后一公里"的难题。

熊彼得认为,创新就是建立一种新的生产函数,生产函数即生产要素的一种组合比率,也就是将一种从来没有过的生产要素和生产条件的"新组合"引入生产体系。如果把熊彼得的创新理论应用到"1＋1＋N"农技推广体系中,"1＋1＋N"模式中的第二个"1"即本地农技推广小组,就是整个推广链中的"新的生产函数""新组合"。正是引入本地农技专家,才使得整个推广链产生了"裂变",产生了"新的生产函数"。

知识沟通或信息传播,是指人与人之间相互信息的交流,人们借助共同的符号系统(语言、文字、图象、记号及手势等)交流各自的观点、思想、兴趣、情感等。沟通的关键是接受者是否接受、理解和了解信息,而不在于沟通者是否发出了信息。

能造成沟通障碍的因素有许多,既有传递编码(信息传递方式)的可接受性,也有可能是传递的渠道阻塞,还有可能是接受者的接受能力所造成的。甚至于高校专家教授在沟通过程中,很可能由于语言的障碍而导致沟通阻塞。图5-1为沟通传递模式示意图。

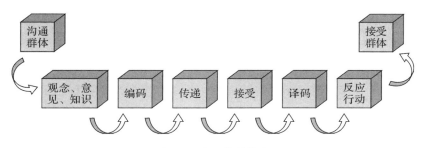

图 5-1　沟通传递模式

在传递者与接受者之间,必须有一个转接者或者说"二传手"。"1+1+N"推广体系中的本地农技专家组,就是承担了农业推广链中的成果转接、译码,知识传播和带动经营主体创新创业的纽带职能。图 5-2 为本地专家小组在推广链中的作用示意。

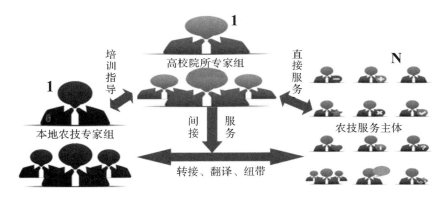

图 5-2　本地专家小组在推广链中的作用(引自刘金荣,2015)

新型推广体系非常重视培育新型经营主体,把核心示范基地(家庭农场、专业合作社、重点农业龙头企业)作为联盟推广网络的重要节点。同时,借助现代信息技术,在构建农推网络时,建设并充分发挥信息网络的作用,借助信息网络实现农技专家与千家万户农民的联结。

通过本地农技专家组,可联结"N"个经营主体。通过"N"(可以是核心基地,可以是经营大户,也可以是农业龙头企业),让技术源头与用户终端直接对接,最终才能使更多农民得到实惠。

二、链网——破解网破

网,在《说文》意指"罟"。《广雅》则谓:网疏则兽失。凡"网"皆有系统性、皆有支点,也就是说既要有纵向,也要有横向。所谓农技推广的"网破",就是整个农技推广网络没有支撑点,没有形成纵横合力,没有系统性。农技推广网络,形象地说就是"横向到边、纵向到底",最好是一竿子插到农户家里,插到田间地头。

过去我们理解推广链,是线性思维方式,只重视"纵向到底"——从源头农技研发到生产、推广,但由于信息不对称,导致高校科研成果无法与市场对接。湖州新型农技推广体系在创新建设过程中,非常重视"节点"建设。通过浙江大学南太湖现代农业技术推广中心、核心示范基地、基层服务公共平台、农民学院等"节点",围绕本地现代农业主导产业建联盟、培育创新团队、组建主导产业研究院。有了这些支点,就撑起了整个农技推广网络,就实现农技推广网络的"横向到边"。

这就是湖州模式"1＋1＋N"产业联盟的耦合机制。

三、支撑——形成立体

从"1＋1",再到"1＋1＋N",最后演变为"$1^2＋1^2＋N$"推广形态,与这种金字塔式的推广网络相适应,湖州还创新了体制机制和"三位一体"的平台建设。

湖州新型农业科技创新体系之所以新,还表现在围绕农技推广链,完善了农技推广联盟的体制机制建设、考核和激励机制、科技投入的保障机制,健全了新型职业农民培养、农技研发推广平台和基层公共服务平台等支撑体系建设,组成了立体的新型农业科技推广体系网络。

新型农技推广体系实现了四个转变:从"点对点"推广到"面对面"辐射、从自发推广到有组织推广、从个体推广到团队推广、从技术推广到农业推广和咨询决策。

第四节　农技推广与本地主导产业发展深度融合

融合蕴含着相互的哲理,是事物发展的客观规律。融合不仅仅是事物的简单合并或优化组合,而是各种要素的科学重组与高效运行。融合没有统一的模式和路径,但必须立足实际,找准融合的着力点。湖州十大农业主导产业就是"1＋1＋N"产学研联盟融合的着力点。

现代农业产学研联盟围绕具有湖州市地方特色的农业主导产业,依托高校科研院所的涉农技术力量,以浙江大学为牵头的省内外涉农高校、科研院所为技术主导,以县区级农业技术推广产业联盟为核心单元,以高校院所专家团队为技术支撑,以本地农技专家小组为纽带,以项目为载体,以现代农业示范基地

（园区）、龙头企业、专业合作组织为主要工作平台，形成"1个高校院所专家团队＋1个本地农技专家小组＋若干个现代农业经营主体"，即"1＋1＋N"的新型农技研发和推广模式。

一、立足湖州市现代农业十大主导产业

我国现有的高校与地方的农业产学研联盟，常常存在着一个致命的问题——没有与地方农业主导产业发展直接对接，没有以坚持发展生态农业、循环农业为目标，没有从农业全产业链角度来推广应用，这导致了农技推广创新没有有效的载体，无法从根本上推动区域现代农业转型升级。正是基于这一考虑，浙江大学湖州市现代农业产学研联盟围绕湖州农业主导产业建立了粮油、蔬菜、水果、水产、畜禽、蚕桑、花卉苗木、笋竹、茶叶和休闲观光等十大产业联盟。

1.围绕农业主导产业，构建农技研发与推广链

农业科技研发与推广，既要发挥高校研发优势，又要结合当地农业发展的实际，只有这样才能提高研发与推广的精准度、有效性。

湖州现代农业经过多年的发展，产业结构逐步合理，特色显明，在全省乃至全国都有一定的知名度，已经初步确立以特种水产、蔬菜、茶叶、水果、粮油、蚕桑、畜牧、笋竹、花卉和休闲观光农业为主导的十大产业。湖州市"4231"产业培育计划对不同产业提出了不同的培育发展要求。一是大力发展四大优势产业。特种水产、蔬菜、茶叶、水果四大产业是湖州市的优势产业，具有较好的经济效益，是农业增效、农民增收的主要产业。二是稳定提升两大传统产业。粮油、蚕桑是湖州市的两大传统产业，受种植效益的影响，近年来不断下滑。但是粮油产业作为"米袋子"工程，保障口粮供给是硬任务；蚕桑产业又是湖州市"丝绸之府"金名片的基础。三是优化发展三大特色产业。畜牧、笋竹、花卉是湖州市的特色产业，尤其是畜牧产业就当时看，饲养量大、分布不合理，部分地区超过了环境承载量，迫切需要优化布局，转型发展，减少污染。四是加快发展休闲观光农业这一新兴产业。湖州具有良好区位、交通和生态优势，为发展休闲观光农业和乡村旅游业奠定了良好的基础。

"1＋1＋N"产业联盟紧紧围绕湖州市的十大主导产业，根据不同主导产业的培育要求，整合浙江大学农推中心、农业试验站、国家现代农业高科技园区、浙江大学湖州市南太湖现代农业科技推广中心、市农科院和农业局农业技术推广站所的资源，以产业联盟为基础，根据农业主导产业布局，构建区域性农业综合服务中心，形成农业科技试验示范基地＋农业科技转化推广团队＋综合服务中心和公共服务网络平台的农业公共服务体系，以及试验示范＋运用推广＋生产经营的现代农业科技研发推广运用体系，实现农科教、产学研的无缝对接和融合

发展。

　　围绕产业建联盟,这是"1＋1＋N"产业联盟的"湖州模式"的一大创新。一是可以加强对县区产业联盟的协调管理与指导服务,促进产业联盟之间的合作交流,形成农技推广合力;二是可以统一规范联盟工作责任制和绩效考评制,促进产业联盟制度化、规范化、常态化管理,更好地调动产业联盟各方专家积极性和创造性;三是可以最大限度地整合全市首席专家和农技人员等人才资源,减少人才资源浪费,使有限的人才资源发挥最大的效率;四是可以促进重大技术成果的引进和转化工作,加快区域产业技术体系创新与建设,推动农业高新技术的产业化,促进农业转型升级,加快现代农业发展。

　　2.关注集成创新,加强农业科技创新团队建设

　　农业科技发展的特点要求注重集成创新。集成创新在农业科技自主创新中占有重要的地位,首先是由于现代农业科学研究具有交叉融合的特性。一项大的、有突破性的创新需要多学科、多专业的交叉融合,因此,不同专业领域的人协同工作对创新的成败具有决定性作用。尤其在一些农业重大战略性研究领域,综合化、集成化的重要性更为明显。农业科技创新团队的建立,本质上是为了解决现代农业发展中的共性技术问题。

　　湖州市农业科技创新团队组建的目的,是以提高湖州市农业科技创新能力和解决主导产业发展关键技术、共性技术为核心,以自主创新、集成创新和引进、消化、吸收再创新为途径,依托浙江大学湖州市现代农业产学研联盟平台,进一步整合高校(科研院所)的人才资源优势,培育一批"学科优势明显、要素配置合理、创新成果显著、发展潜力突出"的湖州市农业科技创新团队,推动湖州市农业产业结构调整和特色主导产业快速发展。

　　以产业联盟为核心,以主导产业发展的关键技术突破,新品种研发、引繁、推广,清洁化生产(生态循环)模式创新和农业标准化生产为重点,在更大范围内集聚资源,组建由高校专家领衔、本地农技专家和经营业主参加的市级农业科技创新团队。争取更多的省级以上农业科技项目,实现农业综合科技水平、农业科技贡献率有较大提高,本地农业科研能力、创新能力有较大提升,农产品的科技附加值和市场竞争力有较大的跨越。

　　从现有的农业科技创新团队来看,畜禽产业联盟的特色养殖种业创新团队、水产产业联盟的低碳循环渔业科技创新团队、蚕桑产业联盟的生态循环农业创新团队及粮油产业联盟的粮油种子生产及产业化创新团队等,都是由主导产业联盟发起成立的,也都是围绕主导产业发展的关键技术展开研究的。

　　3.通过资源共享,打造主导产业研究院创新平台

　　一方面,随着农业科技的快速发展,科技突破的难度不断增大;另一方面,农业现代化不仅仅是指现代农业,它更强调一种过程,涉及农业、农村、农民。

这就决定了农业科技创新成为一种复杂的社会活动,单个科研团队不可能独自完成这样一种越来越复杂的创新活动,因而必须与其他科研团队和市场主体构成相应的集成网络。新型农技研发与推广体系的不断完善和进化,迫切需要在科技前沿的基础理论研究和产业发展的实际运用之间,建立一个高效通道;在关键技术的突破和集成创新提升产业综合竞争力之间,建立一个高效载体;在党政搭台、项目推动和市场配置、实现政产学研一体化发展之间,建立一个制度构架的平台。从这个意义讲,通过产业研究院能够把政、产、学、研整合起来。

目前,围绕湖羊、茶业、休闲观光农业分别组建了各自的产业研究院。虽然主导产业研究院还处在试点阶段,对于其运作机制、管理方式、考核制度等也还在探索之中,但是它对现代农业转型升级和推进农村一、二、三产业融合发展正在发挥着重要作用。如浙江大学湖州休闲农业产业研究院的成立,对于进一步推广湖州休闲农业在全省和全国的影响力和美誉度起到了积极作用。休闲农业产业研究院下设科学研究中心、决策咨询中心、教育培训中心、规划设计中心、产业服务中心等,直接服务对象为湖州市休闲农业相关职能部门和经营主体,辐射浙江省和全国休闲农业教学、科研、推广机构和实体企业。在运营机制上,休闲农业产业院通过基金＋、资本＋、智库＋、互联网＋、服务＋,以及与浙江大学继续教育学院、浙江大学城乡规划设计研究院、湖州职业技术学院的战略合作,构建 BCSA(商业社团支持农业)体系,打造"一个基地一个会六个支柱"①的全方位、全天候、全领域、全覆盖专业运营模式。

二、围绕生态循环农业发展趋势

如果说,围绕主导产业建联盟,是解决农业科技支撑的问题;那么,主推生态循环农业技术,就是解决农业发展方向的问题。在湖州这样一个受农业资源短缺和环境约束趋紧双重"紧箍咒"制约的地区,依靠资源消耗和物质投入的粗放型生产经营方式,终将难以为继;相反,推行生态循环农业,是湖州改变农业生产方式、发展现代农业的必由之路,也是现代农业产学研联盟今后农技研发和推广的一个着力点。

1. 做活"生态＋"文章,助推产业转型升级

现代生态循环农业是以生态、循环、优质、高效、持续为主要特征,通过节约集约投入、全程清洁生产、废弃物资源利用,实现经济、生态、社会效益相协调的一种现代农业发展方式。

"1＋1＋N"产学研联盟后期重点方向结合湖州生态文明示范区建设,紧紧

---

① "一个基地"就是休闲农业众创小镇,"一个会"就是在园会,"六个支柱"分别是科学研究、永久会址、教育培训、规划设计、旅游开发和指导服务。

围绕品质农业、生态循环农业开展农技研发和推广。在生态循环农业的具体推进过程中,由于通过节约集约投入、全程清洁生产、废弃物资源利用,对不少农业主体来说,既降低了生产成本,增加了经济效益,同时还能保证农产品的质量安全,利于品牌打造和市场拓展,一举多得,因此颇受欢迎。被称为"湖羊达人"的费明锋在湖羊产业联盟帮助下,2010 年 10 月开展了生态循环农业示范基地建设,流转土地 450 亩,种植小麦 80 亩,搭建玉米育苗大棚 700 平方米,分批育苗 50 万棵,建立起一个省级"湖羊—玉米"种养结合循环示范基地,实现废弃物资源化利用,促进生态农业的发展。2011 年,他又成立紫丰生态农业有限公司,注册了"明锋"牌湖羊商标和"循丰"牌玉米商标,提升了湖羊产品品牌的影响力和知名度,丰富了基地产品种类。为了促进湖羊产业发展,费明锋又积极与浙江大学合作开展湖羊养殖技术研究,优化湖羊种质资源,养殖场成为浙江大学教学实践基地,实现了湖羊生产与教育实践的双赢。

粮油产业联盟积极推进生态农业模式工作,把加快新型农作制度推广应用作为重点工作之一,在每个县区都建立了新型农作制度示范点,如在南浔区多个蔬菜园区建立了"稻—菜"轮作示范区,在吴兴区八里镇建立"鲜食玉米—套种鲜食大豆—鲜食蚕豆"的套种连种全年旱粮示范区;茶叶产业联盟重点推广了生态茶园建设配套技术和茶园生态修复技术,从湖州生态文明示范区的战略高度,积极践行"绿水青山就是金山银山"的发展理念,有效引导湖州茶产业将生态优势转化为发展优势。2015 年,茶产业联盟完成了茶园生态修复面积 2 万余亩。

2014 年 5 月,浙江省成为全国唯一的现代生态循环农业发展试点省。同时,湖州市成为整建制推进的省级现代生态循环农业发展试点市。根据试点方案,湖州市将实施畜禽养殖治污、龟鳖产业升级、农业节水增效、化肥农药减量、秸秆综合利用等十大工程,建立完善空间布局、污染治理、产业发展、资源利用、生态文化和制度保障六大体系。

2.推广新型种养模式,实现高效生态农业"核聚变"

现代农业产学研联盟在加快推进现代生态循环农业发展过程中,积极发展清洁生产型、种养结合型、废物利用型的生产主体,已基本建成"水稻秸秆—蘑菇—芦笋"和"猪—沼液—瓜果菜"等一批废弃物资源化利用模式;全面推广化肥农药减量增效技术、测土配方施肥技术、病虫害统防统治等,规模畜禽场排泄物治理效率、农作物秸秆综合利用率、农村清洁能源利用率分别达到 97%、92.39% 和 73.8%;大力推广间作套作、水旱轮作、粮经轮作等新型种养模式,成功创建一批"农牧对接、农渔共生、农林结合、农游共享"的生态循环农业示范点,新型农作制度覆盖面不断扩大,生态保护与产业发展实现互促共进。

"稻鳖共生"模式是水产产业联盟重点推广的循环种养结合新技术,即通过水稻吸收养鳖中的剩余富集的养分,实现水稻、鳖的双绿色生产。水产产业联盟还总结形成了一套符合湖州本地实际、切实有效的池塘生态养殖模式,如塘底种植水草、放养螺蛳、混养鱼虾、利用生物制剂改善水质,并推行池底设备增氧、控制放养密度、适时上市等新技术和环境友好型健康养殖新模式等,实现从大养蟹向养大蟹、养好蟹方向的转变,还制定了《湖州南太湖毛脚蟹池塘生态养殖技术操作规程》市级地方标准,推广应用面积3.2万亩。

从"太湖鹅"的水禽旱养,到"稻鳖共生"的生态共养;从稻菜轮作的复种模式到"三生葡萄"的根域限制法……产业联盟为湖州市高效生态农业注入了科技的因子,不仅改变了传统农业"靠天吃饭"的窘境,更使得高效生态农业产生了前所未有的"核聚变"。

现代农业产业联盟根据当地的资源禀赋和产业基础,谋划好高效生态、特色精品农业发展的总体任务,加快推动蔬菜、茶叶、水果、生态畜牧业等十大特色主导产业发展,促进产业结构调整和区域布局优化,加快构建优势明显、品质优良、环境友好、高效生态的特色农业产业体系。

三、紧扣农业全产业链价值链

产业链推广是发展现代农业、建设现代农业产业体系,以及实现农业产业化经营的客观要求。产业链推广的本质是要从以"技术为主线的推广"转向以"产业(产品)为主线"的推广,并贯穿产前、产中、产后全过程。产业链推广的核心是坚持以产业发展为导向、以产品生产为主线、以关键技术为核心组装技术模式,创新推广机制,坚持农科教企结合,聚集推广力量,提供全程服务,合力推动农业产业化发展。

随着现代农业的加快发展,农业产业之间的合作越来越紧密;同时,农业科研项目运用到的技术可能覆盖多个产业的技术供给,一个创新产品可能涉及多个产业的先进技术。因此,为了适应农业产业之间关联度越来越高的发展需要,应积极探索加快各产业联盟专家团队之间的横向协作,各产业联盟之间的推广人员相互柔性合作,使相关产业之间的技术紧密联结,实现跨产业的农业科研技术融合。

1. 发展休闲农业,实现三产融合

产业融合发展是农业产业化的高级形态和升级版,其业态创新更加活跃,利益联结程度更加紧密,经营主体更加多元,内涵也更加丰富多彩。拓宽农业产业多环节的"增收之道",是发展现代农业的应有之义。发展休闲农业,就是湖州解决农业产业高效问题的主要途径。因为,休闲农业紧密联结农业、农产品加工业和服务业,随着人们生活水平的提高和向往大自然愿望的回归,其有着巨大的发展前景;而另一方面,湖州区位条件优越、生态资源丰富、文化积淀深厚、产业基础扎实,发展休闲农业具有得天独厚的条件。

休闲农业产业联盟紧紧抓住湖州休闲农业良好的资源禀赋,在发展休闲农业时,不走"大园区、大景区"的道路,而是坚持将特色优势主导产业作为依托,突出"园区即景区"的理念,通过农旅结合,加快休闲农业的集聚发展。湖州吴兴金农生态农业发展有限公司,是吴兴区首个试水采摘游的农业园区,也是"1＋1＋N"产业联盟的核心示范基地,如今其所产的半数产品由采摘消化,不仅省去了人工费用,价格还提升不少,同时带动了园区内餐饮、住宿等消费项目。这正是休闲农业的优势所在,其通过三产、三生、三农融合发展,将农业的各个环节做大、做强、做长,能有效地提高一产收入,堪称农民增收的快车道。

2. 文化创意植入,提升价值链

湖州素有蚕丝文化、鱼文化、湖笔文化、茶文化、竹文化等传统文化优势,在休闲农业园区的打造过程中,产业联盟大力引导主体注重植入具有当地特色的文化创意产品和人文景观,以增强园区对游客的吸引力。

创意方面,湖州的不少主体则按照"什么来钱种什么""什么漂亮添什么""市场需要什么就开发什么"的思路,将创意经济引入农业,大大提高了农业的附加值。现代农业产业联盟专家不仅推广新品种、新技术,而且送文化、种文化,帮助企业打造品牌形象,发展企业文化。浙江安吉龙王山茶叶有限公司与联盟专家一起培育茶叶新品种、引进茶叶自动化生产线、改良茶生产工艺、开发茶叶新包装、推出茶文化展示厅,年产凤形、龙形等"龙王山"牌安吉白茶 2.5 万公斤;建立良种茶苗培育基地,年出圃茶苗 1500 万株,启动了安吉白茶品质研究基地科研项目,形成了以"团结协作——精心打造茶品牌,携手同行——合力提升安吉白茶产业"为核心的企业文化。产业联盟核心示范基地湖州玲珑湾生态农业示范园占地 2000 余亩,主要从事热带水果生产,致力于发展休闲观光农业,先后引进了台湾水果品种、台湾精致农业团队、台湾休闲食品、台湾的风味美食,处处体现台湾文化元素,彰显台湾风情,吸引着越来越多的观光、休闲、体验的游客,成为吴兴妙西特色乡村旅游线路上的重要节点。

茶叶联盟积极推广茶产业"全产业链模式",鼓励茶企加快开发白叶一号制作的安吉红、白茶酒、白茶含片、冰白茶饮料、白茶月饼、白茶盆景、白茶面膜等衍生产品,拉长茶产业链条,提升茶产业的附加值,建设集"生产、加工、营销、品牌、文化、旅游、体验"于一体的生态茶企。安吉白茶全产业链被认定为 2015 年浙江省七个示范性全产业链之一。

3. 发展产业新业态,推进产业深度融合

现代农业产学研联盟根据目前农业与二三产融合度还相对较低的现状,充分发挥技术优势,积极探索互联网＋现代农业的业态形式,推动互联网＋现代农业的产业新业态,推动互联网、物联网、云计算、大数据与现代农业结合,构建依托互联网的新型农业生产经营体系,促进智慧农业、精准农业的发展。农业物联网试验示范基地是集新兴的互联网、移动互联网、云计算和物联网技术于一体,依托部署在设施农业生产现场的各种传感节点(环境温湿度、土壤水分、二氧化碳、光照度等)和无线通信网络,实现农业生产环境的智能感知、智能预警、智能决策、智能分析、专家在线指导,为农业生产提供精准化种植、养殖、可视化管理、智能化决策。目前全市已建成"农业物联网试验示范基地"27个,其中包括产学研联盟核心示范基地安吉县正新牧业有限公司、吴兴金农生态农业发展有限公司、德清绿色阳光农业生态有限公司等。各产业联盟结合产业特色,做好"互联网+现代农业"文章。如水果联盟充分开展"互联网+水果"活动,邀请电子商务企业与湖州市水果企业对接,取得了良好效果。像德清新田农庄水果通过"檬果生活"电商销售的产品达到38%。

联盟专家协助核心示范基地引入历史、文化及现代元素,对传统农业种养殖方式、村庄设施面貌等进行特色化的改造,发展创意农业、景观农业、农业文化主体公园等。联盟专家积极参与湖州"美丽田园"建设。在联盟专家的指导下,"玉米—湖羊""稻—蟹共生""猪—沼—茶""瓜果立体种植"等一批绿色生态农作模式正在湖州连线成面推广开来。笋竹联盟专家与国家竹研究中心合作,在长兴县筹建集优新竹种繁育研究、竹子科普宣传、竹子景观应用示范多功能为一体的竹子主题生态文化示范基地。

联盟专家利用生物技术、农业设施装备技术与信息技术相融合的特点,发展现代生物农业、设施农业。如蔬菜产业联盟大力发展以钢管大棚为主要内容的设施蔬菜,通过"设施换地",稳定蔬菜面积,保障蔬菜供应。

第五节　农技推广与培育经营主体创新创业互促共赢

农技推广的创新,必须转变理念,其中之一就是从"技术为本"到"人本化推广"的理念转变——把人才培养纳入到农技推广体系建设中。人本化推广的核心是要"以人为本",培养大批懂技术、会经营、善管理的新型农业生产与经营者,包括科技示范户、种田大户、农民专业合作组织技术带头人、涉农企业技术骨干等。

湖州新型农推联盟始终坚持把培养新型职业农民、培养农村领军人才、引领农民创新创业作为一个重要任务来抓。事实上,新型职业农民的成长,本身就是新型农推联盟的内生机制。没有农村人才智力支撑,就无法发挥新型农推联盟的优势,甚至可以说没有成效。没有农民的现代化,就没有农业的现代化。

农村青年是农村劳动力中最富有创业激情的一个群体,在建设社会主义新农村的过程中,农村青年担负着重要使命,是建设社会主义新农村的重要生力军。着眼于未来,我们始终把激发和保护好农村青年的创业创新热情、支持并服务好农村青年的创业创新实践,作为现代农业产业联盟的重要任务。

在"1＋1＋N"的模式建设过程中,以项目合作的方式,确定一个农业龙头企业或专业合作社或农业园区,建立核心示范基地,并通过专业合作社或产业协会,进行新品种、新技术、新模式的推广。在项目实施和农技推广中,既通过首席专家的言传身教,提高了本土农技人员的服务能力和服务水平,更通过培训辅导的方式,提高了广大农民的科技素养、技术水平和经营管理能力,实现了科技推广服务与人才培养的有机结合。

一、创新新型职业农民培养模式

"1＋1＋N"新型农技推广体系,始终把新型职业农民培育作为一个重要任务来抓。国外把农技推广更多地理解为农业推广,对农民的教育培训,是农技推广组织的一项重要功能。

新型职业农民培育要达到预期目的,必须解决几个问题:一是选择什么人培训;二是培训什么内容;三是想达到什么效果;四是通过什么机制体系来达到效果;五是注重过程性评价和结果性评价。

1.创办全国首家农民学院

户籍制度的改革,使农民由原来的社会身份转化为职业身份,即农业从业人员。农业现代化的发展,对农业从业人员综合素质提出了很高的要求。农业从扩大要素投入的粗放式经营向技术、资本密集型的集约化经营转变;服务外包和多元合作成为经营主体降低劳动力成本、提高农业综合效益的必然选择;机械化和智能化成为占绝对地位的农业生产方式;"互联网＋"成为农业经营的崭新形式;文化创意、品牌经营和个性化服务成为提升农业附加值和竞争力的主要手段;技术嫁接、功能拓展、产业融合成为创新创业、实现跨越式发展的主要路径。适应这样一种新变化、新趋势、新常态,传统农民必须从经验型向知识型、从体力型向智慧型、从生产型向经营型转变,通过完成这样的转变,不断提高来自于农业生产和经营的收入,实现收入的持续稳定增长,使农业成为一种受人尊重的职业,使从事农业职业的人过上体面的生活。

加快传统农民向新型职业农民的转变,必须强化新型职业农民的培育,构建具有地方特色的农业职业教育体系。

正是在这样的大背景下,由湖州市和浙江大学市校共建的全国第一所地市级农民学院——湖州农民学院成立,为解决农民缺技术、农业缺经营、农村缺社会治理和服务的问题探索了一条有效途径,这种创新的做法和经验在浙江省得到了推广。

湖州农民学院经过几年的探索发展，形成了特色鲜明、卓有成效的新型职业农民培育办法和经验。目前，湖州农民学院已经建立起了一支"高校院所专家＋农民学院教师＋本地农技人员＋创业成功人士"相结合的"四位一体"的专家教师队伍，形成了"农技推广专业硕士教育（浙江大学）＋高职、本科教育（湖州农民学院）＋中等职业教育（现代农业技术学校）＋普训式教育（农民创业大讲堂、农业实用技术培训）"相结合的"四位一体"人才梯度培养结构，以及"学历＋技能＋创业＋文明素养"的农民大学生培养模式。

2.创新农推硕士联合培养模式

农推硕士联合培养模式，是湖州农技研发与推广人才培育的一大创新。培养目标是满足湖州现代农业发展的需要，培养针对新农村建设的领军型、高端型、实用型人才。这一模式是湖州市对培育现代农业高端领军型人才的探索与尝试，也是湖州市第一个主要面向大学生"村官"和农村基层一线工作者提升专业水平和学历层次的硕士学位教育班。

2014年，湖州市被农业部确定为新型职业农民培育整市推进的试点，在浙江省尚属唯一。根据湖州市农民培训工作基础和产业发展要求，以浙江大学为技术依托，农推联盟首席专家为主要师资力量，湖州农民学院为教学主体，农村职成教学校共同参与为组织架构，以理论学习与基地培养紧密结合为培养模式，逐步建立教育培训师资库和导师制度，并在系统教育培训基础上开展一对一教学指导和跟踪服务，其主要目标是围绕打造生产经营型、专业技能型、生产服务型、主体创业型四支新型职业农民队伍，采取现有农业生产经营主体认定一批、大中专毕业生引导一批、青壮年劳动者培训一批、初高中毕业生培养一批等"四个一批"的方法，加快推进新型职业农民培育，努力形成一支数量充足、结构合理、素质良好的新型职业农民队伍，到2018年力争全市持证职业农民达到10000人以上。

二、培育经营主体创新创业氛围

1.农民大学生创业基地成为农村创业平台

随着我国工业化、城镇化的加快发展，农户群体快速分化，出现了种养大户、科技示范户、经营和服务型农户、半工半农型农户和非农产业农户等，相应的农民也快速地职业化，出现了产业工人、专业技能人员、社会服务型人员、家庭农场主等。培育新型职业农民，确保能有相当一部分高素质农民留在农村以农业为职业，是破解今后"谁来种地"和"如何种好地"难题的制度性变革。

湖州市依托湖州农民学院，以国家现代农业示范区建设为抓手，紧紧依托本地产业特色，突出重点强主体，整合资源做加法，积极探索符合实际、行之有效的新型职业农民培育之路。通过提升湖州新型职业农民的素质,来激发创业热情,着力破解"谁来种地""如何种好地"的难题。现湖州农民大学生已成为湖州农村创新创业的主体力量。农民大学生创业基地是搭建农民大学生创业实践、促进农技推广落地、激发农村内生力量的有效平台,是"1＋1＋N"产业联盟的重要载体。2011年,湖州农民大学生创业基地正式挂牌。农民大学生创业基地是由湖州市农办和湖州农民学院共同确立的农民大学生创业实践平台与创业培育基地,经营主体为湖州农民学院大学生。农民大学生在读期间,农民学院组织"省、市、校、乡;农、科、教、技"四级专家教授对其开展指导,并对其经营的基地给予政策扶持。

湖州农民学院大学生费明锋合作社的湖羊年存栏已达2.3万头,总资产达100余万元,拥有吴兴兴丰湖羊羊场、吴兴明锋湖羊专业合作社、生态循环农业示范基地和湖羊屠宰加工场等一条龙生产加工基地,同时带动了周边500农户致富。

2.强化家庭农场典型示范带动作用

政府在培育新型经营主体创业上,以家庭农场为抓手,通过政策扶持、示范引导以及完善服务积极稳妥地推进家庭农场创业创新,重点是扶持种养结合、生态循环示范性家庭农场。湖州市不仅出台了《创新主体培育机制,推进生态循环家庭农场发展的实施方案》,还出台政策规定家庭农场发展生态循环农业的,给予专项资金扶持,如:家庭农场湖羊年存栏100头以上或生猪年存栏500头以上,配套种养面积100亩以上进行资源循环利用的,给予5万元奖励;对应用稻鳖共生、鱼(虾)菜种养结合等生态循环模式3年以上,规模50亩以上的,给予5万元奖励。

在《创新主体培育机制,推进生态循环家庭农场发展的实施方案》中,湖州市政府积极引导农场从业人员成为新型职业农民,要求市级示范性家庭农场主必须取得新型职业农民资格证书,并且家庭农场的技术人员中新型职业农民占比须达50%以上,引导农场主成为有文化、懂技术、会经营的符合现代农业要求的新农民。

此外,湖州市政府大力支持新型职业农民创办家庭农场。对现代职业农民兴办家庭农场,在土地流转、技术支持、政策支持等方面给予重点倾斜,并按项目管理要求,给予资金扶持。在符合规划要求前提下,新型职业农民新建家庭农场,在粮食生产功能区内新发展粮食规模经营,面积100亩以上且流转期限在5年以上的,连续两年按每亩100元标准给予粮食生产奖励;发展设施农业,新建标准钢管大棚设施面积在10亩至30亩的,参照省有关政策,按每亩不超过5000元给予补助。

在家庭农场培育中,湖州市政府充分发挥基层农业公共服务中心和"1＋

1+N"农推联盟的作用,建立农推联盟、基层责任农技员联系家庭农场的制度,积极主动地为家庭农场提供技术培训、技术指导和现场服务,积极提供政策咨询和市场信息,帮助家庭农场经营人员参加职业技能鉴定,不断提高家庭农场经营人员职业技能和经营管理能力。

现代农业产学研联盟在培育核心示范基地时,把家庭农场作为今后一个时期的重要任务来抓,鼓励家庭农场主动"触电"。大力推进"互联网+农业"行动,积极开展农业生产物联网基地建设,推进"机器换人"计划,利用物联网技术和人工智能技术创造农产品生长的最佳环境,实现农业生产智能化控制,使家庭农场节约大量人力;通过抓主体培训、平台对接、信息引导、试点示范,搭建农产品产销对接的平台,创新对接模式和机制,让产销双方通过面对面交流的方式,相互了解沟通、优势互补,积极引导家庭农场发展电子商务业务。

第六章　新型农业技术推广模式的成效

2006 年 5 月，在浙江省委、省政府的支持下，湖州市和浙江大学"市校共建"省级社会主义新农村实验示范区。这是当时浙江省乃至全国范围内建立的第一个以推进农村全面建设为目标的校地合作示范区。根据协议，双方在湖州实施"1381 行动"计划，即建设一个省级社会主义新农村实验示范区；构筑科技创新服务平台，人才支撑平台，体制机制创新平台等"三个平台"；实施产业发展工程、村镇规划建设工程、基础设施工程、生态环境工程、公共服务工程、素质提升工程、社会保障工程、城乡综合改革工程等八大工程；围绕新农村建设，搞好一百项重点建设项目。在市校共建的第一个五年，农村经济快速发展、农村面貌焕然一新、农民生活显著改善，形成了新农村建设的"湖州模式"，打响了美丽乡村建设品牌，走在了全省前列。

2011 年，湖州市和浙江大学签署"新 1381 行动"计划，围绕把湖州建成全省美丽乡村示范市这一目标，重点提升科技孵化辐射、人才智力支撑、体制机制创新三大平台，全力实施产业发展、规划建设、生态环境、公共服务、素质提升、平安和谐、综合改革、党建保障等八大工程。

10 年来，"市校合作"紧紧围绕社会主义新农村、美丽乡村、生态文明先行示范区建设，以"三农"为抓手，积极探索政府主导、市场化运用的农科教政产学研一体的校地合作长效机制。其中"1＋1＋N"产业联盟——湖州新型的农推模式，就是市校合作 10 年的一个重要成果体现。

"1＋1＋N"产业联盟，为湖州美丽乡村建设、生态文明先行示范区建设、基本实现农业现代化，起到了极为重要的作用；同时也对浙江大学进一步提升服务社会功能找到了一条切实可行的路径。

第一节　全面提升湖州农业现代化水平

　　判断一项改革的好坏优劣,关键的一项标准是看这项改革是否取得了预期的效果。判断"1＋1＋N"产业联盟的成效,首先必须确立评估维度。构建湖州"1＋1＋N"联盟运行绩效评价指标体系是进行综合评价的基础,评价指标的选取是否适宜,将直接影响综合评价的准确性。国外学者Bonaccorsi和Piccaluga(1994)最早研究了产学研合作的评价问题,认为对绩效的客观测度指标有新产品数量、研究者数量、出版物数量、专利数量等,配合客观测度还有主观的测度。Zahra和George(2002)采用4个度量指标:专利数、投入市场的新产品数、研发中的新产品数和净利润率,以此来评价产学研合作的绩效。这些均可以用来作为农技推广绩效测评的手段。湖州学者根据十大产业联盟运行现状和服务主体的真实诉求,从技术、经济、服务和满意度四大方面构建联盟运行绩效评价体系(刘金荣,2013)。

　　这些评价指标体系,并不完全适合"1＋1＋N"产业联盟的绩效评估,因为其忽视了"1＋1＋N"产业联盟的特殊性。"1＋1＋N"产业联盟是湖州市与浙江大学合作共建的产物,是围绕提升湖州现代农业综合水平目标。在维度设计时,必须从湖州市和浙江大学两个维度出发,必须考虑农业现代化的评价指标体系。所以,本课题参照浙江省农业现代化建设综合评价指标体系,以湖州市和浙江大学两个维度作为基点,把湖州率先基本实现农业现代化、浙江大学进一步强化社会服务功能和提升政府治理能力现代化水平作为三个一级指标,对"1＋1＋N"产业联盟所取得的成绩进行分析和评价。

　　湖州新型农业技术推广体系创新试点以来,为湖州市现代农业发展提供科技支撑、人才保证和技术服务,提高了农业综合竞争力,实现了农村发展、农业增效、农民增收。

一、湖州率先基本实现农业现代化

　　自市校共建社会主义新农村实验示范区以来,湖州农业现代化综合水平得到提升,湖州已率先基本实现农业现代化,走出了一条具有湖州特色的现代农业发展之路,努力打造成为长三角地区绿色农产品供应基地、都市型现代农业品质高地、休闲农业与乡村旅游首选之地。

　　1.农业现代化综合得分位居前列

　　2012年,湖州被农业部认定为第二批国家现代农业示范区。2013年,在农业部测评中,湖州以综合考评 77 分的高分,一举成为继江苏无锡之后,全国第二个进入基本实现农业现代化的地市级国家现代农业示范区。农业部发布《2014 年国家现代农业示范区建设水平监测评价报告》,结果显示 2013 年度全国有 20 个国家现代农业示范区迈入基本实现农业现代化阶段,湖州市位列其中,且湖州市国家现代农业示范区建设水平综合得分为 77.09 分,超过农业现代化基本实现阶段 2.09 分。

2014 年,在浙江省农业厅发布的《2014 年度浙江省农业现代化发展水平综合评价报告》,湖州市农业现代化发展水平综合得分达到了 85.43 分,比 2013 年度提高了 2.6 分,继续位列浙江省 11 个地市的首位,领跑全省农业现代化建设进程。同时,德清县农业现代化发展水平综合评价得分 86.40 分,超出浙江省农业现代化发展水平综合得分 8.8 分,位列全省 82 个县(市、区)第一位,湖州五县(区)全部进入前 20 位。

同时,在农业部国家现代农业示范区建设水平监测评价中,湖州市 2014 年度国家现代农业示范区建设水平综合得分 78.39 分,超农业现代化基本实现阶段 3.39 分,已经率先迈入基本实现农业现代化阶段。

2015 年度,湖州市以综合得分 87.53 分的成绩再次夺得全省农业现代化发展水平综合得分第一,实现"三连冠",农业现代化发展水平继续领跑全省。与此同时,德清县农业现代化发展水平综合评价得分 86.40 分,蝉联全省各县(市、区)第一,五县(区)综合评价得分均在 83 分以上,全部进入全省前 20 位,跨入全省农业现代化发展的"排头兵"行列。骄人成绩的取得,离不开农推广联盟专家孜孜不倦的努力与赶超发展的步伐。

2. 农民人均纯收入逐年上升

市校合作共建以来,湖州农民人均纯收入逐年上升,幸福感不断提升。2006 年,湖州全市实现农林牧渔业总产值 113.70 亿元,增长 7.2%;农业增加值 65.1 亿元,增长 4.4%;农民人均纯收入 8333 元,增长 14.3%;农民人均生活消费支出 5327 元,增长 10.5%。2007 年,湖州市全市农林牧渔业总产值 128.84 亿元,同比增长 13.32%;实现农业增加值 73.29 亿元,同比增长 12.58%;农民人均纯收入 9536 元,同比增长 14.44%。2008 年,湖州市全市农林牧渔业总产值 144.45 亿元,同比增长 12.12%;实现农业增加值 76 亿元,同比增长 3.70%;农民人均纯收入首次突破万元大关,达到 10751 元,同比增长 12.74%。2009 年,湖州市全市农林牧渔业总产值 153.09 亿元,同比增长 5.98%;农民人均纯收入达到 11745 元,同比增长 9.25%。2010 年,湖州市全市农林牧渔业总产值 176.90 亿元,同比增长 15.55%;实现农业增加值 82.65 亿元,同比增长 20.7%;农民人均纯收入达到 13288 元,同比增长 13.14%。如果将 2010 年的农民人均纯收入与 2005 年的 7288 元相比,农民人均纯收入增长了 82.33%。

2011 年,全市农林牧副渔总产值 198.36 亿元,比上年增长 12.13%;农村居民人均纯收入从 2005 年的 7288 元提高到 15381 元。

2015 年,湖州市实现农业增加值 122.60 亿元,农村居民人均可支配收入达 24410 元,分别同比增长 1.7%和 9%。

2016 年,湖州市农村居民人均可支配收入达到 26508 元。

湖州农民人均纯收入逐年上升,幸福感不断提高,离不开农业科技的支撑,离不开农业转型升级。

3.城乡收入比例逐年下降

2006 年,市校合作共建省级社会主义新农村建设示范区,并实施社会主义新农村建设的"湖州模式"以来,城乡收入差距逐步减少,城乡收入比也开始逐步回落。2010 年,城乡居民收入差异下降到 1.94∶1。2011 年,城乡居民收入比缩小到 1.91∶1。

农村居民收入增速逐年高于城镇居民,城乡统筹得到进一步推进。2015 年,城乡收入比由 2014 年的 1.74∶1 缩小至 1.73∶1。

4.农业产业结构明显优化

2006 年,湖州农业产业比较分散,规模也不大。除毛竹和水稻外,大部分产业生产规模只有 10 万亩左右,可谓"样样有一点,样样只有一点点",市场份额占绝对优势的不多,有龙头企业却无原料生产基地,在很大程度上制约了农业产业化经营的推进。农产品生产基地比较小,成规模的很少,千家万户的分散经营,很难形成规模效益,这在一定程度上影响了生态农业中物质、能量和信息的多级转化利用,使生态农业只能局限于小生产的循环中,影响了生态农业整体综合效益的提高。市校共建省级社会主义新农村示范区以来,2007 年,区域化农业生产布局基本形成,建设了竹笋、特种水产、干鲜果、优质瓜类、"双低"油菜等五大生产区及沿 104 国道早园笋和沿南太湖名优蔬菜两大特色产业带。畜禽养殖业平均每年递增 10%以上,农业产业结构快速优化。全市建成规模化农业园区超过 200 个,有一定规模的休闲观光农业园区超过 30 个。

近年来,在农业科技的有力支撑下,湖州市紧紧围绕"4231 产业培育计划",加快推进农业产业结构优化调整,着力推进农业产业转型升级。

2014 年,全市特种水产、蔬菜、茶叶、水果、畜牧五大特色优势产业产值 160.88 亿元,占农业总产值的 80.1%;休闲农业与乡村旅游人数突破 1000 万人次,产值达 10.9 亿元。

2015 年,特种水产、蔬菜、茶叶、水果四大优势产业种养面积达到 189.39 万亩,产量 139.37 万吨,比 2010 年分别增长 12.1%、3.2%。特种水产、蔬菜、茶叶、水果、畜牧、竹笋、花卉苗木七大特色优势产业产值达到 160.88 亿元,占农业总产值的 80.1％,分别比 2010 年增长 9.2％、4.5％。

2015 年,湖州全市全年粮食播种面积 142.3 万亩,总产达 67 万吨;蔬菜面积 56.4 万亩,总产 87.64 万吨;茶园面积 35.4 万亩,茶叶总量 1.27 万吨;果园面积 23.6 万亩,水果总产量 15.96 万吨;全市水产养殖总面积 76.79 万亩,总产量 35.3 万吨;全年饲养生猪 151.47 万头、家禽 5119.8 万羽,肉类总产量 13 万吨。特种水产、蔬菜、茶叶、水果、畜牧五大特色优势产业产值达到 153.29 亿元,占农业总产值的 71.83％。现有全国休闲农业与乡村旅游示范县 3 个,国家级休闲观光农业示范点 5 个,全市休闲观光旅游人数超过 2600 万人次,收入达 45 亿元。

5. 农业生产条件不断提高

园区建在哪儿,产业联盟就推广到哪儿。"两区"成了产业联盟的重要载体。

围绕农业两区"三通二平二化"的建设要求,湖州市不断加大农业投入,大力提升基础设施建设,农业生产条件进一步改善。截至 2015 年年底,湖州全市累计建成粮食生产功能区 70.09 万亩,现代农业园区产业区块 66.47 万亩;其中省级粮食生产功能区、现代农业综合区、主导产业示范区和农业特色精品园累计分别达到 30 个、11 个、29 个、63 个,占浙江省的比重均在 10％以上。

作为浙江省第一个新农村建设体制创新试验区,吴兴区八里店南片坚持"农业资源向规模经营集中、农村工业向功能园区集中、农民居住向新型社区集中",形成了"生产能力强、经营体系新、科技水平高"的新农村建设新模式。八里店南片现已成为"1＋1＋N"产业联盟加快农业科技试验、示范、推广和产业集群建设,优化农业结构,拓展农业功能的重要平台。八里店南片现已形成瓜果蔬菜、特种水产、功能稻谷等 3 个万亩现代农业主导产业示范园;累计建成设施农业面积 41.48 万亩,农业物联网试验示范基地 27 个,农机总动力达到 168.47 万千瓦,主要农作物耕种收综合机械化水平达到 80.39％。

6. 农产品竞争力进一步提高

2011 年,浙江省农业厅新认定 40 个农产品为 2011 年浙江名牌农产品,湖州市湖州南浔善琏建旺禽业专业合作社"卓旺"鸭、鸭蛋,浙江杨墩生态休闲农庄有限公司"崔大姐"鲜食葡萄,安吉县正新牧业有限公司"申农"生猪、猪肉,湖州吴兴野田粮油加工厂"南潘田"大米等 4 个产品名列其中。同时,浙江新市油脂股份有限公司"如意"菜籽油、浙江华金康工贸有限公司"华鑫康"大米两个浙江名牌农产品通过复评。2015 年,湖州丁莲芳食品有限公司的"丁莲芳牌卤汁凤爪"、长兴意蜂蜂种场的"汝民牌蜂王浆"和湖州谷润粮油经贸有限公司的"福莱旺牌菜籽油"3 个品牌入选。至此,湖州市共有浙江名牌农产品 21 个。

全市"三品"基地有效面积达 140 万亩,无公害农产品 770 个、绿色农产品

186个。

产业联盟积极参与农产品品牌的创建,湖州湖羊、长兴紫笋茶、长兴吊瓜子、太湖鹅、安吉白茶等成为国家地理标志,进一步提升了湖州农产品的竞争力。

二、新型经营主体融合发展

"1+1+N"产学研联盟的基础是农村经营主体,只有夯实塔基,才能真正做到农业科技创新落地,才能惠民。中央提出,着力构建现代农业产业体系、生产体系、经营体系。而在三大体系中,经营体系处于支撑地位,当前又是短板。与产业体系、生产体系不同,经营体系的构建,既涉及生产力的提高,更涉及生产关系的调整。在农业实践中,须积极培育壮大新型农业经营主体,加快建立集约化、专业化、组织化、社会化相结合的农业经营体系。

1. 家庭农场发展迅速

联盟建在产业上,而家庭农场又是最符合当前农民创新创业、促进农业转型升级的平台。湖州市高度重视发展新型农业经营主体,采取多种措施,促进家庭农场快速发展。截至2015年年底,全市共有经工商注册登记的家庭农场1010家,其中54家被认定为首批省级示范性家庭农场。家庭农场经营土地面积10.2万亩,年销售农产品总值6.82亿元。经营项目涵盖粮油、水产、蔬菜、水果、花卉苗木、畜禽等农业主导产业。与农民合作社、农业龙头企业不同,大多数家庭农场更多地集中在生产环节,直接从事农业生产经营。现代农业产学研联盟针对这一情况,不仅把家庭农场作为科研成果转化的基地,而且帮助家庭农场拓展功能。十大产业联盟核心示范基地,把培育家庭农场作为近年来一项重要工作来建设。如粮油产业联盟核心示范基地中有南浔双林浔新水稻种植家庭农场、长兴叶玉家庭农场;花卉苗木产业联盟重点基地中有南浔恒越家庭农场;水果产业联盟核心示范基地中有长兴安信家庭农场;水产产业联盟核心基地中有创盈家庭农场、双林巨德家庭农场、德清禹越林英家庭农场、德清双根家庭农场等;蔬菜产业联盟核心示范基地中有南浔国鑫家庭农场、黄通家庭农场、金荣家庭农场等;畜禽产业联盟示范基地中有南浔新联家庭农场、吴兴双福家庭农场、吴兴新卫家庭农场等。

2. 农业龙头企业提质

2006年,全市销售收入在5000万元以上的农业龙头企业不到50家,其中1亿元以上的只有14家。60%以上的龙头企业年销售收入在1000万元以下。产品大规模进入国际市场和大中城市超市的农业龙头企业不到总数的15%。主导产品被评为省级以上名牌和著名商标的还不到10%。发展到2014年,湖州全市年销售收入5000万元以上、亿元以上的农业龙头企业累计分别达到12

家、11家。截至2015年年底,全市以农产品加工为主的农业龙头企业达1558家,其中市级农业龙头企业200家、省级34家、国家级5家,湖州老恒和、长兴茶乾坤、安吉永裕竹业成功挂牌上市。

3.农民合作社蓬勃发展

2005年,全市各类农村专业合作社272家,会员386户,农民组织化程度还不高,而且运行不规范,合作机制脆弱,与农民利益联系不直接。

近年来,农民合作社蓬勃发展,农民对合作社的合作内容、合作领域、合作方式的需求呈现多元化,农民合作社的形式也日益多样。有承包土地经营权入股的土地股份合作社,有集体资产折股量化的社区股份合作社,还有农民以房屋等入股组建的物业合作社等。

2015年年底,湖州农民专业合作社达1840家,其中市级示范性农民专业合作社117家、省级示范性农民专业合作社71家、国家级示范性农民专业合作社71家。

构建现代农业经营体系,培育多元经营主体是基础,促进融合发展是关键。要推动各主体之间融合发展,通过资源共享、优势互补,实现农业生产要素在更大范围的优化配置。

三、通过要素集聚加快构建现代农业产业体系

通过新型农技推广体系的紧密联结机制,把农技推广服务的公益性和科研成果转化对效率、效益的追求有机结合起来,充分发挥政府、高校、科研院所以及经营主体的多方积极性,充分发挥农业生产主体作为技术应用的主体作用,加快农业科研成果转化效率。以联盟覆盖园区为抓手,推动现代农业产业集群化发展;以联盟横向合作为突破口,推动产业跨二连三。

1."三新"引进推广步伐进一步加快,提质增效更明显

自"1+1+N"型的产业联盟正式成立以来,新型农技研推体系在引进新品种、转化新技术、推广新模式方面发挥了巨大作用,有效加快农业科技研发成果的及时转化。

截至2015年年底,联盟共引进新品种、新技术786项。如粮油产业联盟先后引进"甬优538""春优84""嘉优5号""浙优18""绍粳18"等超高产杂交粳稻新品种和"南粳5055""南粳46""嘉58"等优质米新品种,其中引进的高产晚粳稻新品种"绍粳18"在长兴县虹星桥镇进行试验推广,建立了平均亩产750公斤的示范方和800公斤的高产攻关田,"春优84""甬优538""浙优50"等10多个品种推广面积超过了全市面积的10%;蔬菜产业联盟先后引进"UC308"芦笋、"耐热先锋F1"黄瓜、"澳立青"莴笋、"丰田65天"松花菜、"黄妃"樱桃番茄等蔬菜新品种;水果联盟引进了枣油桃、柑橘、甜樱桃、葡萄新品种50个;花卉苗木

联盟引进珍贵苗木品种 33 个，月季品种 14 个，樱花品种 6 个；水产联盟协助湖州织里恒鑫水产养殖专业合作社引进长江 1 号河蟹新品种，养殖面积 45 亩，亩产值 13000 元。

联盟推广应用新技术（新模式、新创意等）201 项。如畜禽产业联盟充分结合湖州市"五水共治"和"生猪双控"工作，推广"猪—沼—渔、稻、蔬"生态循环模式，使生猪排泄污染物治理率达到 100％，对接消纳率达到 98％；积极推行的"芦笋秸秆—羊—肥"循环模式，不仅每吨芦笋茎叶可以满足 1 只成年湖羊年粗饲料的 60％，而且羊粪做成的优质有机肥解决了芦笋基地每年 50％的用肥量，芦笋每亩增收 400～500 元。花卉苗木产业联盟推广的"容器育苗技术"应用在 8 个品种 20 个工程项目上。茶叶联盟推广了名优茶连续化生产技术，已在全市 10 家茶企建立了 12 条自动化连续生产流水线，2015 年加工量 296 吨，产值 3.2 亿元，实现量增质优提，并且有 10 家茶厂被授予了浙江省标准化示范茶厂，承办了《全省名茶连续化自动化加工生产线应用与示范》现场会；蔬菜联盟推广了蔬菜水肥一体技术和速生叶菜、草莓、西瓜等优质安全栽培技术。笋竹联盟推广了毛竹林覆盖技术，在吴兴区和长兴县进行示范，2015 年推广示范面积 349 亩，平均亩产竹笋 1.38 吨，平均亩产值 1.58 万元，扣除成本，每亩净收入达 6000～9800 元，取得了显著的经济效益。花卉苗木联盟推广"容器育苗技术"，在安吉林峰寺林场、长兴花木基地、德清阳光花木基地等建立了优质容器苗生产示范点。

同时，联盟根据湖州市现代农业发展的趋势和试验研究，遴选合适的新品种、新技术推荐纳入湖州市农业主导品种和主推技术，在联盟引进、示范、推广新品种、新技术或新模式中有 190 余项被遴选为全市主导品种和主推技术。

2. 基地和品牌建设进一步推进，示范效应更突出

截至 2015 年年底，联盟共建立了 100 家核心示范基地。粮油联盟在南浔区大虹桥粮食生产功能区和善琏镇港南村建立了水稻生态工程示范基地，通过稻田养鸭，种植景观向日葵、芝麻、大豆等蜜源植物，运用生态调控、理化诱控、生物防控，优化集成农药应用技术，营造良好生态环境，减少农药使用，保障稻米质量安全。蔬菜联盟服务主体吴兴金农生态农业有限公司引进示范"蔬菜集约化育苗技术""设施瓜果蔬菜优质高效栽培模式""测土配方施肥及肥水一体化技术""病虫害绿色综合防控技术"等技术，蔬菜瓜果产品质量、效益显著提高，其中樱桃番茄新品种"黄妃"亩产值在 3.6 万元以上，哈密瓜亩产值在 4 万元以上，并服务吴兴区 23 家蔬菜瓜果生产主体。蚕桑联盟在湖东蚕桑专业合作社和东林星敏蚕桑专业合作社开展新品种培育，共生产雄蚕杂交种 15000 多张和普通杂交种 17000 多张，产值达 215 万元。畜禽联盟在长兴永盛牧业有限公司、湖州紫丰农业生态有限公司建立了农业废弃物综合利用关键技术示范基

地,既解决了稻草、芦笋茎叶、玉米秸秆等农业废弃物的污染问题,又解决了规模化羊场粗饲料短缺问题,实现区域内种植业、湖羊养殖业协调持续发展,社会经济效益显著。

全市品牌建设也有明显突破,如茶叶联盟示范基地安吉溪龙黄杜乐平茶场的"溪龙仙子"品牌入选全国百个优质农产品品牌,"龙王山牌安吉白茶"荣获2015年浙江农业博览会优质产品金奖,峰禾安吉白茶荣获第三届中国茶叶博览会优秀品牌。蔬菜联盟示范基地虹乡香牌"小兰"西瓜、依亿情牌"玉姑"甜瓜、品康源牌"蜜天下"甜瓜和金农之星牌"古拉巴"甜瓜等4个产品获得全省精品西瓜甜瓜评选活动金奖,长兴"许长"牌芦笋获得全省精品果蔬展销会金奖。水果联盟示范基地长兴城山沟"城山沟"牌水蜜桃、三生农业科技有限公司"浙北三生"牌葡萄、安吉冰露蓝莓专业合作社"可可蓝"牌蓝莓获浙江省精品果蔬展金奖。

这些核心示范基地的创建和品牌建设,能更好发挥示范基地的辐射带动作用,提升了全市农业产业化水平,对调整农业产业结构和推动转型升级有很大的促进作用。

3.科研项目实施力度进一步加大,农业科技支撑能力提升更明显

以项目实施为纽带的资源整合机制,使新型农技研发与推广体系的成果转化更具操作性。湖州市专门设立市校合作专项补助资金,调动农业企业的主体参与积极性,结合产业培育计划,积极与高校、科研院所开展农业科研技术的试验、转化、推广项目的合作,合作开展产业发展核心技术、关键技术的项目攻关,联合现代农业企业开展科技集成创新项目指导性合作,有效促进了财政投入、部门资源、企业主体和高校资源的有效整合和优化配置,实现了农业科研、成果转化运用、农技推广服务、企业创新发展的共赢,以及服务效率和经济效益的同步提高。

截至2015年年底,联盟共参与、实施市级以上科技项目248项,其他科技项目40余项。蔬菜联盟在湖州吴兴金农生态农业发展有限公司、浙江愚公生态农业发展有限公司实施了浙江省三农六方项目"夏秋季速生叶菜适栽品种筛选及轻简化技术集成与示范"、浙江省"十二五"重大育种专项"甜瓜新品种选育"等项目,畜禽联盟在南浔菱湖精鑫生态生猪饲养场实施了省科技厅项目"南太湖流域规模猪场生猪粪污无害化综合治理技术集成示范",蚕桑联盟在德清东庆蚕种公司实施了农业部现代产业技术体系项目"家蚕微粒子病防控技术",水产产业联盟实施了"泥鳅大规格苗种培育关键技术的研究",花卉苗木产业联盟在长兴实施了团队科技特派员项目"香樟特异种质发掘与残次林改造",笋竹产业联盟实施的"毛竹秋冬季出笋高效培育关键技术研究"获浙江省科技进步二等奖。由浙江大学承担的国家科技支撑项目"东南沿海地区大学农技推广技

术集成与示范"主体内容在湖州实施,极大地促进了先进科学技术的推广和科研成果在湖州的转化应用。

为推动湖州现代农业科技创新,联盟还积极申报市农业公益类项目。2015年,浙江大学湖州市南太湖现代农业科技推广中心共申报湖州市农业公益类项目5个,包括休闲观光联盟的《湖州市"五水共治"配套项目——以菱治水和发展菱产业示范研究》、蔬菜联盟的《夏秋高温酷暑期速生叶菜品种筛选及关键技术集成示范》、畜禽联盟的《生猪抗病毒生物制剂的研制与应用示范》、水产联盟的《工厂化循环水甲鱼养殖新技术研究开发与示范》、笋竹联盟的《竹林食用菌的生态经营模式研究与应用》。

在农业科技创新团队培育方面,联盟择优组建了特色养殖种业、低碳循环渔业、农业生物质循环利用等3个农业科技创新团队。特色养殖种业创新团队已设计了代乳料专用配方2个,初步确定湖羊专用预混料的配方、配制技术和加工工艺;低碳循环渔业创新团队研究和规范了鳖稻共作生态种养结合模式,在安吉、德清、南浔等地推广3000余亩;农业生物资循环利用团队系统研究了桑葚和桑葚酒的营养成分,通过紫外线 UV-C 照射提高桑葚白藜芦醇、发酵中添加桑葚果皮和生物酶等方法,提高了桑葚酒中白藜芦醇、花青素等营养成分。

4. 以联盟覆盖园区为抓手,推动现代农业产业集群化发展

新型农技研发与推广体系通过优化产业结构、提升科技应用、健全推广服务、推动主体创新,加快了现代农业园区建设,提高了产业集群化发展,向科技要效益、提高土地产出率。湖州市提出了"园区建到哪里,联盟覆盖到哪里"的思路,通过"1+1+N"产业联盟对农业园区的技术渗透,使"农科教技、政产学研"一体化的新型农技研发与推广体系实现了对现代农业园区和粮食生产功能区的广泛覆盖;加上政策和服务等资源在这个平台中的集中投放,加快了农业科研成果的转化运用、现代农业经营主体培育和农业主导产业的集聚发展。

截至2015年年底,全市累计建成粮食生产功能区70.09万亩,现代农业园区产业区块66.47万亩。其中省级粮食生产功能区、现代农业综合区、主导产业示范区和农业特色精品园累计分别达到30个、11个、29个、63个,占全省的比重均在10%以上。为加快推进基层农业公共服务中心建设,全市建成省级农业公共服务中心58个,实现了涉农乡镇全覆盖。累计建成设施农业面积41.48万亩,农业物联网试验示范基地27个,农机总动力达到168.47万千瓦,主要农作物耕种收综合机械化水平达到80.39%。新型农推联盟通过一个主导产业联盟或多个相关产业联盟的形式对以上园区进行全部覆盖。湖州吴兴区2013年被确定为国家农业综合开发实验区,新型农推联盟充分发挥技术、科研和创新团队的特色优势,参与吴兴区农业综合开发建设。与此同时,新型农推联盟深入粮食生产功能区,推进农业耕作技术升级,根据资源承载能力和配置效率,合

理指导当地确定生产力布局,通过提供技术支持,优化区域布局、作物结构和品种结构,充分挖掘资源、品种和技术的促增产潜能,提高土地产出率,推动现代农业科学高效发展。

5. 以产业联盟横向合作为突破口,推动产业"接二连三"

湖州市以相关产业联盟间的横向合作为突破口,发展农牧结合、农林结合、林牧结合、农渔结合、生态循环等新型种养模式,以联盟专家团队为技术支撑,以"稻鳖共生""桑基鱼塘""油基鱼塘""稻鸭共育"等项目为载体,加强"两区"内大农业产业内部融合发展,引导新型农推联盟向生产性和服务性相结合、公益性服务与经营性服务相结合转变,由生产环节服务向产前产后服务延伸,技术推广服务向品质创优、品种创强、品牌创新拓展,在提高产业组织化程度中拓展赢利空间,在拉长产业链中提升农业附加值,形成农业生产环节的融合。通过农推联盟之间的横向合作和联合攻关,加速带动农村三次产业间融合发展,通过休闲观光农业产业联盟,县区休闲农业、乡村旅游、文化创意、休闲观光等分联盟与其他相关产业联盟在新型农技研推体系下的互动融合,加快了现代农业与服务业,特别是与文化创意产业的融合发展。通过跨产业各联盟之间的紧密合作,积极推进湖州市农业"两区"建设、"美丽乡村"建设与农家乐休闲旅游示范区建设同步规划设计,加快发展集农业生产、农事体验、农事节庆、休闲旅游为一体的休闲观光农业,实现新农村三次产业融合发展,现代农业"跨一进三、接二连三"的融合式发展。

6. 扎实推进现代种业发展,科技创新引领作用更突出

种业是重要的基础性、战略性产业,是保障粮食安全、主要农产品有效供给和建设现代农业的核心产业。产业联盟专家始终把大力发展现代种业作为农技推广研发与推广的重中之重,扎实推进现代种业发展,对湖州市特色种质资源进行保护,加快种业创新平台建设,打造一批种子繁育基地和育苗中心,加快特色品种示范推广,重点在农业"两区"中展示示范,着力提升育繁推一体化水平和良种覆盖率。

2014 年,湖州市决定在全市实施十大现代种业工程建设(湖农发〔2014〕41号),重点聚焦在粮油、蔬菜、茶叶、水果、蚕桑、禽、畜、龟鳖类、鱼类和虾蟹类十大产业,建立粮油良种繁育生产基地、蔬菜种子种苗生产基地、种质资源库和繁育基地、浙北水果苗木引繁中心、优质良种桑苗引繁基地、太湖鹅种禽基地、湖羊种子基地、龟鳖良种繁育生产基地、名优水产苗种繁育基地和罗氏沼虾良种生产基地。各实施单位和承担主体要密切配合、通力协作,依托联盟专家团队的技术力量,抓好种业工程的建设;合力组织开展技术攻关,着力解决种业发展中的技术难题,力求在十大种业发展上取得新的突破。

四、产学研联盟自身建设不断完善

大力推进农业科技创新,不断强化农业科技支撑能力。深化省级农技研发与推广体制机制创新试点,不断完善独具湖州特色的"1＋1＋N"农推联盟。

1. 产业联盟体系建设不断完善

联盟体系建设不断完善。联盟自建立以来,边实践边总结边完善,按照规范、有序、高效的要求,不断调整和理顺联盟组织结构,加强协调指导,统一规范湖州全市产业联盟管理,制定了《浙江大学湖州市现代农业主导产业联盟专家团队工作制度》和《浙江大学湖州市现代农业产学研联盟十大主导产业联盟专家组工作目标考核办法》,明确了分工合作、例会交流、重大活动报告等多项工作制度;建立联盟专家组组长负责制,制定专家岗位目标责任考评制度,明确了工作目标、量化指标、考核程序和奖励办法。这些制度的建立,推动了联盟常态化、规范化管理,有效地调动了各方专家、技术人员的积极性、能动性和创造性,确保了联盟工作的有序开展,使联盟建设实现了量的增长和质的提升,服务功能大大增强。逐步形成了发展目标明确、组织机构健全、管理层次清晰、工作制度严明、科技支撑有效和服务对象广泛的"1＋1＋N"的农技推广新模式。

联盟对主导产业实现了全覆盖。截至 2015 年 12 月底,已组建市级产业联盟 10 个、县区产业分联盟 50 个,聘请了包括浙江大学、浙江农林大学、浙江工商大学、中国农科院、浙江省农科院、浙江省林科院、浙江省淡水水产研究所、浙江省农业厅农技推广中心、浙江省水产推广总站、浙江省畜牧推广总站等 11 家省内外高校科研院所专家 111 名,联盟还选聘市县区乡本地农技人员 227 名组成本地农技推广小组,直接联结规模化农业企业、示范性农业专业合作社、种养大户等经营主体 1289 家,实现了县区分联盟对本地主导产业的全覆盖。

联盟对农业公共服务中心实现全覆盖。联盟专家已进驻全市 58 个基层农业公共服务中心,实现了联盟对全市乡镇农业公共服务中心的"全覆盖"。2015年度,联盟加大了专家服务乡镇农业公共服务中心的次数,全年技术服务约 700余人次。

基地建设成效显著。确定 100 个基地为产业联盟核心示范基地,安排 25位高校专家担任创业大学生省级导师,定期指导创业基地建设。

联盟信息化建设步伐加快。为快速展现行业和联盟的最新动态,加强信息的沟通交流,联盟于 2014 年正式启用信息平台,将联盟的发展计划、各类活动、成效示范、实用技术等通过工作日志的方式及时提交,使各联盟之间形成信息共享、渠道畅通的良性循环,得到了广大服务主体的好评。

2. 产业联盟功能不断拓宽,专家智库作用更突出

围绕湖州市十大农业主导产业,农推联盟积极开展调查研究,提出产业发

展对策,制定产业发展规划。截至 2015 年年底,联盟共组织市级层面专题调研 157 次,制定产业发展规划或撰写调研报告 54 份。如粮油产业联盟撰写了《湖州市粮食生产功能区调查情况报告》,蔬菜产业联盟撰写了《湖州市草莓产业发展情况调研报告》,水果产业联盟撰写了《湖州市水果品种资源调研》,茶叶产业联盟撰写了《关于提升发展湖州市茶产业的若干意见》,水产产业联盟撰写了《南浔区温室龟鳖养殖及整治工作情况调研报告》,畜禽产业联盟撰写了《湖州市湖羊产业发展情况》(得到了省委书记夏宝龙的批示),蚕桑产业联盟撰写了《"东桑西移"背景下创新发展我市蚕桑产业的对策建议》,笋竹产业联盟撰写了《湖州市竹产业转型升级的调研报告》,休闲观光产业联盟撰写了《湖州市休闲农业发展现状与对策调研报告》,花卉苗木产业联盟撰写了《长兴县花卉苗木产业转型升级调研报告》。蚕桑联盟调研和收集了桑基鱼塘有关材料,衔接南浔桑基鱼塘申报国家重要农业文化遗产,指导新"桑基鱼塘"建设,促进"桑基鱼塘"成功入选为中国重要农业文化遗产,现正已申报"全球重要农业文化遗产"。

联盟专家参与了湖州市现代生态循环农业试点方案、湖州市休闲农业发展等一批重点课题(方案)研究以及"十三五"农业发展规划子课题和"十三五"规划文本的研究,制定了湖州市水果产业、茶产业、蚕桑产业、竹产业、渔业、蔬菜、畜牧业、粮油等产业的"十三五"发展规划。

与此同时,农推联盟根据气候变化和作物生长规律,制定了一系列有针对性的生产技术规范或管理规程,指导企业和农户农作物种植生产。截至 2015 年年底,共制定了 55 项生产技术规范或管理规程,如水产产业联盟和笋竹产业联盟分别制定的省级地方标准《泥鳅养殖技术规范》和《春笋冬出毛竹林高效培育技术规程》;茶叶产业联盟发布的《湖州市茶叶质量安全行业倡议》《四月下旬至五月上旬茶树主要病虫发生与防治》;水果产业联盟发布的《早春果树冰雪冻害防范技术措施》;粮油产业联盟发布的《油菜春管技术》和《小麦春管技术》;蔬菜产业联盟发布的《暖冬天气条件下的蔬菜育苗及生产管理措施》;畜禽产业联盟发布的《畜牧业雨雪冰冻天气防范技术措施》等。这些产业调研报告、发展规划和生产技术规程对湖州现代农业产业发展起到了很好的指导作用,在推进全市农业产业化生产和区域化布局,推进产业结构调整和优势特色产业发展,推进龙头企业培育和规模化、组织化生产,推进品牌建设和市场开拓等各个方面,都产生了积极的引领作用。

3. 注重农技培训,农业经营人员业务水平明显提升

联盟结合新品种、新技术或新模式的引进应用,通过举办专业技术培训班、科技下乡、以会代训等多种形式,开展农业科技知识培训和技术推广服务。2015 年度,各产业分联盟共开展各种形式的培训 232 场次,培训农民和技术人员 15665 人次,如图 6-1 和图 6-2 所示。同时,联盟专家积极参与设计、编著湖

州市新型职业农民培育课程和培训考核计划,拍摄桃、梨、葡萄、樱桃等栽培技术微课程,开展新型职业农民培训。2015 年,协助农民学院完成畜牧、水产、粮油、花卉、茶叶等七大产业 2200 余名新型职业农民培训,全市累计认定新型职业农民 4517 人。

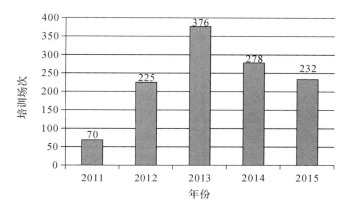

图 6-1　2011—2015 年产学研联盟培训场次

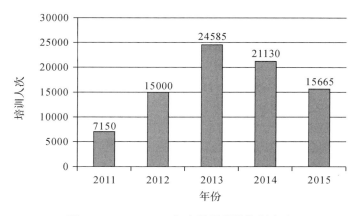

图 6-2　2011—2015 年产学研联盟培训人次

4. 技术入股机制进一步完善,联盟与服务主体联结更紧密

2014 年以来,产业联盟分别与相关主体签订了技术入股协议 15 项(其中 2015 年续签 3 项,新签 1 项),形成了风险共担、利益共享的紧密合作关系。蚕桑、畜禽、水产等产业联盟按照签订的协议完成首批技术入股收益分红。

蚕桑联盟与徐缘生态旅游开发有限公司共同开发“湖桑茶”制作工艺及以桑叶茶为原料的桑叶面、桑叶菜、桑叶糕等系列产品,经湖州市食品药品检验研究院的检验,生产的湖桑茶等产品完全符合食品安全国家标准,2015 年共生产销售桑叶茶 4000 千克。畜禽联盟与太湖湖羊养殖专业合作社续签了技术入股协议,2015 年出栏湖羊 8000 多头,平均销售体重 40 千克,每头湖羊纯收益 260 元,实现总产值 844 万元,纯收益 210 万元。全年消耗利用各类农作物废弃秸秆资源 1 万吨以上,生产有机肥料 2000 吨以上,促进湖州市农业生态循环发展。茶叶联盟与长兴丰收园茶叶专业合作社签订协议,2015 年成功开发了紫笋功夫红茶、紫笋红饼茶等新产品 2 个。蔬菜联盟和愚公生态农业发展有限公司续签了技术入股协议,重点进行速生叶菜新品种的引进与应用,2015 年,共种植速生叶菜面积 138 亩,蔬菜总产 200 多吨,总产值 80 万元。另外,水果、水产、粮油等联盟也与有关企业签订了技术协议。

5. 主导产业研发机构工作有序展开,农业共性技术有所突破

从 2013 年开始,农技研发与推广体系创新开始走向深入。从"1＋1＋N"产业联盟演化来看,它以技术入股为基础,通过创新团队培养,逐步成长;也可以通过引进若干个创新团队直接组建。目前湖州现有的现代农业主导产业研究院主要有以下三类:政府主导型、高校主导型和企业主导型。

湖州湖羊研究所就是属于政府主导型,由湖州市农业局牵头,湖州市农业科学研究院联合湖州市畜牧兽医局、湖州市畜禽产业联盟组建成立,是全国首家公益类研究湖羊的专业科研机构,这也是浙江省继金华两头乌之后第二个针对特色优势产业的研究所。湖羊研究所结合湖州湖羊产业实际情况,提出湖羊产业振兴的指导性意见,并协助湖羊企业成功申报"湖州湖羊"国家地理标志。浙江大学湖州休闲产业研究院则属于高校主导型,由浙江大学农业技术推广中心与湖州市农业局共建结合。休闲农业产业研究院成立后,主要开展休闲农业产业发展战略研究、项目投资策划、运营管理咨询、品牌创建服务和休闲农业产业行业合作平台组建等工作。浙江大学和南浔区政府合作建立浙江大学南太湖物联网产业研究院,以涉农物联网产业为基础,通过资源整合、技术集成、要素创新,在设施农业、智慧农业、精准农业、城市微农业等领域形成核心技术与产业化运行模式。浙江安吉宋茗白茶企业研究院则属于企业主导型,由浙江安吉宋茗白茶有限公司与中国农业科学院茶叶研究所、浙江大学茶学系、杭州中华供销总社茶叶研究院、浙江科技学院四家科研机构合作共建。茶叶产业联盟专家参与建立了浙江安吉宋茗白茶产业研究院,联合申报了国家星火计划项目"安吉白茶剩余资源循环利用技术示范"。

第二节　进一步强化浙江大学服务社会功能

市校合作的双赢,对学校来说,不仅意味着科研成果的及时转化和转化效

率的提高,而且也扩大了学校的社会影响力和政治影响力,为学校发展营造了一个好的外部条件。它的积极意义还可以从以下几个方面得到体现:一是促进办学理念的转变。走进实践也就是走向世界,占领实践的前沿也就是抢占科学的前沿,解决实践中的矛盾和问题才有真正的学术价值和学术地位,这是新发展阶段上对理论联系实际的新诠释。二是促进教育评价体系和评价标准的转变。走进实践的结果就是对创造力的重视。在实践中破解难题、解决矛盾,需要创新能力,需要创造力,实践的结果成为衡量教育水平和人才价值的标准。

近年来,浙江大学在国内外的地位和影响日益提高,教书育人和科研水平不断提升,这很大程度上得益于浙江大学办学思路的转变,就是通过服务社会、服务地方经济发展,来实现综合实力的提升。市校共建不仅进一步打开了高校的大门,让浙江大学的智力成果在湖州得到集中展示与应用,找到了广阔的用武之地,而且在合作中提高了科技人员服务社会的积极性、主动性和自主创新的效能。

一、涉农学科整合取得新进展

学科是大学组织的细胞,是教学、科研、师资及办学条件等方面实力的集中反映。大凡世界一流的大学,无一例外地拥有一批引领世界并富有特色的一流学科。

学科建设既要强调基础研究,更要适应现实需求。浙江大学涉农学科在"市校合作"整体框架下,不仅强化涉农学科服务地方的功能,提高了涉农学科的社会地位,而且形成了涉农的学科群。农学、生物学、园艺学、农业工程和农业资源利用等涉农学科间以及计算机应用学科、信息控制学科和能源科学学科等非农学科的融合,促进了学科的交叉创新。

1.新农村发展研究院影响力不断提高

2012年,浙江大学新农村发展研究院成立,时任中共中央政治局委员、国务委员刘延东亲自为新农村发展研究院授牌。新农村发展研究院为浙江大学进一步服务国家重大需求提供了平台、指明了方向。按照研究院建设方案,学校有效整合了农生环学部、农业技术推广中心、农业试验站、浙大中国农村发展研究院等优质资源,为进一步开展学科交叉和协同创新、在更高层次服务新农村建设奠定了扎实基础。新农村研究院强化综合示范基地建设,深化和完善高校依托型的新农村建设综合服务平台和农业技术推广新模式,围绕我国新时期新农村建设重大理论问题和实践需求,研究新农村建设机制和模式创新,创新新农村建设理论与技术体系,提高"三农"综合服务能力,开展体制机制改革和"准入机制"等内部机制建设,改革学校办学和人才培养模式,为新农村建设提供技术支撑和人才保障。

浙江大学新农村发展研究院建设工作于 2015 年通过了科技部和教育部建设进展评估,并被评为优秀。专家评估意见表明,新农村研究院自建院以来紧紧围绕"世界一流、中国特色"的办学目标,积极投身服务"三农"和农业现代化的国家重大战略需求,深化改革学校内部治理体系和紧密合作地方,构建了较为完善的组织机构和专业化人才队伍,形成了服务"三农"政产学研用紧密结合的典型案例——湖州模式,有效发挥了高校院所在农业技术推广中的重要作用。"1＋1＋N"新模式及与之同步发展的职业农民培养新途径,在对口支援新疆和贵州、精准扶贫滇西景东和浙江武义等方面均取得了显著成效。学校服务社会功能得到显现的同时,办学资源也得到了拓展与延伸,科技成果得到了有效转化和推广、人才培养质量得到了提升,形成了改革创新引领多学科交叉融合全面服务"三农"和农业现代化的新局面,并成为学校服务"三农"的典型案例。

早在 2008 年 12 月,为充分整合并发挥浙江大学涉农学科的人才、技术、信息资源优势,加快农业科技成果转化、集成创新、推广服务,成立了浙江大学农业技术推广中心。中心按照"聚焦湖州,立足浙江,服务西部,面向全国,走向世界"的工作思路,以服务农业、生命和环境领域国家重大战略需求为目标,针对国民经济建设和社会发展中农业、生命和环境领域的重大理论和现实问题,培养和集聚一批高水平应用型的领军人才和创新团队,着力提高自主创新和成果转化能力;建设和提升一批高水平强辐射的科教基地和创新平台,着力提升自我发展和学科支撑水平;设计和实施一批高水平高效益的科研课题和推广项目,着力增强自身动力和社会服务本领。逐步建立了"党政主导,教师主体;人才引领,制度保证;平台支撑,项目推动;市场导向,多元统筹"的社会服务新模式、新机制。

2. 涉农学科获得综合快速发展

通过与地方政府协同创新,在为地方社会经济发展做出积极贡献的同时,浙江大学涉农学科也获得了自身综合快速发展。通过直接参与新农村建设,浙江大学涉农学科可以更全面地把握农村、农业、农民的新变化,了解农村物质文明和精神文明建设的新任务及新需求,从而重新思考办学思路,适时调整学科建设、人才培养和科学研究方向,使涉农学科的办学宗旨更贴近经济建设,贴近生产实际,贴近社会需求;通过师生与农村和农民的交往,促进高校与社会的交流合作,有利于高校涉农学科将自己的教学、科研、学生培养与社会实践相结合,与社会需要相适应;通过一系列的帮农扶农工作,可以增强学生的社会实践能力,并提高他们认识社会、把握社会的能力,在为社会、为农村服务的过程中,增强学生的社会责任感和对自身价值的认同感,有利于涉农学科人才的培养。

二、师资队伍考核机制更趋合理化

"1＋1＋N"产业联盟模式下,如何激发科研人员的积极性?如何评价、考核科研人员?高校、科研院所是农技推广的源头,其成果直接影响着农业科技的创新。将农业科研、教育单位明确为农技推广的主体,对强化其科研创新和人才培养职能具有促进和推动作用。对高校涉农学科、农业科研单位而言,通过科技人员直接参与农技推广,缩短了成果推广周期,同样科研人员也可以获得更多的一手信息,开拓新的研究方向。

1. 实施分类管理

根据浙江大学创建一流研究型大学发展的需要,充分调动和发挥广大教学科研人员的积极性、能动性和创造性,探索建立适应研究型大学特点和要求的各类人才评价体系,浙江大学 2008 年出台了《关于实施教学科研人员分类管理的意见》,对教师进行分类管理,把现有教学科研人员分成五大类:教学科研并重类、研究为主类、教学为主类、应用推广类和其他类型,实行相应的有差别的绩效考评,变一把"尺子"为多把"尺子"分类考核,按科学发展观要求促进广大教师实现多轨道发展,做到人尽其才、才尽其用。

2. 完善农技推广岗位考核制度

浙江大学进一步深化体制和机制改革,完善农业技术推广系列教师的职称晋升和考评制度。转 30% 教师从事社会服务,改变了传统的考核标准,激发了教授从事技术推广的动力。为了鼓励更多的教师投入农业技术应用推广,浙江大学为农业推广人员继续开通农业推广教授的评审。

2014 年,浙大农业技术推广中心按照《浙江大学"十二五"发展规划》和《浙江大学教师分类管理》等文件的精神与要求,围绕学校建设世界一流大学的目标,遵循农业、生命和环境大类学科发展的客观规律,积极推进学校农业技术推广"培育服务、引领指导、突破创新"的发展进程,结合党中央"三农"工作、新农村建设和农业现代化的要求,根据学校公益性社会服务工作特点和前期实施考核的经验,进一步落实《浙江大学农业技术推广岗位管理实施细则》,推进农业技术推广岗位(社会服务 I 类)人员工作的有效开展,修订完善了《农业技术推广岗位(I 类)考核办法》,制定了浙江大学农业技术推广中心推广研究员、副研究员的职务任职条件,即他们必须承担一定量的重点公益性社会服务工作并考核良好以上。

三、人才培养更接地气

高等学校的一个重要功能就是人才培养,浙江大学的"顶天立地"不仅适合学术研究,也适用于人才培养。

1. 高层次人才支持湖州新农村建设

根据《湖州市与浙江大学合作共建省级社会主义新农村的实施意见》(即"1381行动计划"),市校双方着力构筑科技创新服务、人才智力支撑、体制机制创新等"3大平台"。2007年,浙江大学和湖州市签署了市校合作人才开发协议,专门成立了浙江大学赴湖州挂职工作组,围绕人才队伍整体发展目标,创新人才培养机制和途径。

浙江大学高层次人才中有长期从事农业农村问题研究的专家,有较高学术技术造诣的教授,有较强创新意识和创新潜力的博士生、研究生,都是当前湖州市新农村建设中迫切需要的紧缺人才。从首批8名高层次人才来湖,至2011年,有3批共52名(63人次)高层次专家和硕博研究生到湖州市级部门、县区和乡镇挂职。2012年,双方又签订新一轮的人才开发协议。

这些高层次人才参与湖州地方发展,牵头共建合作平台,加快合作项目的实施,发挥了生力军、催化剂和助推器的作用。

2. 大学生社会实践

浙江大学涉农学科紧紧围绕"世界一流、中国特色"的办学目标,在人才培养上充分利用浙江大学和湖州市市校合作平台,对浙江大学的学生实践能力提高起到了重要的作用。

两地团委结合浙大学生暑期社会实践,合作实施"百支浙江大学大学生志愿服务队"工作项目,宣讲形势政策、科技支农等活动。合作实施"百名浙大学生挂职湖州市百个行政村主任助理"工作项目,为湖州提供新农村人才支持。校地团委合作实施"百名浙大青年博士服务湖州百个企业"工作项目,推动湖州新农村生产发展。校地团委整合各学院青年教师资源,专门组建以具有博士学历的优秀青年教师、博士后和博士生为主体的青年志愿讲师团。校地团委合作实施"共建百个农村青年人才培养示范点"工作项目,服务新农村人才成长。

2008年4月,一份来自浙大四学子的《建设社会主义新农村的调研报告》几经辗转呈到了时任国务院总理温家宝手中,温总理亲自回复,鼓励大学生深入基层、了解农村,"上好不可缺少的一课"。

《观察与思考》记者2008年10月16日发表《浙江坚持创业创新,开拓市校合作发展思路》系列报道称:自2006年5月,浙江大学与湖州市启动新农村共建工作以来,这所大学已经选派了28名高层次挂职干部赶赴湖州,参与新农村建设的教授、专家近4000人,另有1000多名大学生深入湖州的20多个大学生社会实践基地接受锻炼,其中100多人担任过"村官"。

浙江大学选派到湖州挂职的高层次人才队伍成了市校合作工作深入开展的坚固纽带。在他们的带动下,300多名浙江大学学生来湖州挂职村(社区)主任助理,近万名浙大师生到湖州服务新农村建设。

目前市校双方已经共同建立了多个科研、教育、实习基地,利用基地建设,浙江大学安排多批次的本科生、研究生、国外留学生到基地进行科研实习。长兴农业科技园区是浙江大学的人才培养实践教学基地,对提高浙江大学相关专业的学生实践能力十分重要。

四、科研与服务形成良性互动

世界一流大学的建设离不开社会,社会的发展也离不开高水平大学。市校合作,使得浙江大学的智力成果在湖州得到了集中应用和展示,"1+1+N"农技推广体系也成了浙江大学自主创新的一个重要平台。在服务社会、服务群众的过程中,浙大的科研成果实现转化,转化中又发现新的课题再进行研究,实现了科研与服务的有效统一,"顶天"与"立地"的良性互动。

浙江大学等高校具有较强的科研能力,是科技成果重要的供给源,然而由于政策、体制等因素的制约,使得农业科技成果转化为生产力步履维艰,而校市合作创新了高校成果的转化模式,如建立农推联盟,通过学校科技创新资源与地方创业资源相结合,示范基地建设与特色产业发展相结合,实现了从"点对点"推广到"面对面"辐射,从自发推广到有组织推广,从个体推广到团队推广的"三个转变",以最快最优的方式引进、消化、吸收国内外农业科技最新成果,成为农业高新技术、成熟技术的重要成果转化载体。仅2014年,产业联盟引进推广应用新品种179个、新技术29项、新模式37项。联盟发展至2015年年底,共引进、试验、示范、推广新品种、新技术或新模式700余项,其中190余项被遴选为全市主导品种和主推技术;组织市级层面专题调研138次,制定产业发展规划或撰写调研报告98份、各类生产技术规范或管理规程32项,协助有关单位成功申报了"湖州太湖鹅""湖州湖羊"两个农业部农产品地理标志;建立核心示范基地100家,每年组织技术下乡服务400余次,开展各种形式的培训200余场次,培训农民和技术人员14000余人次,充分发挥了联盟对湖州现代农业发展的科技支撑作用。

近年来,浙江大学涉农学科通过浙江大学湖州现代农业产业联盟平台,有近100项成果直接从实验室进入了田间地头并进入市场,获得了较好的经济效益和社会效益。

浙江大学通过聚焦"湖州",形成了浙江大学服务地方的可贵经验,并推广到其他省市。2007年10月,浙江大学、湖州市与广西宜州市三方签署《浙江大学—湖州市合作共推宜州蚕丝业发展协议书》,这标志着浙江大学—湖州市合作共建省级社会主义新农村实验示范区的"湖州模式"开始有目标、有计划、系统地向西部地区辐射和推广。截至2015年年底,浙江大学与新疆、广西、贵州、云南、重庆等省市自治区开展了不同形式的合作。

　　对浙江大学而言,通过共建平台获得了大量合作机会,使学校的智力成果在湖州有一个集中应用和展示的舞台,更重要的是通过这样的合作,浙江大学树立了更好的服务地方的社会形象。

第七章　农业供给侧改革背景下的
农业技术推广体系创新思考

2006年,湖州市和浙江大学市校合作共建社会主义新农村实验示范区。经过10年的实践和探索,实验示范区已经取得了一定的经验和成效。作为"市校共建社会主义新农村"总体框架下的农业科技研发与推广体制机制创新——"1+1+N"产业联盟已经基本形成了可复制、可推广的"高校—地方"耦合型的新型农技推广体系。

市校合作从解决"三农"的突出问题着手,以"农业技术推广体制机制创新"为突破口,在技术和智力支撑向体制机制创新、新型农村实用人才培养、新经营主体培育深化,在农业产业技术服务向产业咨询、农村公共服务拓展,在传统农业产业技术支撑向循环农业、休闲农业技术支撑转变,在制度供给向法制建设转变等方面,均取得了明显成效。面对"十三五"发展目标、面对全面改革的深化、面对美丽乡村的升级,市校合作需要在促进融合中继续深化。

尽管湖州市已率先基本实现农业现代化,但农业科技创新仍然是高水平全面建成小康社会的短板,农业科技创新投入还不大,高效率的科技创新平台和高素质的农业经营人才仍然比较缺乏,这些已成为赶超发展中的一块突出短板。

农业供给侧结构性改革背景下,农技推广体系的创新思考,要基于以下几个方面:

第一,率先基本实现农业现代后,农业科技研发与推广的着力点在哪儿?如何处理农产品增收不增效的问题? 如何延长农业产业链,拓宽农业功能? 如何解决种业问题,占领农业科技创新的前沿? 如何培养"新型农民",激发新农民创新创业的热情? 农技推广体系如何实现"三农"融合发展?这些都是"十三五"时期农技推广体系创新必须思考的问题。

第二,农业供给侧结构性改革,是我国全面建成小康社会决胜阶段的一项长期战略。农业科技研发与推广如何围绕农业供给侧结构性改革,加快构建现代农业三大体系,发力点在哪儿?

第三,在 2016 年 5 月 30 日召开的全国科技创新大会、两院院士大会、中国科协第九次全国代表大会上,习近平总书记指出,实现中华民族伟大复兴的中国梦,必须坚持走中国特色自主创新道路,面向世界科技前沿、面向经济主战场、面向国家重大需求,加快各领域科技创新,掌握全球科技竞争先机。这"三个面向",既是当前我国科技发展的根本着眼点,也是科技助推实现中华民族伟大复兴中国梦的战略基点。"三个面向"为下一阶段农业科技研发与推广体系创新指明了方向。

第一节　基本形成可复制的新型农技推广湖州模式

在第二章中,我们详细梳理了"1＋1＋N"产业联盟形成的四个阶段,并从理论上分析了"1＋1＋N"产业联盟形成的机理。在第五章中,我们从地方政府与高校协同创新、顶层设计与市场导向相结合、本地农技专家与推广链相结合、农技推广与本地主导产业深度融合、农技推广与经营主体创新创业互促共赢等五个方面进行了总结。"1＋1＋N"产业联盟"湖州模式"的内涵和本质是什么? 这种"1＋1＋N"产业联盟有哪些特殊要素,有无一般性规律? 对于其他涉农高校如何强化社会服务功能,如何与地方政府全面合作协同创新,是否具有借鉴意义? 这是本节我们试图回答的问题。

我们认为"1＋1＋N"农推联盟破解了农技研发、推广和应用"最后一公里"的难题,其本质和内涵具有普遍性,同时也是市校共建新型农技推广体系的创新实践,并且也吻合了世界农业技术推广的一般路径。

一、新型农技推广模式的核心要素和内在体系

模式主要是指对经验和现象中有规律性的东西进行抽象和总结,本质是一种因果规律的探寻,而一旦其他经验和现象符合模式所刻画的内在规律时,模式就会起作用。专家学者在总结浙江大学与湖州市合作共建社会主义新农村"湖州模式"时,归纳出"党政主导、农民主体、社会参与、市场运作、改革推动和城乡统筹"的特点(毛寿龙等,2011)。

1. 模式核心要素

2006 年,湖州市与浙江大学签订了合作共建社会主义新农村的战略协议,启动了"1381 行动计划",市校合作成为构建新型农业技术研发与推广体系的有效平台,其核心就是"1＋1＋N"产学研联盟。

体系是结构的呈现。无论是传统的还是新型的农技研发与推广体系都有其自身的结构。那么"1＋1＋N"新型农技推广体系的核心要素包括哪些?

"1＋1＋N"新型农技推广体系的推动主体是高校(浙江大学)和政府(湖州市人民政府)。由于地域、战略定位、发展理念、认知水平的不同,以及政府财力的大小,决定了高校—政府在重视农技推广的同时,选择的实现路径、确定的目标定位、给予的支撑力度、扶持重点的抉择等方面都表现出个性化的差异。"1＋1＋N"新型农技推广体系的推广主体,有高校院所专家组、本地农技专家组、基层农技人员、农业龙头企业、家庭农场、农民专业合作社和现代农业园区等,其中,农业龙头企业、家庭农场、农民专业合作社和现代农业园区既是推广主体,也是推广受众。不同的利益主体有着不同的价值诉求,这就决定了推广链之间的不确定性和多样性。"1＋1＋N"新型农技推广体系的推广平台结构,有浙江大学湖州市南太湖现代农业技术推广中心、浙江大学湖州现代农业产学研联盟及各县区分联盟、核心示范基地、各类研发平台等。农业技术研发与推广离不开平台和载体,平台和载体的建设离不开政府的投入和企业的推动。从推广配套体系来看,有农村新型实用人才培养体系、农业科技研发和创新平台和农业科技公共服务平台等。

2. 模式内在逻辑

体系的构架是为了解决信息不对称的问题,通俗地讲是解决农技专家"走得出、走得进、走得顺、走得长、走得用"的问题。这就需要地方政府和高校做好三件事,第一是要修筑一条能够让大学的教授专家走进田野、走近农民的道路,解决教授专家"走得出、走得进"的问题。市校合作的大平台、浙江大学湖州市南太湖现代农业技术推广中心、浙江大学湖州市现代农业产学研联盟和核心示范基地的建立,破解了"走得出、走得进"瓶颈。第二件事就是要搭建一个科技研发与推广机制,实现"走得顺、走得长"。10年来,湖州市建立了农推联盟工作推进和管理机制,完善了现代农业产学研联盟的专家考核和激励机制,夯实了农业科技投入的保障机制,加强了农村新型实用人才培养平台、农技研发和创新平台和农业科技公共服务平台建设。第三件事是要提供一个技术翻译、需求转诉的纽带或桥梁。

关于"1＋1＋N"产业联盟的模式内在逻辑我们可以从两个方面来分析。

其一,从联盟框架看,2010年开始,市校合作从项目合作转化为载体共建,从工作推进转化为机制创新,构建了现代农业"1＋1＋N"产学研联盟的框架,即根据湖州农业主导产业发展计划,每个产业引进一个高校院所专家团队,配备一个当地农技人员组成的技术服务小组,联系带动若干个现代农业经营主体。"1＋1＋N"新型农技推广体系的每一个核心要素、每一项创新,无不体现了"以农民为本、服务农民、发展农民、富裕农民"的发展理念。农业科技研发与推广来自于农民的需求，来自于市场的需求，农技推广最终依靠农民，最终是惠民。

其二，从联盟形态看，2007年浙江大学湖州市南太湖现代农业科技推广中心正式挂牌，12个浙大教授受聘为首席专家，在一块占地160亩的试验地里，开始划时代意义的现代农业科技成果示范推广。这块类似于"特区"的"教授试验示范基地"，连同没有几间办公房的南太湖农推中心，成为联盟最初的形态。2010年，"1＋1＋N"新型农技推广模式在吴兴区、长兴县开始试点；2011年以"1＋1＋N"为核心，形成了市级联盟、县（区）级产业分联盟的层次结构；2012年被浙江省委、省政府确定为现代农业技术研发与推广体制改革试验区。新型农技推广模式解决了单个首席专家、单个学科无法解决的产业发展中的关键技术和共性技术问题。2014年，以农推联盟为基础，在循环农业产业链上开始组建和培育农业技术创新团队，并进而面向基础研究、产品研发、人才培养、文化创意、营销策划、售后服务、政府决策咨询等方面延伸，形成多方合作、多元投入、多重功能合一的主导产业研究院。

"1＋1＋N"新型农技推广体系的内在逻辑体现在"＋"。"＋"不是简单地排列组合，甚至不是线性意义上的"＋"，更主要的意义是指一种纽带。有推动主体之间的"＋"，有推广主体之间的"＋"，有推广受众之间的"＋"，有推广配套体系之间的"＋"，有推广机制之间的"＋"，甚至单体之间也有"＋"。正如我们在第二章中所提到的，农业科技研发与推广创新体系，有一个内在的逻辑体系，从最初的一名专家示范一个基地（"1＋1"），到一个首席专家团队加一个本地的农技推广服务小组加若干个现代农业经营主体（"1＋1＋N"），再到"$1^2＋1^2＋N^2$"，最后形成以科技入股、创新团队、主导产业研究院为核心的新型农推体系。"＋"在这里代表着一种连接、一种传递、一种融合；"＋"在这里既是一种平台、一种机制、一种制度安排，也代表着连接、转接；"＋"更是一种内涵，代表着利益的共同体。

二、新型农技推广模式成功原因分析

1. 市校高瞻远瞩，形成合力

农业科技研发与推广体系改革源自于"推力"和"拉力"，最终形成合力。现代大学走出象牙塔、服务地方的战略，这一思想源自于"威斯康星思想"（Wisconsin Idea）。在世界高等教育史上具有重要意义的"威斯康星思想"主张，高校应该为区域经济和社会发展服务，并创造性地提出了高校的第三职能——为社会提供直接的服务，使大学与社会生产、生活实际更紧密地联系在一起。由此，世界高等教育的职能从教学、科研扩展到社会服务，形成了高等教育的三大职能。"威斯康星思想"在实施中的主要途径和方法是传播知识和专家服务，其中专家服务有两个层次：一个层次是指大学与州政府建立良好的伙伴关系,大学指派专家、教授服务于州政府;另一层次则是指如果社会确实需要,即使是最高级的教授,也需被派作巡回教师到农村、商店和工厂中进行指导。威斯康星州立大学的专家服务是双向的,大学派专家、教授服务于社会的同时,也从社会上邀请专家加强大学的教学和科研。这样,大学与社会的联系更加紧密,从而更有利于培养人才。威斯康星大学通过推广技术和知识、专家服务,推动了威斯康星州的发展,同时也促进了大学自身的发展。威斯康星大学不但经费成倍增加,规模日益扩大,而且在诸如畜牧科学、生物科学和细菌科学等学科方面迅速处于全美领先地位,从一所普通的州立大学成长为美国最有影响的大学之一。

另一方面,地方政府也在借助高校科研院所的智力发展社会经济战略。浙江大学和湖州市两条看似不相关的发展路径却在湖州找到了一个契合点——社会主义新农村实验示范区,形成了全国颇有影响的"湖州模式",而这正是"威斯康星思想"的中国化。"湖州模式"提倡高校与地市的全面合作,从而实现双赢(金佩华、王璇,2008)。

此后,浙江大学和湖州市双方在合作中,又紧紧抓住美丽乡村建设、国家生态文明先行示范区建设和生态循环农业试点市机遇,持续深化农业科技研发与推广体系创新。

农业科技研发与推广体系创新,离不开政府主推、改革主动和市场主体的"三主合力"。

可以说,如果没有湖州市、浙江大学等主要领导以高度的自觉去主动地推进农科教、产学研体制的改革和现代农业经营主体的培育,如果没有顺应市场化潮流的体制机制的创新来重构产学研各个环节的利益机制,那么农业科技研发与推广体系创新所涉及的高校、科研单位专家和地方农业科技人员、农业生产等多方主体,不管哪方"掉链子",联盟的"大戏"都将难以精彩"上演"。

2.湖州农业现代化发展的必然要求

现代农业与农业现代化不是同一个概念。农业现代化更多地指向一种过程。30余年来,随着工业化、城市化的推进,湖州农业已经从千家万户自给半自给的小农经济迈向了区域化、规模化、市场化的现代农业。无论从湖州农业发展的自然条件,还是现代农业发展的水平看,农技推广体系改革已经到了不改不行的地步(第一章中有详述)。就此而言,新型农技推广体系建设具有内在的需求,可谓水到渠成、瓜熟蒂落。因此,联盟的成功,看似因为浙江大学的加盟,具有偶然性,但实际上却是湖州现代农业发展的必然结果。

3.农技推广体制机制的创新

制度设计是保障,创新模式是关键。新型农技推广体系主要体现了农业科技创新、体制机制创新和主体培育创新等三大创新。

（1）打破地域局限的"1＋1＋N"。引进省内外高校科研院所的专家教授,组建高校科研院所专家团队,解决本地农技人员年龄老化、知识老化、科研能力不高、新技术掌握滞后的问题;全域范围组建本地农技人员服务团队,搭建供求对接桥梁,整合县区农业发展对科技的需求,实现针对产业关键技术、共性问题的精准化推广、服务;全域范围服务对象的择定,拓展"N"覆盖面,促进经营主体之间的交流互学,实现对区域特色产业、地域品牌的打造和提升。

（2）打破条块分割的"团队"建设。浙江大学由涉农院系部分教师组成现代农业技术推广中心,制定相应的考核、管理办法,并纳入浙江大学新农村发展研究院,由校领导直接分管,农业技术推广中心教师成为产业联盟中高校科研院所专家团队的主要成员。地方由湖州行业主管部门、事业单位和市级科研院所的专家组建地方服务团队。团队着眼产业发展需求、生态循环农业和农业现代发展的客观要求,根据需要实现跨专业组合。团队纳入联盟统一管理、统一考核。

（3）打破单一服务的"职能"定位。传统农推服务更多地局限于"品种引进、技术推广、成果转化",是根植于生产过程的服务,而农推联盟的职能则定位于新品种、新技术、新模式的引进、转化、创新、示范、推广,本土农技人员和新型农村实用人才的培育,政府决策咨询服务;以全产业链整合科技、人才和智力资源,以全价值链促进农业增效、农民增收,以全领域视角推动专家教授多重价值的全面实现。

（4）打破政府包揽的"投入"保障。逐年增加财政资金的专项投入,确保公共财政支出对农业的公益类项目扶持力度只增不减。充分体现科技的价值,按照尊重知识、尊重人才,严格知识产权保护,充分体现科技、知识、人才的价值,创新价值实现路径和办法的要求,在专家教授服务企业的过程中,鼓励、探索和推进"技术指导、服务外包""技术成果转化运用""合作研发"等技术入股形式,鼓励农技人员带资、带智、带技术成果,鼓励农技人员以业余或停薪留职等形式服务农业经营主体。激发市场主体的创新热情,支持企业搭建平台,引导和服务企业整合资源,营造尊重创新、宽容失败的良好创新环境,充分发挥企业作为创新主体的作用。

（5）打破增编养人的"用人"制度。按照全面深化改革的要求,适应事业单位改革和人事制度改革的大趋势,"办事不养人","成事不增机构"。实施项目化用人,因事设岗,以政府购买服务的方式,实现财政转移支付。

（6）打破了点对点的传统合作方式。在合作方式上突破了高校与地方合作点对点的传统合作方式,变科技下乡、教授下乡为长效的科技服务,全面融入湖州的新农村建设。形成政府、企业、社会三者之间互补、合作的良好格局,从而合力解决实际进程中的困难。

第二节　新型农技推广体系创新的立足点

路径依赖（Path-Dependence），又译为路径依赖性，是指人们一旦选择了某个体制，由于规模经济（Economies of Scale）、学习效应（Learning Effect）、协调效应（Coordination Effect）以及适应性预期（Adaptive Effect）等因素的存在，会导致该体制沿着既定的方向不断得以自我强化。诺贝尔经济学奖得主道格拉斯·诺斯用路径依赖理论成功地阐述了经济制度的演进，认为"路径依赖"类似于物理学中的惯性，事物一旦进入某一路径，就可能对这种路径产生依赖。这是由于经济生活与物理世界一样，存在着报酬递增和自我强化的机制。这种机制使人们一旦选择走上某一路径，就会在以后的发展中得到不断的自我强化。

浙江大学和湖州市市校合作共建社会主义新农村、共建生态文明先行示范区，已经达到了既定的目标，也取得了很大的成绩，得到了中央、省有关部门的高度肯定。"1＋1＋N"新型湖州农技推广模式创新必须回答或考虑两个问题：为何改、如何改。

"为何改"体现了问题导向、需求导向。在当前，"1＋1＋N"新型湖州农技推广模式创新最大的问题导向就是，如何在湖州高水平全面建成小康社会进程中"补农业短板"。

"如何改"体现了路径选择、价值追求。"1＋1＋N"新型湖州农技推广模式创新的着力点应该立足于以下三个路径。

一、湖州高水平全面建成小康社会的"三农短板"分析

补短板是以习近平同志为总书记的党中央治国理政思想的重要内容和推动事业发展的重要方法。对于浙江来说，补短板亦是"八八战略"的题中应有之义，是高水平全面建成小康社会的发力点。

2016年1月，浙江省农村工作会议明确指出，目前我省"三农"工作中的八大短板主要包括：农业比较效益的"竞争短板"，"谁来种地"的"人才短板"，农业产业链短板、附加值低的"产业短板"，村庄建设的"规划短板"，村庄基础设施的"运维短板"，历史文化村落的"保护短板"，农村产权的"交易短板"和乡村治理的"自治短板"。

习近平总书记在2013年12月中央农村工作会议上提到，"小康不小康，关键看老乡"；"中国要强，农业必须强"；"中国要美，农村必须美"；"中国要富，农民必须富"。这四句话实际上涵盖了我们下一步全面建成小康的最核心任务，

这也凸显了农民、农业和农村是整个建成小康社会过程当中的一个短板。这四句话也为湖州高水平全面建成小康社会补"三农"短板指明了方向。

《湖州市国民经济和社会发展第十三个五年规划纲要》提出,坚持以创新、协调、绿色、开放、共享的发展理念引领赶超发展的总要求。2016 年 5 月,中共湖州市委七届十次全会通过了《中共湖州市委补短板的实施意见》。"十三五"时期是湖州高水平全面建成小康社会的决定性阶段,湖州率先基本实现农业现代化之后,"三农"工作下一步怎么走?如何深化?尽管湖州的"三农"工作取得了长足的发展,但仍然面临着短板问题,如农业比较效益短板、农村人才短板、农村规划短板、农业产业短板、农村运维短板等,如何让农村的老百姓快速奔小康是湖州成为迈入高水平全面建成小康社会标杆城市的关键。"1＋1＋N"农推联盟下一步关键在于如何围绕"三农"短板,再创新成绩。

二、农业供给侧结构性改革

2015 年 12 月 24 日至 25 日召开的中央农村工作会议,从农业供给侧角度出发为破解我国农业发展中的矛盾与挑战开出了"药方"。2016 年 1 月,中共中央在一号文件《关于落实发展新理念加快农业现代化实现全面小康目标的若干意见》中指出,用发展新理念破解"三农"新难题,厚植农业农村发展优势,加大创新驱动力度,推进农业供给侧结构性改革。推进农业供给侧结构性改革涉及生产力调整和生产关系变革,当前要突出抓好调结构、提品质、促融合、降成本、去库存、补短板六项重点任务。当前,农业仍然是"四化同步"的短腿,农业改革的重点是供给侧结构性改革,难点也在供给侧。2016 年 3 月 8 日,习近平总书记在参加十二届全国人大四次会议湖南代表团审议时指出:"推进农业供给侧结构性改革,提高农业综合效益和竞争力,是当前和今后一个时期我国农业政策改革和完善的主要方向。"

2016 年 4 月 25 日,习近平总书记在我国农村改革发源地安徽省凤阳县小岗村主持召开座谈会时再次强调,"解决农业农村发展面临的各种矛盾和问题,根本靠深化改革"。"三农"的供给侧改革,是一个全局的问题,不仅仅是农业产业结构调整的问题,更是制度供给创新的问题。"三农"供给侧改革涉及制度、资本、人力资源、科技等要素的有效供给和优化配置。科技创新和技术进步无疑是"三农"供给侧改革的一个重要方面,"1＋1＋N"产学研联盟围绕湖州"三农"供给侧改革,找准了着力点、发力点。

三、创新驱动发展战略

党的十八大以来,习近平总书记把创新摆在国家发展全局的核心位置,高度重视科技创新,提出一系列新思想、新论断、新要求。

2013年9月30日,习近平总书记在十八届中央政治局第九次集体学习时强调指出,实施创新驱动发展战略决定着中华民族的前途命运。没有强大的科技,"两个翻番"和"两个一百年"的奋斗目标难以顺利达成,"中国梦"这篇大文章难以顺利写下去,我国也难以从大国走向强国。全党全社会都要充分认识科技创新的巨大作用,把创新驱动发展作为面向未来的一项重大战略,常抓不懈。

2016年5月30日,习近平总书记在全国科技创新大会、两院院士大会、中国科协第九次全国代表大会上提出了科技创新"三个面向"。习近平总书记指出,实现中华民族伟大复兴的中国梦,必须坚持走中国特色自主创新道路,面向世界科技前沿、面向经济主战场、面向国家重大需求,加快各领域科技创新,掌握全球科技竞争先机。2016年6月3日,习近平总书记在参观国家"十二五"科技创新成就展时又强调,新形势下,全国广大科技工作者要响应党中央号召,坚定信心,坚韧不拔,坚持不懈,把科技创新摆在更加重要的位置,实施好创新驱动发展战略,继续在加快推进创新型国家建设、世界科技强国建设的历史进程中建功立业,努力为实现"两个一百年"奋斗目标、实现中华民族伟大复兴的中国梦做出新的更大的贡献。

中共中央、国务院印发的《国家创新驱动发展战略纲要》提出了我国到2020年进入创新型国家行列、到2030年跻身创新型国家前列、到2050年建成世界科技创新强国的"三步走"目标。

习近平总书记关于科技创新"三个面向"的重要论断,既是当前我国科技发展的根本着眼点,也是科技助推实现中华民族伟大复兴中国梦的战略基点。"三个面向"也为下一阶段农业科技研发与推广体系创新指明了方向。

"1+1+N"新型湖州农技推广模式创新,必须紧紧围绕湖州高水平全面建成小康社会、农业供给侧结构性改革和国家创新驱动发展战略这三个目标,在继续深化农技推广模式,进一步完善产业联盟市校合作的长效机制建设,提高产业联盟管理能效等方面加大创新力度。

第三节　新型农技推广模式创新路径的选择

农业供给侧结构性改革背景下的"1+1+N"农业科技研发与推广体系创新的总体目标是:以国家创新驱动发展战略为指引,紧紧围绕农业供给侧结构性改革大背景,以国家生态文明先行示范区和生态循环农业试点市建设为目标,进一步深化"1+1+N"农技研发和推广模式创新,重点力争在科研攻关、成果转化及技术服务上实现"三个突破",在主导产业、经营主体、规模基地方面做到"三个提升",联盟工作要与特色小镇建设、美丽乡村建设、休闲农业发展做到"三个融合"。面向国家经济形势下农业发展的宏观目标,并结合湖州实践,解决农业技术推广的共性关键问题,从而促进"1＋1＋N"模式在全省推广,在全国产生大的影响力。

一、继续深化农技研发推广体系顶层设计

持续推进现代农业产学研联盟工作,紧紧抓住农业发展动力转换、模式更递、技术更新的有利契机,进一步健全完善产学研联盟体系,以改革创新为根本动力,以合作共赢为现实途径,突出发挥科技和市场的作用,加强领导,落实保障,理顺机制,强化联络,群策群力,与时俱进,丰富内涵。

1. 牢固树立服务本地理念,着眼现代农业产业链

深化农业科技研发与推广体系顶层设计,必须从服务本地、从现代农业产业链和市场导向出发,抓住湖州现代农业问题的关键点。

深化农业科技研发与推广体系顶层设计,要树立"三本"理念。所谓"三本"就是"服务本地产业、打造本土品牌、培育本色人才"。服务本地产业就是要服务本地的主导产业——坚持产业发展目录导向与市场导向的有机结合,以实现农业的经济效益、社会效益与生态效益、文化效益的统一。打造本土品牌就是要突出区域特色、产业特色、文化特色、科技特色——坚持科技品牌、产品品牌、产业品牌、服务品牌、信誉品牌、人才品牌和地域品牌的有机融合,实现全产业链的品牌化和全价值链的品牌效应。培育本色人才就是要突出大众创业、万众创新——坚持人才培育体系、人才服务机制、人才发展环境的同步推进,人才生态环境改善与人才自我实现相得益彰,实现人才竞争力和人才品牌效应的提升。

深化农业科技研发与推广体系顶层设计,必须强化"三度"思维。所谓"三度"就是"全产业链、全价值链、全生态链"。全产业链思维是要从横向的角度着眼于农业多功能的开发,实现农业的接二连三、跨二进三;要从农业的特殊属性出发,实现从源头到餐桌的各个环节的信息传导、质量控制、节本降耗、价值提升。全价值链思维是要从纵向的角度着眼于农业产品研发、生产到销售、消费和服务的全过程中创新、设计、实现各个环节的价值创造和价值提升;要着眼于从生活必需、美食营养、教育科普、休闲观光、参与体验、健康养身、心理调适、情操陶冶、文化传承的需求层次,整体策划、重点推进、特色打造,实现价值的不断增值和提升。全生态链思维是要坚持工业化、城市化、农业现代化、信息化和绿色化的五化同步推进、融合发展,着眼于环境友好型和资源节约型社会打造,牢固树立绿色生态新理念、研发推广绿色生态新技术、创新运用绿色生态新模式、

倡导普及绿色生态新消费、塑造提炼绿色生态新文化,实现绿色产业和生态价值全融合、全覆盖。

深化农业科技研发与推广体系顶层设计,必须推进"三重"转型。所谓"三重"就是"参与主体、服务内容、功能实现"。参与主体从个体参与到团队参与的转型,就是要坚持市场导向,着眼于产业竞争力和综合效益提升,由专家教授个体为主的技术成果转化和产业化,转变为专家教授领衔的团队对全产业链和产业集群提供的科技、人才和智力支撑。服务内容从单一性到系统性的转型,就是要坚持全局的视野、系统的思维,着眼于五化同步推进、融合发展,由技术突破带动增产增效到通过经营理念转变、管理方式创新、生态文化创意、商业模式的变革,增加产品的文化、生态附加值,以及品牌价值和赢利空间,实现农业增效农民增收。功能实现从传统的输导型到合作创新型的转型,坚持科技是第一生产力的理念,强化企业是创新主体的意识,市场在资源配置中的决定作用地位,着眼于要素资源的优化配置、创新活力的激发和效率的提升,由单向度的技术输出、技能辅导、成果转化到产学研的一体化、技术创新与产业发展有机融合、科技引领与市场活力相互交融,实现互惠互利、合作共赢。

2.制定农推联盟发展规划,实现农推联盟制度化

"1+1+N"农技推广体系作为浙江大学和湖州市市校合作一种重要创新模式,一个重要品牌,有必要在全省、全国进行更多的试点与推广,这需要制定科学的发展规划。

农推体系发展规划应该遵循以下几个原则:

(1)前瞻性。前瞻性表现在应该能够预见到未来若干年内整个国际、整个国家经济社会发展的方向,尤其是要瞄准农业现代化、高水平全面建成小康社会中的农业科技前沿问题。前瞻性还表现在进一步适应"互联网+农业"背景下,农技推广方式、推广手段的创新。

(2)适应性。要依据湖州市国民经济和社会发展第十三个五年规划纲要和湖州农业现代化发展实际水平,循序渐进,设置各阶段的目标。各县区应该根据本地区经济社会发展的总体情况,在本地国民经济和社会发展规划纲要的基础上,制定符合本地区实际的农技推广合作规划,使得产学研农技推广发展规划真正"落地"。

(3)导向性。导向性表现在应该通过产学研农技推广发展规划引导本地农业现代化的方向。生态高效农业、休闲农业无疑是现代农业产业转型升级的大趋势,产学研联盟要紧紧围绕这一大趋势,创新农业技术的研发和推广。

"1+1+N"农技推广体系也需要有个五年乃至更长时间的发展规划,以法规的形式由合作双方共同制定,"一张蓝图绘到底","一任接着一任干",以保证政策的连续性。

3.发挥市场配置作用,坚持农技推广改革"两手论"

经济体制改革的过程是一个最有效地配置资源的过程,对资源进行配置的力量主要有两种:政府和市场。习近平总书记形象地将这两种力量称为"看得见的手"和"看不见的手",并对它们之间的辩证关系做过多次深刻论述。2016年3月5日,习总书记在参加全国"两会"上海代表团审议时再次指出:"深化经济体制改革,核心是处理好政府和市场关系,使市场在资源配置中起决定性作用和更好发挥政府作用。这就要讲辩证法、两点论,'看不见的手'和'看得见的手'都要用好。"

"看不见的手"是原先亚当·斯密在《国富论》中对"自然秩序"规律所做的比喻,而现在,"看不见的手"主要指的是市场之力。党的十八届三中全会提出要全面深化改革,明确了要发挥市场在要素配置中的决定作用。尽管市场配置资源存在着过度竞争、事后平衡、外部不经济以及过于偏重"效率"等配置失效的问题,但是市场在灵敏反应市场信号、激发市场主体动力、推进技术进步等方面的作用是无法替代的。在发挥市场决定性作用的同时,也要防止"市场不经济"。当市场失灵时,就需要使用"看得见的手",即政府之力。

农推体制改革需要明确的是,哪些属于公共产品,哪些属于非公共产品;正确处理公益性推广与非公益性推广;政府职能是承担和提供公共产品供给,制定农技推广规划、政策,利用机制创新、体制构架来确保公共产品和公共服务的满足。从政府推动型的农推体系逐渐向市场需求推动型转变,才能让市场真正成为配置创新资源的决定性力量,让农技推广平台、农村经营主体成为科技创新的主体。

二、不断强化产学研联盟自身建设

1.加强产业联盟协同创新,完善产学研联盟长效机制

协同创新、跨界融合是产业联盟今后发展的一个趋势。今后"1＋1＋N"农技推广体系必须加强主导产业联盟之间的协作。从大农业的视野看,农业各个产业之间的发展是紧密联系的,各产业联盟之间要加强协同创新,重点力争在科研攻关、成果转化及技术服务上实现"三个突破"。如水果产业联盟、花卉苗木联盟下一阶段可以联合休闲观光农业产业联盟,共同推动主导产业联盟的发展。

同时,要进一步完善"1＋1＋N"农技推广体系的组织架构,理顺市、县区主导产业联盟之间的关系。农业技术推广服务重心下移,充分发挥县区产业联盟的积极性,进一步强化本地农技专家组在现代农业产学研联盟中的作用,夯实重点乡镇农业公共服务平台,优化产业联盟发展的生态环境,发展县域产业、凸现地方特色、打造区域品牌。浙江大学湖州市南太湖现代农业科技推广中心承

担着市级产学研联盟理事会日常办事机构的职责,要加强与县区产业理事会的沟通、协调,履行好指导、监督和服务职能。市级产业联盟要及时发现和总结县区产业联盟的好做法、好经验,特别是在农业新品种、新技术、新模式的引进、转化、示范、推广方面的典型,在全市面上组织推广;对县区产业分联盟在推广服务中遇到的共性问题要开展集体会诊、组织联合攻关。

包容、开放是"1+1+N"农技推广体系的生命力所在。今后"1+1+N"农技推广体系要形成更加紧密型的合作利益共同体。要加强高校院所专家团队、本地农技专家组与服务经营主体之间的联系,三者之间联系要更加紧密。形成可持续的内生动力机制。农推体制改革的动力机制包括科技、市场、政府三个维度。科技是第一生产力,是创新之源。农推体系创新的核心是科技。科技的进步源于人类"求知"的欲望、"解惑"的需要、"精技"的追求。科技成果在转化中显现其社会价值,科技工作者通过社会价值而成就自我实现。市场主体即创新主体。市场竞争的核心是科技的竞争,市场主体只有拥有核心技术、知识产权,站在科技发展的前沿,才能在激烈的市场竞争中赢得先机、立于不败之地。遵循市场规律,才能实现要素配置的优化,才能提高要素配置的效率。政府运用规划、政策的杠杆,监管和服务的职能,顶层设计,助推体制机制创新,克服"市场不经济",为科技创新、科技成果转化运用营造良好的社会生态环境。

在完善农技推广体系长效机制方面,继续推进技术入股、农业科技创新团队和产业研究院三项工作。农业技术入股的重点是"在打开缺口的基础上取得更大突破",实现入股形式多样化、入股主体多元化,着力推进农业技术成果评估体系和评估机构建设,着力完善权力与义务对等、收益与风险共担的利益联结机制,着力构建起一套符合改革精神、吻合分配原则、体现农推特色的收入分配制度。农业科技创新团队培育的重点是紧扣产业发展中的关键点、突出技术创新,培育一批具有知识产权,在国内省内领先的新品种、新技术、新模式,打响"南太湖"品牌,发挥品牌的影响力、感召力、集聚力,适应产业融合发展新趋势,跨产业联盟配置要素,实现"多兵种协同",促进全产业链发展、形成产业集群发展新格局。主导产业研究院的重点是围绕4231主导产业发展规划,探索主导产业研究院多元化建设模式,加快推进特色主导产业研究院建设,搭建大平台,引进高端人才,瞄准产业前沿,引领产业发展,提升核心竞争力,实现经济、社会、生态效益的有机统一,不断提高现代农业发展水平。

2. 创新联盟组织模式,提高产业联盟管理能效

若把新型农技推广体系看作是一个组织,如何创新组织模式成为农技推广体系可持续发展的关键所在。

第一,解决南太湖农推中心和现代农业产学研联盟"定位"问题。现在浙江大学南太湖现代农业科技推广中心具有独立的法人资格,是现代农业产学研联

盟理事会的日常办事机构,但在实际运行过程中还存在着许多困难,如无论是浙江大学专家还是本地农技专家都有原单位,南太湖农推中心在事、权、人、财等仍然要受制于专家管理单位。另外,农技推广逐渐向市场需求导向转型时,如何处理公益性和非公益性之间的关系,这些问题都会制约组织创新。

第二,探索共享经济组织管理模式。共享经济时代一大特征就要素资源共享,而组织结构呈现开放式、扁平化、网络化,得到不断优化。美国硅谷成功的关键在于区域内的企业、大学、研究机构、行业协会等形成了扁平化和自治型的"联合创新网络",使来自全球各地的创新创业者到此能够以较低的创新成本,获取较高的创新价值。在自身建设中,一是如何做到资源共享,二是如何做到知识引进,这是今后产学研联盟和南太湖农推中心组织建设中要重视的问题。产学研联盟今后要成为一个创新、活力、联动、包容"四位一体"的组织,吸纳国内外行业专家,吸纳农业经营管理人才、农产品营销人才,注重建设联盟"微笑曲线"的市场端。

第三,完善目标管理、绩效评估、考核激励"三项"机制。目标管理就是要坚持以目标为导向、以人为中心、以成果为标准,强化层级之间的相互协商,围绕联盟的宗旨,层层分解目标,并把这些目标作为组织运行、评估和考核奖励参与者主体贡献的标准,实现对参与者积极性的充分调动,变外在的指导性目标为主体追求自身价值实现的内生动力,这里的关键是岗位分析基础上的个性化目标的分解,以及体现公正、公平的统一标准制定。绩效评估要坚持从实际出发,定量与定性相结合,准确把握绩效考评的度;明确评估对象在评估体系中的参与界限,让评估对象参与评估制度的制定,了解评估标准、评估内容、评估形式、评估结果的运用。要科学设计绩效考评指标、合理确定绩效考评周期、分层设定绩效考评维度、清晰界定绩效考评重点、认真组织绩效考评面谈、修正完善绩效考评方法、不断营造绩效考评氛围,变被动迎考为主动参考,变参考过程为不断完善自己、提升自我的过程。考核激励要坚持传递正能量,明确考评与激励之间的关系。建立和完善多元激励机制善于运用手中现有资源,开发动力的增长点,如完善精神奖励、福利以及培训、外出学习等各种鼓励措施,最大限度地增加工作动力,调动工作积极性、主动性和创造性。考核标准要与时俱进,不拘泥于细节,具有操作性,使考核结果更具有说服力和带动性。

3. 拓展产学研联盟服务功能,激发联盟活力

现代农业产学研联盟下一阶段集中在服务主导产业、扩大经营主体、提质规模基地方面做到"三个提升",巩固成果,健全机制,不断激发产业联盟服务活力。

健全现代农业产学研联盟联系基地服务机制,强化产业联盟核心基地建设,尤其要把家庭农场、种养大户纳入到核心示范基地建设中,把提升核心示范基地组织化程度、培育核心示范基地自主创新能力作为重点。

聚集生态循环农业、休闲农业，以技术创新为引领，共性关键技术攻克为目标，进一步完善技术入股、农业科技创新团队、主导产业研究院建设，努力在新品种、新模式、新技术上有所新突破，努力在主导产业转型升级上发力。

进一步完善产学研联盟与基层农业公共服务中心的对接会商机制，努力促进产业联盟服务与基层农业公共服务互促共进、融合发展。

充分发挥智库作用，南太湖农推中心和产学研联盟要围绕湖州今后一个时期的重要任务，如"五水共治""美丽湖州"等，加强对湖州现代农业产业的宏观研究，主动为湖州市委市政府决策献计献策。产学研联盟要继续探索培养新型职业农民的方法和手段，拓宽产学研联盟的服务功能。

三、以构建现代农业三大体系为抓手

"十三五"期间，农业科技研发与推广体系创新要围绕农业供给侧结构性改革这一目标，补农业科技短板，要以构建现代农业产业体系、生产体系、经营体系为抓手，加快推进农业现代化全面实现。现代农业三大体系，是指农业产业体系、农业生产体系和农业经营体系。

1. 围绕农业供给侧改革，加快培育新"六产"

习总书记在中共中央政治局第二十二次集中学习中强调指出，要加快建立现代农业产业体系，延伸农业产业链、价值链，促进一、二、三产业交叉融合。现代农业产业体系，是产业横向拓展和纵向延伸的有机统一，重点解决农业资源要素配置和农产品供给效率问题。产学研联盟要充分发挥农业科技研发创新优势，以市场需求为导向，聚焦湖州现代农业产业结构调整，重点加强生态循环农业、休闲农业研发力度，引导产业联盟重点向农产品加工、休闲农业和农产品流通发展，为湖州构建现代农业产业体系，实现农村一、二、三产业融合发展做出贡献。

2. 围绕农业全产业链，提高"三率"

现代农业生产体系是先进生产手段和生产技术的有机结合，重点解决农业的发展动力和生产效率问题。

产学研联盟要继续围绕湖州智慧农业，提高农业信息化水平。用现代设施、装备、技术手段武装农业，发展绿色生产，提高农业良种化、机械化、科技化、信息化水平。

结合现代农业"两区"建设，农业科技加快实现从偏重土地产出率向土地产出率、劳动生产率和资源利用率相结合，并更加注重资源利用率转变；从偏重产中研究向产地、产中和产品质量安全及产后储运加工的全过程覆盖研究转变。

3. 围绕"两创战略",解决"谁来种地"问题

2015年和2016年的中央一号文件分别提出,加快构建新型农业经营体系、加快形成培育新型农业经营主体的政策体系。"谁来种地"和"谁来建设新农村",一直是全社会关注的问题。

"十三五"时期,农业科技发展经要立足国情农情,抓住国家实施创新驱动发展战略和推进"大众创业、万众创新"的重大机遇,贯彻落实中央科技管理改革的战略部署,调整农业科技发展的方向重点,着力提升农业科技创新效率。

现代农业产学研联盟在总结过去的经验基础上,要持续创新新型农业经营主体和新型职业农民培育路径,积极协助湖州农民学院做大做强农民培训。下一步核心示范基地建设应该把重心放在家庭农场上,发展农业生产性服务业,解决"谁来种地"和经营效益不高问题。

四、聚焦高水平全面建成小康社会的迫切问题

"十三五"时期,是湖州高水平全面建成小康社会的关键时期。"1＋1＋N"产学研联盟下一阶段的工作就是要围绕湖州迫切需要解决的农业短板,找准发力点。南太湖农推中心和产学研联盟工作要与湖州特色小镇建设、美丽乡村建设、休闲农业发展做到"三个融合"。

1. 在农业特色小镇建设上寻找着力点

农业特色小镇是农业三产深度整合的路径。农业产业转型升级,延长农业产业链、价值链,促进一二三产业交叉融合,"第六产业"将成为现代农业新的增长点。农业特色小镇是推进供给侧结构性改革和城乡一体化的有效路径,有利于加快创新要素向农村集聚、农业产业转型升级和历史文化传承,是湖州率先基本实现农业现代化后,"十三五"期间高水平全面建成小康社会,深化美丽乡村建设的一个重要抓手。

"1＋1＋N"产学研联盟要在推进湖州农业特色小镇建设过程中寻找着力点,可以从农业特色产业入手,围绕湖州市特种水产、蔬菜、茶叶、水果、畜牧、竹笋、花卉苗木、休闲农业等特色优势产业和农业文化遗存,主攻最有基础、最有优势的农业特色产业;可以从农业"两区"入手,在建设"粮食生产功能区"和"现代农业园区"基础上,打造"农业产业集聚区"和"现代特色农业强镇",以集聚和特色推动农业转型升级。

2. 在美丽乡村建设上寻找发力点

"十三五"时期,是湖州市打造美丽乡村升级版的关键时期。在湖州市美丽乡村建设"十三五"规划中明确指出,到2020年底,60％的县区建成省美丽乡村示范县区,70％的乡镇建成市美丽乡村示范乡镇,100％的宜建村建成市级美丽乡村,确保湖州市美丽乡村建设继续走在全国全省前列,为加快建设现代化生

态型滨湖大城市、高水平全面建成小康社会奠定坚实基础。

围绕农业主导产业,加强研发与推广。按照"稳定粮油、提升蚕桑、优化畜禽、做强水产,做特果蔬、壮大林茶,发展生产、富裕农民"的要求,着力提升农业八大主导产业,加快产业转型。围绕农村经营主体,加大现代农业经营主体培育、发展、壮大力度,加快培育领军人才,大力培育新型职业农民,加大农村实用人才培训力度。强化发展支撑,加大种子种苗工程实施力度,加强湖羊、龟鳖、青虾、桑蚕、白茶等地方特色品种的保护、开发和利用,加强新品种选育示范和传统优势品种改良,加快形成一批具有本地特色、技术领先的新品种。

围绕休闲农业,以推进国家级旅游业改革创新先行区建设为契机,参与建设一批综合型的休闲观光、乡村旅游、森林生态休闲养生项目,把现有的核心示范基地努力建成区域布局合理、产业特征明显、服务功能齐全的示范性休闲农业集聚区。大力促进文化创意、修身养性、教育体验等要素与农业生产的深度融合,创新、挖掘农耕文化,推动农耕文化遗产合理利用,建设一批以"渔桑文化、鲜果节庆、茶香古韵、太湖渔鲜、湖羊文化、竹海诗意"等为主题的农业特色小镇和森林特色小镇。大力促进美丽乡村创建成果与农业生产的深度融合,培育和提升农家乐休闲旅游业等农村新型业态,让更多"绿水青山"变成"金山银山"。

现代农业产学研联盟要面向新常态下国家现代农业发展的宏观目标,并结合湖州实践,切实解决湖州现代农业发展中的关键问题,只有这样,市校合作的农业产学研联盟才有生命力,才能持久。

五、探索"互联网+"农技推广新模式

精准性和交互性是互联网传播的两大优势,也正是当前农技推广体系的两大痛点。

"十三五"期间,农技推广体系创新面临着许多新的挑战。当今社会已进入大数据时代,数据的无处不在和数据魔力的充分体现,决定了在未来资源的数据化和数据资源的拥有、利用将成为决定发展速度、竞争成败的最大资源,是赢得发展和竞争优势的基础和先机;互联网技术的发展带来的不仅是信息交流的便捷,互联网在经济社会中的广泛渗透、融合,带来的是一种思维方式的根本性变革,这种变革带来经营方式和治理模式的革命,我们面临的是熵和系统,是控制和综合协调对选择决策的取代,是理念的更新和方法的创新。

农技推广方式必须创新,必须拥抱"互联网+"。

1.启动和实施线上农推网络建设

运用计算机、互联网和智能控制技术,实现农业技术推广与推动智慧农业发展统一规划、统一布局、统一实施,把精准农业生产控制技术与农业标准化生产规范及疫病防控统一纳入智能化控制模块;设计开发智能化控制系统的自学

习、自组织功能,形成智能化专家控制系统;同时,辅之以远程专家诊断、会商、互动学习交流,构建网络农推服务系统;充分运用农技推广网络平台,提高农推服务的便捷性、时效性。提高农推服务的覆盖面和个性化服务需求的满足率。

加强南太湖农推中心网站建设,逐步形成集联盟工作管理平台、工作和科技信息发布平台、技术和经验学习交流平台、农业服务在线交易等于一体的综合性服务平台。要借助网络农推大联盟的建设,进一步扩大湖州影响,服务更大范围的农业生产,在农推体制创新上继续领跑全省、全国。

利用移动互联网农技推广服务平台,纵向传播科研推广体系的"处方",横向传播农民生产实践中摸索的"土方",将为破解农技服务"最后一公里"难题提供有效解决方案。

2. 完善农业农村大数据

造成农技推广"最后一公里"的最大痛点,就是信息缺失和信息不对称。涉农数据建设,是当前农技推广体系建设和全产业链共性关键问题,也是农业供给侧结构性改革关键问题,应该着力破解。

2015年9月,国务院印发了《促进大数据发展行动纲要》(以下简称《纲要》)。《纲要》指出,信息技术与经济社会的交汇融合引发了数据迅猛增长,数据已成为国家基础性战略资源。坚持创新驱动发展,加快大数据部署,深化大数据应用,已成为稳增长、促改革、调结构、惠民生和推动政府治理能力现代化的内在需要和必然选择。

《纲要》对发展农业农村大数据提出了具体要求:构建面向农业农村的综合信息服务体系,为农民生产生活提供综合、高效、便捷的信息服务,缩小城乡数字鸿沟,促进城乡发展一体化。加强农业农村经济大数据建设,完善村、县相关数据采集、传输、共享基础设施,建立农业农村数据采集、运算、应用、服务体系,强化农村生态环境治理,增强乡村社会治理能力。统筹国内国际农业数据资源,强化农业资源要素数据的集聚利用,提升预测预警能力。整合构建国家涉农大数据中心,推进各地区、各行业、各领域涉农数据资源的共享开放,加强数据资源发掘运用。加快农业大数据关键技术研发,加大示范力度,提升生产智能化、经营网络化、管理高效化、服务便捷化能力和水平。

结合正在开展的国家科技基础条件平台建设,建立产学研农技推广公共信息平台,为产学研各方提供及时、全面、权威的信息服务。农业企业可随时发布技术和人才需求信息,高校和科研院所也可公布所拥有的农业科研成果、仪器设备、人才等科技资源,政府相关部门定期发布可公开的成果,并对平台上的有关信息进行审核。针对产学研农技推广各环节的需要,引进或建设若干个专用数据库,并建立"产学研农技推广信息资源支持系统",从根本上解决长期以来存在的产学研农技推广信息资源严重不足的问题。

3. 鼓励农技专家成"科技网红"

在新浪微博,有这么一位"网红",发了 7 条微博,就有 392 万个粉丝——这就是世界顶级科学家霍金。当然,我国大多数农技研发与推广专家并不是像霍金这样能与宇宙对话的牛人,而且大多数农技专家只埋头研发和推广,但这不妨碍他们成为农技推广领域里的"科技网红"。通俗地说,"网红"就是网络红人,如果撇开娱乐性、炒作性、商业性,从中性立场上看,"网红"就是移动互联网时代一个重要的社会现象,是对某一有着共同诉求的价值的认同。

在全国科技创新大会、两院院士大会、中国科协第九次全国代表大会上,习近平总书记强调指出,建设世界科技强国,关键是要建设一支规模宏大、结构合理、素质优良的创新人才队伍。"功以才成,业由才广。"人才是创新的根基,是创新的核心要素,"1＋1＋N"新型农技推广模式之所以能创新,关键还在于拥有一支"不忘初心、继续前行"的农技专家队伍。从某种意义上讲,现代农业产学研联盟高校院所专家和本地农技专家,都是现代农业某一领域里的"网红"。被浙江省委书记夏宝龙亲切称为"蹲在田里像农民,站在讲台是教授"的农技专家,对于湖州许多农业经营主体来说,他们就是"网红",同样拥有众多粉丝。他们具有"网红"的基本特点:

第一,在现代农业某一领域都有相当大的影响力;

第二,都有固定的粉丝群体。

科学家如果变身"网红",将大力倡导崇尚科学、崇尚正能量的良好风气。

如果我们的农技推广专家都成了"网红",如果他们的科研成果都成了"网红",那么必将进一步推动"1＋1＋N"新型农技推广模式在全国的影响力。

十年市校携手创新农技推广的历程,十年市校合作的持续,十年市校共建的深化和提升,创新始终是唯一的主题。未来的产学研联盟也只有在不断创新中才能保持持续的竞争力。创新不是简单的否定,质变不是对过去的抛弃,发展需要解决历史遗留的问题。构筑新型农业技术研发与推广体系的过程,也是传统农技服务体系的蜕变过程,是对旧体制的突破,是一个破茧成蝶的过程。党的十八届三中全会关于全面深化改革的决定,为未来农业科研技术推广体制机制创新指明了路径,那就是:"必须积极稳妥从广度和深度上推进市场化改革,大幅度减少政府对资源的直接配置,推动资源配置依据市场规则、市场价格、市场竞争实现效益最大化和效率最优化。政府的职责和作用主要是保持宏观经济稳定,加强和优化公共服务,保障公平竞争,加强市场监管,维护市场秩序,推动可持续发展,促进共同富裕,弥补市场失灵。"在科技创新上,更强调的是发挥市场的决定作用,企业的主体作用,强调的是促进科技成果的资本化和产业化。

我们相信,浙江大学和湖州市战略合作只要"一任接着一任"干下去,市校合作的农业技术研发与推广体制机制创新,将不断深化和丰富。

第八章　新型农业技术推广模式的典型案例

第一节　现代农业产业研究院案例

一、基本情况

从 2013 年开始,农技研发与推广体系创新开始走向深入。从"1+1+N"产业联盟演化来看,它以技术入股为基础,通过创新团队培养,逐步成长;也可以通过引进若干个创新团队直接组建。从目前湖州现有的现代农业主导产业研究院探索来看,主要有以下三类:政府主导型、高校主导型和企业主导型。

以产业联盟为核心,以主导产业发展的关键技术突破,新品种研发、引繁、推广,清洁化生产模式创新和农业标准化生产为重点,在更大范围内集聚资源,组建以高校专家领衔,本地农技专家和经营业主参加的市级农业科技创新团队,以实现农业综合科技水平、农业科技贡献率有较大提高,本地农业科研能力、创新能力有较大提升,农产品的科技附加值和市场竞争力有较大的跨越。从湖州现有已组建的现代农业主导产业研究院来看,主要为以下三类:政府主导型主导产业研究院、高校主导型主导产业研究院和企业主导型主导产业研究院。

(一)政府主导型主导产业研究院:湖州湖羊研究所

湖羊属国家一级地方保护品种,发源于湖州地区,具有耐粗饲、宜舍饲、生长快、繁殖性强、肉质鲜美等特点,已成为浙江省一个特色畜种,更是湖州畜牧业的一张亮丽的名片,享誉国内外。随着畜牧业结构调整以及人民生活水平的提高,近年来湖羊养殖业呈现蓬勃发展态势。根据浙政发〔2013〕39 号、湖政发

〔2013〕42 号文件精神和实施"湖羊产业振兴计划"的要求,由湖州市农业局牵头,湖州市农业科学研究院联合湖州市畜牧兽医局、湖州市畜禽产业联盟组建成立湖羊研究所。湖羊研究所是全国首家公益类研究湖羊的专业科研机构,也是浙江省继金华两头乌之后第二个针对特色优势产业的研究所。研究所主要围绕湖羊保种繁育、健康养殖、产品开发开展科研攻关,主要职责为解决养殖及加工企业发展过程中出现的技术问题、推广先进技术、研究湖羊产业发展技术瓶颈、参与湖羊产业文化及市场运作模式建设等。加快湖羊新品种、新技术、新成果研究与推广,为产业振兴、农民增收提供科技支撑。2013 年,湖羊研究所的产业联盟专家积极调研,撰写了《湖州市湖羊发展情况》调研报告,得到了省委书记夏宝龙的批示;2014 年,"湖州湖羊"获得农业部农产品地理标志。

(二)企业主导型主导产业研究院:浙江安吉宋茗白茶企业研究院

为了充分发挥科研机构与企业的各自优势,建立创新价值链,提升企业自主创新能力,2014 年初,茶叶产业联盟专家参与成立了浙江安吉宋茗白茶企业研究院。该研究院以现有中国安吉白茶研发中心平台为基础,新建宋茗御茶园研究中心 3000m²,将现有 2000m² 的综合办公大楼进行改造升级,建设中试平台、实验室 1000m²,并配套相关的中试设备和实验室基础试验仪器设备。研究院以茶叶联盟等为技术支撑,加快科技和产业集聚、加速提升行业发展层次为特点,依托科技单位的综合技术优势,加快茶叶科技成果的转移转化和规模产业化,将安吉宋茗白茶企业研究院建设成为知识创新、技术创新和区域创新体系紧密结合的研发和转化基地。目标是在合作单位的共同努力下,将该研究院建设成为茶产业技术研究和自主创新的平台,成为国内茶产业行业先进水平的技术研发基地,为企业自身的可持续发展、行业的技术进步和打造国内领先的行业龙头企业提供技术支撑并发挥引领作用,为安吉茶产业结构的调整提升、技术产业的培育发展及人才培养做出贡献。到 2015 年年底,研究院已建成了 3 条先进凤形安吉白茶、兰花型安吉白茶、蒸汽杀青安吉白茶的连续化清洁化加工生产线,实现安吉白茶产量 45 吨/年,年产值可达 7000 余万元,并且产品更加标准化、清洁化,保证了产品的稳定性。通过订单农业辐射周边茶叶产品种类,有效减低劳动力的使用,降低成本 400 万元/年。通过订单农业辐射周边茶园 10000 余亩,直接受益茶农 300 余户,增加茶农收益,带动农村经济发展。

(三)高校主导型主导产业研究院:浙江大学湖州休闲农业产业研究院

在主导产业研究院工作推进中,浙江大学湖州休闲农业产业研究院的成绩可圈可点。2015 年 4 月,市校双方开始筹备休闲研究院;2016 年 1 月,在市校合作第九次年会上,浙江大学农业技术推广中心与湖州市农业局共建浙江大学湖州休闲农业产业研究院。

1.休闲农业研究院成立背景

湖州休闲农业发展势头良好。"行遍江南清丽地，人生只合住湖州"，近年来，湖州市高度重视休闲农业的发展，把发展休闲农业作为农业转型升级的重要抓手，结合美丽乡村和乡村旅游建设，充分发挥太湖、竹乡、湿地、名山等山清水秀的资源优势和生态优势，探索走出了一条"发展氛围浓、优势产业强、环境建设优、产品内容多、品牌建设好"的休闲农业特色发展之路。目前，湖州市以农业主导产业为依托，具有一定规模，且能为游客提供观光、休闲、度假、体验、娱乐、健身等经营活动的生态休闲农业园区共有94个；全国休闲农业与乡村旅游五星级示范企业4个、四星级示范企业3个、三星级示范企业8个。2015年，全市接待休闲农业与乡村旅游人数达2640万人次，产值近45亿元。

浙江大学技术力量雄厚。浙江大学生命科学学院生态规划与景观设计研究所（原浙江大学生命科学学院生态规划研究所）成立于2003年11月，是我国重点高校中成立较早、实力较强的生态规划与景观设计研究和服务机构之一。研究所有生命科学学院生态学博士点、国家级生态学重点学科、农业部生态学重点学科和农业部生态农业环境工程重点开放实验室作为技术后盾，主要从事农业园区规划、新农村建设规划、生态旅游规划、生态规划、景观设计、产业发展规划、旅游地产开发策划、可行性研究报告、专项规划方面的教学和科研工作。

2.休闲农业产业研究院的功能和目标

发挥浙江大学学科综合优势和湖州休闲农业产业优势，汇集国内外相关资源，通过技术创新、模式创新、管理创新、机制创新、服务创新，打造休闲农业科学研究、产业开发、专业培训、规划设计高地，引领全国休闲农业产业发展。

研究院以科研、培训、服务为主要功能定位，通过休闲农业众创小镇的建设和庄园会的组建，使湖州市成为全国休闲农业的智库、资金池、人才集散地、孵化器、服务中心和样板区。为把湖州市建设成为"长三角地区绿色农产品的供应基地、都市型农业的品质高地、休闲农业与乡村旅游的首选之地"做出贡献。

浙江大学湖州休闲农业产业研究院成立后，主要开展休闲农业产业发展战略研究、项目投资策划、运营管理咨询、品牌创建服务和组建休闲农业产业行业合作平台等工作。充分利用研究院的平台和资源，主动加强对接，强化交流互动，积极发挥在休闲农业产业发展战略研究、规划设计、人才教育培训、合作交流平台建设等方面作用，为湖州成为全国休闲农业与乡村旅游首选之地提供技术支撑和新的动力。

3.休闲农业产业研究院基本构架和主要任务

研究院以湖州市农业局为行政主管部门，以浙江大学农业技术推广中心、浙江大学湖州市休闲观光农业产业联盟、浙江大学生命科学学院生态规划与景观设计研究所为技术支撑单位,聘任国内外领域顶尖专家为智囊团。研究院下设科学研究中心、决策咨询中心、教育培训中心、规划设计中心、产业服务中心等,直接服务对象为湖州市休闲农业相关职能部门和经营主体,辐射浙江省和全国休闲农业教学、科研、推广机构和实体企业。

研究院集培训、规划、产品、营销、管理、服务于一体,依托互联网和物联网,不断拓展众创空间,大力培育创客集群。

研究院的主要任务有:一是制定湖州市休闲农业产业战略规划和顶层设计;二是构建湖州市休闲农业产业发展新模式;三是建立休闲农业产业经营管理和服务人员以及新型职业农民的教育培训体系;四是形成一整套规范化服务、标准化建设、信息化管理、市场化运作的运营体系;五是创建国家级休闲农业产业示范基地。

4.休闲农业产业研究院的运营模式

通过基金＋、资本＋、智库＋、互联网＋、服务＋,以及与浙江大学继续教育学院、浙江大学城乡规划设计研究院、湖州职业技术学院的战略合作,构建BCSA(商业社团支持农业)体系,打造"一个基地一个会六个支柱"的全方位、全天候、全领域、全覆盖专业运营模式:一个基地——就是休闲农业众创小镇,一个会——就是庄园会,六个支柱——就是科学研究、永久会址、教育培训、规划设计、旅游开发、指导服务。通过申报项目和自身服务所具有的造血功能,进行新技术、新模式、新机制的研发,以及用于浙江大学湖州休闲农业产业研究院的日常运行。

5.休闲农业产业研究院的主要工作及成效

休闲农业产业研究院成立以后,充分发挥专家资源优势,使其多次对湖州市蚕桑产业科技文化园、吴兴区珀莱雅农业项目、安吉县的"两山论坛"和"田美"工作、南浔区休闲观光农业产业、长兴县休闲农业产业等进行考察指导;休闲农业产业研究院多次应湖州市农业局、长兴县农办、吴兴区农业局的邀请,组织专家团队对"十三五"农业规划进行调研、指导并提出修改意见和建议。

专家团队深入实际,撰写了2篇高质量的调研报告,分别是《湖州市休闲农业发展现状与对策调研报告》和《湖州市蚕桑资源深加工状况调研报告》。

研究院密切联系湖州休闲农业经营主体,确定了10个核心基地、20个重点基地、50个一般基地,在休闲观光农业产业联盟原有的137个服务主体的基础上,新增加43个,总服务主体达到180个,服务3个基层农服中心,年均服务次数达到17次;主持和参与科技项目5个,引进推广新技术或新模式9个。

二、案例点评

新型农技研发与推广体系的不断完善和进化,迫切需要从科技前沿的基础理论研究到产业发展的实际运用之间,建立一个高效通道;从关键技术的突破到集成创新提升产业综合竞争力之间,建立一个高效载体;从党政搭台、项目推动到市场配置、实现政产学研一体化发展之间,建立一个制度构架的平台。主导产业研究院很好适应了这样的需求,其具备的特征为:一是具有独立的市场主体地位;二是一个以技术成果资本化为标志的股份制企业;三是由政府推动或企业发起,承接政府购买服务,履行公共服务职能的现代服务型企业。农业主导产业研究院下一步着重要解决以下几个关键点:

1. 理顺运行机制,创新商业模式

首先,要明确研究院的性质、属性,是属于公益类还是非公益类?公益类的研究机构在体现公益的前提下,如何发挥市场的配置作用?企业在公益类研究机构中起到什么作用?非公益类研究机构,要明确高校、政府等的角色。

其次,要研究研究院的资金投入、政策保障及利益分配。运行机制良好与否,直接影响到组织的运作。

2. 摒弃"零和",实现共赢

创新成功的关键在于以"融合"促进商业生态系统中的价值创造。当前环境下的创新是"零和"还是共赢?未来的创新着力点又在何方?

不管哪种类型的产业研究院,都要有一定的企业主体参与其中。如果受益的企业主体是少数——特别是企业主导型研究院,多数企业在行业里仍处于低端,不能带动整个产业转型升级,那么最终这种创新还是"零和游戏"。当创新只为企业留下短暂的首发优势,这个产业的创新能否找到动力继续维持?

立足于全产业链创新,延长微笑曲线的两端,提高产业附加值,打响区域产业公共品牌,只有这样才能实现政府、高校、企业、产业的创新共赢。

第二节　农业创新团队培育案例

一、基本情况

农业科技创新团队的培育,是继市校农业项目合作、"1＋1＋N"产学研一体化产业联盟建设之后,市校合作在农业领域的再次深化,对于提升产业整体水平和核心竞争力,特别是在整体推进生态文明建设中加快农业发展方式转变、建设现代化农业强市具有十分重要的意义。

为深入挖掘和整合农业技术推广和研发力量,推进合作攻关,提升整体农业技术推广和科研水平,增强服务"三农"能力,加快现代农业建设步伐,针对湖州现代农业产业发展中的共性关键技术难题,围绕生物种业、循环农业、种养结合模式、设施农业、面源污染防控等方面,2014 年底,浙江大学湖州市产学研联盟择优组建了特色养殖种业、低碳循环渔业、农业生物质资源循环利用等 3 个农业科技创新团队。至 2015 年年底,创新团队已发表了论文 1 篇,申报发明专利 4 项。其中 1 项授权专利获得浙江省科学技术进步奖;2 名成员获得正高职称,3 名成员获中级职称;特色养殖种业创新团队已设计了代乳料专用配方 2 个,经初步试验,证实代乳料有较好的适口性,可提高断奶成活率 20% 以上,生长速度与母乳喂养相近,初步确定湖羊专用预混料的配方、配制技术和加工工艺;低碳循环渔业创新团队研究了共作生态种养模式对水稻和中华鳖生长和品质的影响、共作系统中水质的变化规律、土壤的理化特性、氮磷收支,优化了稻鳖共作生态种养模式,包括筛选出适宜的水稻品种及相应的种植密度,筛选出中华鳖适宜放养密度,建立了水稻、中华鳖的协同操作技术,在安吉、德清、南浔等地推广 3000 余亩;农业生物资循环利用团队系统研究了桑葚和桑葚酒的营养成分,通过紫外线 UV-C 照射提高桑葚白藜芦醇,通过发酵中添加桑葚果皮和生物酶等方法,提高了桑葚酒中白藜芦醇、花青素等营养成分。另外,创新团队已发表了论文 1 篇,申报发明专利 4 项,获得浙江省科学技术进步奖 1 项,2 名成员晋升正高职称,3 名成员晋升中级职称。

(一)"农业生物质循环利用"创新团队

1. 创新团队成立背景

发展生态循环农业,是促进建设现代农业发展的重要举措,是有效促进现代农业经济发展、增加农民收入,有效提高农业综合生产能力的坚强保障。

湖州市在生态循环农业的建设方面做出了积极而又成效的工作。如完善循环农业相关规章制度;积极引导产业发展主体科技创新投入,发展现代生态循环农业(孵化培养)。推进农业科技自主创新能力,切实抓好湖州现代农业科技创新推广工作,坚持产学研相结合,与当地高校合作,发挥教育资源作用。

湖州的蚕桑产业是在全国乃至全世界都具有影响的传统产业,已有 4700 年的历史。钱山漾、辑里湖丝等都闻名于世。至 2012 年年底的统计数据表明,湖州市现有桑园面积 15146 公顷,蚕农 159204 户,饲养蚕种 25 万张,蚕茧 1.33 万吨。以此计算,全年产生干蚕沙 18750 吨,桑枝 159033 吨,缫丝后的蚕蛹 9300 吨,干蛹 3724 吨。

农业生产过程中,会产生出多种副产物,比如蚕业生产的副产物有:桑枝、蚕沙、多余的桑叶等。如果充分地利用这些副产品,可以增加蚕农的收入,也可以为某些企业提供良好的生产原料。比如,蚕沙除了养鱼、养羊外,也可以作为叶绿素生产的原料;桑叶除了喂蚕、入药,也可以用来生产桑叶茶。湖州是个人杰地灵的地方,这里的人们富有创造性,具有良好循环利用农业资源的基础。

2.主要工作及成效

创新团队主攻方向:新型桑基鱼塘生态系统建设、奶牛养殖场牛粪处理及相关循环农业体系和建立循环农业示范点建设。

其中新型桑基鱼塘生态系统建设内容主要包括:第一,生物质循环利用。在桑基鱼塘核心区增强生物质循环利用的措施,包括蚕沙＋配合饲料养鱼(水产)、鱼塘污泥肥田(桑园)、桑叶养蚕(准备制种),并对合适于鱼塘污泥肥田的桑树品种进行评价。第二,提高单位面积土地价值。着重提高桑基鱼塘单位面积产出率。就桑园的套种套样,进行分析和选择。除了普通套种套样以外,还准备利用多余桑叶,饲养一些抗逆性能特别强、易养的蚕品种,用这些家蚕幼虫饲养家禽,提高家禽品质,增加农民收入。第三,蚕、桑产物多元化利用。加强栽桑养蚕过程中的废弃物的利用,比如蚕沙用于养鱼和养羊、蚕蛹用于养鱼和做配合饲料、桑叶用于桑叶茶、桑果用于酿酒和饮料、废蚕丝用于提取丝胶丝素蛋白等。

3.拟解决的关键技术

第一,新型桑基鱼塘生态系统:套种套养品种适应性;新品种的养殖、栽培和管理技术。

第二,蚕业资源循环利用:新产品的开发技术,如适合桑叶菜的配套技术、桑叶菜、桑叶茶等加工技术、桑葚保鲜、超声波法丝胶提取工艺、丝素蛋白酶法水解工艺技术等。

(二)"特色养殖种业"创新团队

1.创新团队组建背景

根据《关于湖州市人民政府关于加快畜牧业转型升级的意见》(湖政发〔2013〕42号)、《湖州市农业局关于建立十大现代种业工程的通知》(湖农发〔2014〕41号)等文件精神,湖羊和太湖鹅已被列为湖州市的两大区域特色畜禽产业。尽管目前湖羊和太湖鹅养殖业均拥有较好的产业发展优势,从表面上看,规模化程度在迅猛提高,但仍面临良种发掘与保护滞后,发展基础薄弱;饲料资源短缺;养殖模式不清晰,技术水平亟待提高;疫病防控认识模糊,潜在风险评估不足等挑战。从技术发展水平评价,目前湖羊和太湖鹅养殖业在品种选育与保护技术、养殖技术、机械化装备技术、疫病防控技术以及产业体系等方面仍处于一般的水平,远不能满足产业长远发展的需要。此外,据测算,我国的粮食成本高于国际市场30％,而畜产品成本则低于国际市场20％～30％,发展畜产品有很强的竞争力,但畜牧业发展粗放不行,必须搞精品畜牧业,尤其要注重畜牧业的良种体系建设、科学的饲养管理方式、安全高效的疫病防治措施等。再者,建设标准化、规范化的良种繁育场,是不断提高湖州市湖羊和太湖鹅品质,保持和提高其群体质量的必由之路,也是发挥湖州区域特色品种优势,加快地方特色产业开发的客观要求。

因此,为确保上述两大种业的技术提升,有效地缓解养殖户对种羊和种鹅的需求,带动湖州湖羊和太湖鹅产业的发展,实现可持续健康发展,建立特色养殖生物种业科技创新团队已显得尤为重要,其对实现农民增收、牧业增效,增强区域经济实力,调整优化农业产业结构,繁荣农村经济必将起到积极的作用。

2. 主要工作及成效

保护湖州湖羊和太湖鹅优良品种,建立与完善湖州市湖羊和太湖鹅良种繁育体系、良种推广、饲料饲草生产和疫病防治等体系,着力解决和完善湖州湖羊和太湖鹅优良品种的繁育体系、高效饲料与饲养技术体系、疫病防治与预警体系、产业化经营机制、市场供求机制等方面的建设。"湖州湖羊"和"湖州太湖鹅"已被成功评为国家地理标志。

(三)"低碳循环渔业科技"创新团队

1. 创新团队组建背景

未来 20 年,我国农业各大行业的首要任务应该是保障我国人民的食物安全问题。我国的粮食增产已面临着水资源短缺、化肥污染严重、耕地减少、气候变化等的挑战,因此,渔业作为大农业的一部分,义不容辞地应分担保障我国食物安全的责任。另外,我国政府已承诺大幅度降低单位国内生产总值二氧化碳排放量,渔业也应该践行这一承诺。因此,为满足我国对水产品的需求,为保障我国的食品安全、实现我国二氧化碳减排目标,渔业产业的主体应该走高效低碳的发展道路。

我国传统渔业生产普遍采取粗放式发展模式,过度注重渔业发展的速度和数量、重视外延扩大再生产,轻视发展的效益和质量,对内涵扩大再生产重视不足,这种"高投入,高消耗,高排放,低产出"的传统发展模式给自然资源和生态环境带来了巨大压力,造成自然环境压力过大,食品安全质量问题堪忧。因此,传统渔业经济增长方式的潜能已逼近极限,影响到水产养殖的可持续发展。低碳循环渔业是运用可持续发展思想、循环经济理论和生态工程学的方法,在保护渔业生态环境和充分利用高新技术的基础上,优化调整渔业生态系统内部结构,提升系统物质能量的多级循环利用效率,严格控制外部污染物质和有害物质的投入,减少废弃物的产生,最大限度减轻环境污染,将渔业生产活动与生态系统相结合,以实现渔业可持续发展和生态良性循环。通过转变传统渔业发展理念,大力推广低碳循环渔业模式,可以起到保护环境、节能减排的作用,是缓解能源危机、增强渔业生产能力、确保水产品生产安全的有效措施。

2．主要工作及成效

低碳渔业创新团队主要围绕稻鳖共作高效种养模式的优化与示范推广、池塘鱼菜共生种养模式的优化与示范推广、太湖河蟹低碳养殖模式的优化与示范推广和工厂化循环水养殖技术研究开发与示范展开工作。

稻鳖共作模式成为国家科技部项目的子课题，中央电视台专门拍摄了纪录片；由团队起草的《湖州南太湖毛脚蟹生态养殖技术操作规程》已实施，并已成为湖州养蟹的标准。

3．拟解决的关键技术

拟解决的关键技术包括：稻鳖共作模式中华鳖与水稻的协同种养技术；中华鳖工厂化循环水养殖水处理技术；鳖用口服纳米疫苗制备技术。

二、案例点评

农业科技创新团队的组建和培育，应坚持两个原则：

1．围绕产业关键技术创新

必须坚持以产业联盟为基地，在更大范围内整合资源，围绕湖州农业主导产业发展中的关键技术、瓶颈难题开展攻关，目标要更加明确、重点要更加突出、力量要更加集中、物化的成果要更加显现。

产业共性关键技术问题的创新，关键在于产业标准的制定和新模式的运用，同时要加强对知识产权的保护。

2．强调团队协同创新

对于团队创新而言，知识结构与存量的提高以及思维模式的改善可以通过团队中的信息、知识、思维的共享与互补得以迅速解决。这句话有两层含义：一是团队层面，即通过恰当的人员组合可以使团队的知识结构与存量得以迅速提高以及思维模式得以迅速改善；二是个人层面，即在团队创新中，通过信息、知识和思维模式的共享与互补，团队成员也可以更快地学习与积累知识与思维模式。另外在团队创新中通过对各种不同观点进行反思与激发，团队能够产生更多更好的创新，即会产生效应。这同样也是个人创新所不能比拟的地方。

在现有的农业科技创新团队中，仍然是以技术为导向，缺少全产业链人才。这样会制约新技术、新品种的市场推广。

第三节　联盟核心示范基地建设案例

一、基本情况

农技推广示范基地是联系农技科技成果、农业生产、农户三者之间的桥梁和纽带,是实现传统农业向现代农业转变过程中不可或缺的重要环节。在创新农业科技研发与推广体系中,着重抓示范基地建设,以新品种、新技术和新成果试验、示范、展示为核心,面向农技推广示范户和广大农户推广先进实用的农业科技成果,取得了一定的效果。核心示范基地为湖州市推进农业科技创新、强化建设现代农业的科技支撑、加速农业科技成果转化、推动农业转型升级发挥了重要作用。到 2015 年年底,产业联盟已建成核心示范基地 100 家,涵盖了湖州市现代农业"4231"十大主导产业,示范带动效应突出。

产业联盟基地建设,经过几年的发展涌现出许多新业态、新气象,传递着产业发展转型升级、联盟建设不断深化、市校合作向更高水平迈进的强烈信号。

1.休闲＋,基地与休闲旅游相结合

农业＋休闲,成为湖州现代农业发展的一大趋势。联盟专家运用自己的知识、技术以及对产业发展的敏锐把握,引导和帮助经营主体实现转型升级,传统产业焕发新的活力。休闲观光农业联盟基地——德清蚕乐谷文化传播有限公司原本是一个有着 70 多年历史的蚕种生产企业,这些年同样面临着蚕桑产业萎缩的挑战。2012 年开始,该公司利用茧舍和空闲的生产场地,布置了蚕桑文化陈列室,建成了占地 100 亩的亲子游基地,去年接待游客超过 6 万人,经营收入超过 300 多万元,占企业经营性总收入的一半。安吉硒源竹笋专业合作社利用毛竹精品园独特资源,汇入县域旅游大格局,打造"硒食慢旅"旅游品牌,并开发了富硒毛竹酒,使农家土酒身价倍增,每斤售价达 198 元。

长兴七彩农林科技有限公司的千亩"七彩林"总投资 2000 万美元,规划面积 1500 亩,打造以精品容器苗木为主,集观光旅游、婚庆策划、现代农业以及苗木产销等于一体的观光休闲农业。2015 年初,"七彩林"种植了 1 万多株品种各异的苗木,首届菊花精品展也顺利举办。

2.文化＋,企业核心竞争力不断增强

联盟专家不仅推广新品种、新技术,而且送文化、种文化,帮助企业打造品牌形象,发展企业文化。浙江安吉龙王山茶叶有限公司与联盟专家一起培育茶叶新品种、引进茶叶自动化生产线、改良茶生产工艺、开发茶叶新包装、推出茶文化展示厅,年产凤形、龙形等"龙王山"牌安吉白茶 2.5 万公斤。该公司还建立了良种茶苗培育基地,年出圃茶苗 1500 万株,启动了安吉白茶品质研究基地科技开发项,形成了以"团结协作——精心打造茶品牌;携手同行——合力提升安吉白茶产业"为核心的企业文化。

湖州玲珑湾生态农业示范园占地 2000 余亩,主要从事热带水果生产,致力于发展休闲观光农业。先后引进了台湾水果品种、台湾精致农业团队、台湾休闲食品、台湾特色的 DIY 亲子活动项目、台湾的风味美食,处处凸现中国台湾地区的文化元素,彰显台湾风情,吸引着越来越多的观光、休闲、体验的游客,成为吴兴妙西特色乡村旅游线路上的重要节点。

安吉马村特色果桑基地是华东最大的桑葚生产及加工基地,村里有蚕桑科普文化展示厅、休闲文化产业同步发展。马村被称为"浙北蚕桑第一村",其蚕桑专业合作社和红桑果果桑专业合作社分别被评为浙江省百强农民专业合作社和浙江省示范性农民专业合作社,马村蚕桑生态博物馆是"中国·安吉生态博物馆"的十二个分馆之一,是湖州蚕桑外宣的一个品牌。2014 年,马村举行了以"体验蚕桑文化,享受绿色生活"为主题的"2014 安吉·马村首届蚕桑文化节"。

3. 生态＋,企业的社会责任感明显提升

联盟专家着眼于现代生态循环农业发展,大力推进生态化养殖新技术和生态循环模式。南浔菱湖精鑫生态生猪饲养场总投资 1200 多万元,其中 350 多万元用于猪粪干湿分离、沼气储气罐、沼气发电等设施建设,形成了"猪—沼—渔、林、稻"生态循环模式,建成了总面积 520 亩、农牧结合的生态农业精品园区,其中猪场面积 70 亩,2014 年存栏生猪 7332 头,年出栏商品猪约 12000 头,生猪养殖的污染物全部成为有机资源得到生态利用,成为首批国家级畜禽标准化养殖示范场。

南浔区练市朱家兜村蚕桑示范基地被省农业厅认定为蚕桑新技术生态循环示范基地,已成为典型的江南蚕桑专业特色村,建有果桑示范基地面积 100 亩,通过果桑采摘、桑叶养蚕,亩蚕桑收入达到 10680 元;建立新品种桑苗示范基地 20 亩,年繁育新品种桑苗 80 万枝;开发桑叶茶、桑叶菜、桑枝食用菌;建立使桑叶充分得以利用的生态湖羊场;2014 年基地引进先进蚕茧收烘设备,由合作社牵头组织,以高于市场价 10%～20% 的价格收购蚕茧,明显提高茧质,惠农增收,示范作用突出。

4. 品牌＋,新理念创新经营新模式

联盟专家传道、授业、解惑,为企业品牌经营提供技术支撑和智力支持。浙江山清水秀农业开发有限公司,依托安吉良好的生态资源,发展有机农业,打造"源本生活"品牌。作为一家种养殖蔬菜、肉类、鱼类及配送服务性企业,公司致力于建立、恢复农业生态系统的生物多样性和良性循环自然生态的生产体系，生产过程中不使用化学合成的农药、化肥、生长调节剂、畜禽饲料添加剂以及基因工程生物及其产物。公司引入智慧农业概念，运用互联网技术，让客户通过电脑、手机了解生产全过程，凭借过硬的技术和诚信的服务，让"源本生活"农场成为会员专属农场，提供了品牌附加值，也为企业带来了可观的收益。

漾荡牌是湖州太湖螃蟹的著名品牌，现被列为浙江省著名商标。为了提升品牌效益，长兴县洪桥漾荡牌河蟹专业合作社参与制定了市级地方标准《湖州南太湖毛脚蟹池塘生态养殖技术操作规程（DB3305/T30—2013）》，采用塘底种植水草、放养螺蛳，混养鱼虾，利用生物制剂等方法改善水质，并推行设备增氧、控制放养密度、适时上市等新技术和环境友好型健康养殖新模式，以提高螃蟹品质，并积极探索蟹稻共生模式。合作社统一养殖技术、统一"漾荡"品牌、统一包装销售。在典型示范、拓展销路和打响品牌等方面取得了良好的社会和经济效益。

5. 服务＋，全产业链服务中做强自己

尹家圩农机粮油植保专业合作社成立于 2009 年，拥有社员 200 人，承包土地面积 3500 亩，共有各类农机 90 多台。这几年在联盟专家指导帮助下，尹家圩从机耕机收服务向植保服务延伸，开展病虫防治业务，农作物病虫草鼠代防代治、统防统治、测土配方施肥服务，采取以农业、物理和生物防治为主，以化学防治为辅的办法，分区安装杀虫灯，人工摘除病虫株，利用田埂作物保护天敌，严格按无公害生产技术规程用药；并逐渐向良种引进、示范推广拓展，向粮食烘干、仓储覆盖拓展。2015 年，合作社开始实施秸秆综合利用，2 台大型收割机都安装了秸秆粉碎机，实现边收割边粉碎的最佳效果，全年还田秸秆 2000 吨，全面施用秸秆有机肥，有机肥覆盖率达到 100％。合作社还购置了 8 台草绳机，在农闲时期编制大量的草绳等农用品，对 1000 吨秸秆采取离田利用，收割时机械打捆后出售给湖羊饲养企业用作湖羊饲料，实现了经济效益、生态效益和社会效益的同步提升。

6. 技术＋，农业经营主体加速转型

新品种、新技术、新模式、新平台、新理念，联盟专家授业、传道、解惑，加速着农业经营主体的转型、成长。金农生态农业发展有限公司适应设施大棚的微小农机具的示范推广，喷滴灌＋水肥一体化智能化控制技术的运用，不仅提高了农产品品质，也有助于解决劳动力日益短缺的问题，更是带来了农业生产方式的转变，让人们看到了农业成为一种体面、有尊严职业的希望和前景。蔬菜育种中心的建立、浙江大学研究生院农业硕士实训基地的挂牌，让人们看到了一个农业企业抢占科技制高点，从单纯追求产品品质和价格竞争力向依托科技、人才、文化，提升企业核心竞争力的跨越式成长。长兴大唐贡茶有限公司在茶叶联盟专家的指导下,推广使用茶园绿色生物防治技术,茶叶生产基地被农业部和中国农业科学院认证为国家级绿色食品和有机茶生产加工基地,2015年投资80万元,开始实施名优茶连续化生产加工技术,用机器代替人,劳动力比原来减少四分之三,产量比原来增加4倍。湖州绿腾生态农业发展有限公司投资600万元,建设园区内基础设施、钢管大棚、喷滴灌、耕作机械等,并通过联盟专家指导,引进新品种40多个、新农资20余种、新技术10多项,被评为全国农技推广科技示范基地、湖州市级农业精品园。

二、案例点评

核心示范基地建设,在整个农业科技研发与推广体系中起到了重要作用。首先,示范基地建设带动了群众观念的转变。其次,示范基地建设提升了农技推广人员业务素质。示范基地的建设,从规划设计、经营定位、试验示范方向,到运行和总结评价,每一个环节都按标准化要求建设,起到了很好的示范作用。通过农技推广试验示范基地,湖州培养了一批科技人才,锻炼了技术推广队伍,提升了农技推广人员业务素质。再次,示范基地建设促进了先进技术的推广。在生产实践中,往往会遇到各种技术难题,由于技术推广部门缺少试验示范基地与资金支持,很少去开展试验示范,问题得不到及时解决,教学、科研部门研究的技术成果也不能及时应用到生产中,无法转化为生产力,形成科研与生产脱节。农技推广示范基地的建设,吸引了专家、技术与资金,在示范基地开展科研和试验示范,使教学、科研与生产紧密结合,及时发现问题、研究问题、解决问题,为技术推广提供了很好的平台,提高了综合生产能力。

在核心示范基地建设案例中,我们可以发现:

1. 基地建设要适应协同创新的大势

从产业内部的技术服务到产业间的技术融合,从示范推广到协同创新,这是农业技术推广服务的转型升级,是"1＋1＋N"产学研联盟建设的不断深化。产业联盟在产学研一体化纵向构架的基础上,需要跨专业、多学科横向构架的补充和完善。在核心示范基地建设中,有不少基地都依托产业发展了不同程度的农业观光、农业体验、农业节庆活动,拓宽了农业功能,实现了农业"跨二连三";而大多数基地都涉及了现代生态循环农业领域,建立起了一定的生态循环模式,在一定程度上实现了农业废弃物的减量化、无害化排放,以及农业资源的循环再利用。这些充分展示了生态循环农业、休闲农业强劲的发展势头和巨大的发展潜力。但是,循环农业和休闲农业的发展涉及技术的融合、农业内部种养产业的融合,更涉及跨产业、多产业的融合。从现状来看,有的企业有循环农业的实践,但缺乏系统循环的整体谋划和布局;有发展休闲农业的想法,但缺乏个性化的创意和前瞻性的策划,相应的功能不配套;开始关注文化的植入,但缺乏文化元素与旅游要素的有机融合;有的农事节庆活动还只是促销的一种手段或补充,缺乏从品牌价值提升、企业文化形象上做整体的包装和打造。

2.基地建设要适应全产业链发展需要

产业联盟既要实现产业发展关键技术的突破和共性技术的集成创新,更要着眼于企业人才团队建设,整合相关资源进行培训培育,授业、解惑、传道。上述基地中,无论是生猪饲养、河蟹养殖,还是蔬菜瓜果、粮食生产;无论是专业合作社、农业生产企业,还是加工企业,几乎都开始向前延伸到种子种苗繁育,向后拓展到市场销售,形成一个较为完整的产业链。但是,也不难发现这样的发展存在以下问题:一是产业链拉长,从生产领域进入育种和销售领域,普遍面临着人才储备不足的情况,由于缺乏团队的支撑,经营者凡事亲力亲为,其精力和能力限制了发展规模,会丧失趁势而上的发展机遇。人才问题、团队培育问题成为了突出的急需解决的问题。二是企业内部全产业链的出现,易使经营者内心产生一种"什么都是自己的,才能赢得顾客的信赖和放心"的感觉,这种企业内部的产业链成为一个相对封闭的体系,如果不能满足专业化生产、社会化服务的要求并转型升级,建立现代企业制度,就会因为"重模式"经营,增加运作成本,抵消发展活力,从而难以应对日趋激烈的竞争,无法实现其可持续的发展。三是从目前来看,这种企业内部的全产业链经营给企业带来了新的商机和赢利空间,经营者也因此舍得投入、愿意网罗人才。但这种相对封闭性的存在,从产业发展的大局看,会因为人力、物力、财力重复投入而导致浪费,甚至导致破坏市场秩序的恶意竞争,影响产业的健康有序发展。

3.基地建设要适应互联网+的快速发展

智慧农业的打造需要产业联盟与示范基地的协同创新,也需要为政府制度创新和政策供给提供相应的决策咨询服务。目前,在湖州智能化控制系统运用得不多、不广,除高标准的智能大棚之外,只有两个基地装备了远程可视系统,现在所做的"智慧农业"是初始阶段的、目前已经落后了的东西。这在一定程度上反映出我们在智能化控制系统、射频识别系统和农产品质量安全可追溯系统建设和推广上的滞后,这与湖州现代农业发展示范市的称号不相适应。加快发展需要专家的技术支撑、经营者的远见卓识和政府产业发展政策和相关配套制度的支持。同时,有的基地已经跨越电脑互联网,进入了移动互联网时代,如浙江山清水秀农业开发有限公司的网站已被手机APP(应用程序)取代,玲珑湾生态农业有限公司、龙王山茶叶开发有限公司、德清蚕乐谷文化传播有限公司也都开通了微信公众号,其中有的还开设了网店,存在的问题是策划创意水平不一、如何经营好微商的体会不一,对于如何运用好线上营销,并且将线上营销与企业形象打造相结合还存在不少困惑。如何运用产业联盟这个有效载体,结合区域公共品牌打造,建立公共服务平台,为更多的微小企业服务,形成线上营销规模优势,成为下一步我们应该努力的方向。此外,互联网＋的概念开始深入人心,但是更多公司局限于利用网络平台来强化营销,产品营销与品牌经营有机融合的不多,线上产品宣传多,企业文化包括企业经营理念宣传少。利用物联网的理念经营企业的意识更是相对缺乏,更多的还停留于用自己的产品来赚钱的阶段,而没有用自己的核心技术、品牌信誉和经营理念赚钱的意识、知识、能力和人才准备,导致市场开拓慢、服务半径有限,成长型企业成长速度不快。

第四节　农业技术入股案例

一、基本情况

作为全省农业技术研发与推广体制机制创新试验专项改革试点市,湖州市自 2013 年起依托现代农业产学研联盟,以技术入股促进农业科技成果转化方式,助力农业产业发展。截至 2015 年年底,产学研联盟中已有粮油、蔬菜、水果、畜禽、水产、茶叶、蚕桑 7 个产业联盟,分别与农业经营主体签订技术入股合作协议 15 项,参与联盟农技服务专家人数达到 31 人,其中水产、蚕桑、畜禽、茶叶、蔬菜等产业联盟已完成首批分红。联盟实行股权激励,有力缓解了农业主体自主研发创新能力薄弱、农业科技成果转化率低下等问题。

在探索农业技术入股实践中,产学研联盟积极搭建合作平台。以"浙江大学湖州市现代农业产学研联盟"农技服务组织为主平台,围绕湖州市十大主导产业联盟,以省、市、县区高校院所及农业事业单位产业联盟专家为主要技术成果持有人,现代农业经营主体为主要入股对象,通过产业联盟与经营主体签订合作协议的形式,构建了技术入股双方利益联结机制,实现双方互惠共赢。这一机制主要有以下三个特点:

(1)创新入股形式。根据技术成果持有人不同意愿和入股农业主体不同服务需求,技术成果持有人可通过领办创办现代农业经营主体、合作共同研发、技术成果转化应用、承接农业经营主体服务外包等不同形式进行农业技术入股。至 2015 年年底,产业联盟已签订的 15 项技术入股协议,主要以承接技术服务外包的形式开展,为农业经营主体提供技术创新、信息支撑、经营管理、人才培养等中长期服务。

(2)明确双方权责。每项技术入股合作协议内容可由各产业联盟与经营主体自行协商决定,但必须明确合作期限、参与服务的联盟专家、甲乙双方权利义务和奖罚措施等,如根据产学研联盟首个技术入股协议——粮油产业联盟与华扬粮油专业合作社技术服务协议,由产业联盟定向对企业提供生产布局、新品种引进、标准化技术规程制定、项目争取等技术服务,若企业粮食单产明显提高,由企业将总增收部分的10%奖励给产业联盟,作为技术服务所得;若出现技术指导失误或指导不力,而导致减产减收的,则减少收益部分的10%由产业联盟承担。

(3)规范收益分配。产业联盟专家技术入股所得统一由浙江大学南太湖现代农业科技推广中心收取后再行分配。每个联盟均与南太湖农推中心签订补充协议,明确权益分配,收益以年底分红方式进行。除按国家规定上缴税金外,农推中心将收益的70%作为年度津贴返还产业联盟专家(技术入股实际参与专家),收益的30%作为产业联盟发展资金。

目前,技术入股形式有成果转让型、合作研发型、技术指导型和混合型等4种形式。

1.蚕桑联盟——成果转让型

蚕桑联盟与浙江愚公生态农业发展有限公司的合作形式属于成果转让型。合同期间,蚕桑联盟将"湖桑茶"制作工艺及技术转让给该公司,并一直持续帮助该公司加强"湖桑茶"基地建设、进行宣传和拓宽市场开发,打开了"湖桑茶"的销售渠道,为该公司增加了10%的茶叶销售收益。

2.茶叶产业联盟——合作研发型

早在2011年,茶叶产业联盟就与长兴县丰收园茶叶专业合作社进行合作。2015年1月起,在平等互利、合作共赢的基础上,经友好协商,自愿合作,茶叶产业联盟以技术智力出资的形式入股长兴县丰收园茶叶专业合作社,合作共同研发紫笋红茶、紫笋饼茶。

2015年度,茶叶联盟专家根据研发需要,累计在长兴丰收园茶叶专业合作社开展技术指导10余次,并邀请合作社负责人、技术人员参加茶叶联盟组织的各类培训4次,参加浙江绿茶博览会展示展销1次(合作社产品获浙江绿茶博览会金奖),参加湖州市首届斗茶大会1次。

出于研发紫笋红茶和紫笋饼茶的需要,联盟在茶园管理方面重点开展了夏秋茶采摘茶园肥培管理、茶园修剪、茶园抗旱与遮阴、茶园病虫害防治等工作,并为合作社提供茶树病虫害情报6期,推广了杀虫灯和黄板等病虫害防治技术。在新产品加工工艺研发方面,联盟重点开展了引进、改进和优化典型红茶加工工艺,开发了适合市场需求和富有特色的紫笋红茶和紫笋饼茶等产品,并开展了不同季节、品种和嫩度的原料适制性试验,研究萎凋、揉捻、发酵和干燥技术及其参数,编制紫笋红茶加工技术规程和相关标准,同时将紫笋红茶加工技术进行了推广应用。

2015年度,茶叶产业联盟开发紫笋工夫红茶、紫笋红饼茶等新产品2个,新产品新增产量均为 150 余斤,实际销售收入 6 万余元,按照技术入股协议分得紫笋红茶、紫笋饼茶销售收入的 5％,共计 3000 元。

技术入股对拓展长兴县丰收园茶叶专业合作的社茶叶产业链,提升夏秋茶资源利用水平,优化茶叶产品结构,提高茶叶生产总体效益,具有重要的现实意义。

3.蔬菜产业联盟——技术指导型

2015 年,湖州市蔬菜产业联盟与浙江愚公生态农业发展有限公司签订一年的技术服务协议,重点进行速生叶菜新品种的引进与应用,大棚深松机、旋耕机、开沟机、播种机等农业机械的引进和应用,蔬菜病虫草害综合防治技术的试验与应用等。浙江愚公生态农业发展有限公司派薛坤荣配合实施。通过一年的合作,取得了较好的增产、提质和增收效果。

一年来,联盟主要技术服务包括:

(1)促进了蔬菜新品种的应用。通过合作服务,示范推广了"金品 104""德高夏绿""早熟 5 号"等速生叶菜新品种,全面应用耐高温性好、抗病性强、品质优、适于本地夏秋高温季节种植的青梗菜心、小白菜品种。

(2)病虫害绿色防控技术得到了较好的应用。通过杀虫灯、黄板、性诱剂、防虫网,以及高效低毒低残留农药的合理使用和草害化学防治技术的试验和应用,病虫草害得到较好控制,农药用量明显下降。

(3)水肥应用技术明显提升。通过输水管道的改造、喷灌技术的提高和肥料的合理施用,水肥用量明显下降,蔬菜出苗率和生长整齐度明显提高,产量增加,品质提升,促进了商品的销售。

(4)农机应用水平显著提升。通过引进、试验、示范和应用适于大棚作业的新型农机,生产效率大幅度提高,劳动力成本明显下降,亩节本增效 760 元以上,在大棚蔬菜上的配备和应用水平居全市前列,与市农机化推广站联合召开了全市蔬菜生产机械化现场培训会议,促进了全市蔬菜生产农业机械的应用,为进一步提升基地蔬菜生产能力奠定了坚实的基础。

2015 年,浙江愚公生态农业发展有限公司共种植速生叶菜面积 138 亩次,蔬菜总产 200 多吨,总产值 80 万元,共增产节本增效 10 万元左右。

4.水果产业联盟——混合型

水果产业联盟与南浔区双林古镇科技葡萄园艺家庭农场进行的技术入股合作则属于混合型,既包括了技术指导,也包括了合作研发等多种形式。合作一年来,水果产业联盟引进梨先进栽培架式,支持农场新发展梨园 60 亩,全部引进市场最受欢迎的梨新品种"翠玉",采用纺锤形、平棚与连枝式三种先进栽培架式,由全国梨岗位科学家滕元文教授负责新品种与技术指导;引入葡萄新品种"阳光玫瑰"与"巴西"等,并进行了新技术如葡萄根域限制栽培技术探索,同时引入巨玫瑰葡萄一年两收新模式,达到春季亩产 2500 斤,秋季亩产 300

斤。此外,双方还积极开展项目合作研发,2015 年,农场完成与叶明儿教授合作的市校合作项目《红地球葡萄优质高效栽培技术应用》,获得项目资金 8 万元;水果产业联盟还帮助农场申报浙江省生态农业循环项目"立体棚架梨—鸡种养结合建设"(目前已立项),以及帮助农场申报湖州市农业科技型企业,获得资金 5 万元。

在市级水果产业联盟专家的精心指导下,农场 170 亩葡萄园产值达 250 万元,同时还取得了诸多荣誉:2015 年,农场先后被评为浙江省、湖州市示范性家庭农场,湖州市农业科技示范企业。

二、案例点评

实行股权激励,有力缓解了农业主体自主研发创新能力薄弱、农业科技成果转化率低下等问题,但在具体工作推进中遇到的下列较大的体制机制性障碍,仍有待进一步破解:

(1)相关法律制度还不够完善。目前,对(尚没有相应的法律法规)农业科研院所等农技服务组织的股权激励工作予以详细明确规定,比如入股单位或个人的合法权益保障,与审计部门、单位内部规章制度的矛盾冲突,有偿服务与收受贿赂的界定等,股权激励的合法性得不到根本保障。这导致科研院所等单位组织不敢以有偿服务形式直接参与农业产业化经营活动,农业科技人员也只能借助第三方平台开展技术入股服务。

(2)科研人员积极性还不够高。农业科研院所大都属于纯公益性事业单位,绩效工资的实施使得科研人员受平均主义、"大锅饭"的影响较大,运用技术成果投身生产经营活动热情不够高。另外,受体制机制影响,农业项目实施风险较大,很多科研人员仅以技术服务参与入股都非常谨慎,技术成果转让突破难度较大。

(3)工作运行机制还不够健全。部分科研人员在参与技术入股后与农业经营主体之间沟通较少,导致技术成果不能发挥最大效能,经营主体不能实现最大业绩;科研单位和经营主体对于科研人员成果收益分配机制缺乏相互统一的文件规定,而这些规定如何取得第三方监管机构的认可与同意也是摆在科研人员面前的重要难题。

要解决上述问题,应做好以下三点:

第一,健全相关的法律法规。建议制定富有针对性的法律法规细则,进一步规范入股双方合作行为,规避可能出现的道德风险,有效保障科研院所等公益性事业单位的合法权益。

第二,健全科研人员激励机制。相应监管部门应出台政策措施,保障科研人员合法权益,保留其合理的正常工资收入,确保其入股无后顾之忧,入股所得有法可依。

第三,健全工作运行机制。建立包含财务指标、现金指标、经济利润指标、成长性指标等在内的综合性评价指标体系,对股权激励实施成果进行全面系统的绩效评估。同时在对科研人员业绩进行评价时,要考虑与科研人员所在原单位的绩效奖励之间有无冲突,是否存在重复考核的问题等,从而促进入股合作双方充分发挥各自优势,获取更大的经济和服务效能。

第五节　新型农村实用人才培育案例

产学研联盟始终把新型农村实用人才培育作为联盟的工作重点,以推进生态循环家庭农场发展为重点,创新农技推广与人才培育互促共赢机制;把家庭农场主的培育作为现代职业农民和农村实用人才培育的着力点,实现农技推广服务与农村人才培育有机结合、互促共赢。首先,联盟探索建立健全了以生态循环型家庭农场主培育为重点的新型职业农民培育机制,制定出台了《湖州市示范性家庭农场标准(试行)》,根据家庭农场生产规模化、资源集约化、技术现代化、经营商品化的特征,以农技研发与推广体制创新试验为契机,以浙江大学等高校科研院所为技术依托,以农推联盟专家为主要师资力量,以湖州农民学院为主要教学平台,以"理论+实践""学习+创业"为培养模式,着力培育一批有知识、懂技术、会经营、善管理的家庭农场主,使之成为现代职业农民典型代表。其次,制定和完善相关政策,建立有利于生态循环型家庭农场主培育和发展的要素优化配置机制。认真贯彻落实中央、省关于新型农民培育各项政策措施,落实财政补助资金,支持新型职业农民举办家庭农场,研究出台相关政策,在土地流转、技术支持、项目立项、劳动工资、社会保障等方面给予扶持,加大金融支持力度,探索建立职业农民信用机制,对不同等级的职业农民给予相应的政策和不同的授信额度,鼓励和支持受培训的职业农民发展家庭农场,鼓励和支持家庭农场主进一步加快发展,发挥示范带动作用。再次,强化"四位一体"农民大学生培育,为职业农民储备人才。农推联盟积极参与湖州农民学院领军人才培育,对接湖州主导产业发展,对接广大农民需求,形成了"农推专业硕士教育(浙江大学)+高职、本科教育(湖州农民学院)+中等职业教育(现代农业技术学校)+普训式教育(农民创业大讲堂)"相结合的"四位一体"人才梯度培养体系。深化农民大学生创业基地培育,造就一批高素质的示范性家庭农场主,为示范性家庭农场的发展提供人才支撑。

近年来,这些农民大学生大多成了有文化、懂经营、善管理的农村实用人才，不仅拥有自己的产业基地，更成了远近闻名的致富带头人。

一、农民大学生费明锋创业纪实①

"创业没有成功，只有阶段性的胜利，生命不息，奋斗不止。"这句话作为费明锋的座右铭，一直鼓励他的湖羊事业不驻足现在，而是坚持展望未来。

费明锋，1995 年毕业于湖州八里店紫金桥中学，是个土生土长的湖州人，做过服装生意，在公司上过班，也去外地打过工。2006 年，回到湖州的费明锋发现，田里的玉米秸秆腐烂在地里，太浪费了。他拿出家人苦心积攒的 30 万元买房款，开始了用玉米秸秆养殖湖羊之路。可是，不到半年，由于不懂经营，玉米秸秆直接喂养湖羊效率低下，技术瓶颈成为费明锋创业路上的拦路虎。

2009 年，他看到了湖羊养殖的前景和潜力，经过深思熟虑后决定再次从事湖羊养殖事业。他先是租用了 10 亩土地，办起了简易羊场，饲养了近 200 头湖羊。为提高湖羊的产量和质量，费明锋进入湖州农民学院农业经济管理大专班学习，成为一名农民大学生。他主动请教畜禽产业联盟高校院所专家，在专家们的指导下，解决玉米秸秆直接喂养湖羊这一难题，第一年就取得了较好的收益。同时，费明锋看到传统养殖户把羊卖给商贩，商贩把羊送到屠宰场，再运输、销售，最终到达市民的餐桌，这个过程中间环节太多，养殖户获利少，而市民购买的价格又贵，利润让中间商赚去了。于是他整合养殖户资源，成立湖羊专业合作社，建立湖羊屠宰加工场，拓展市场销售渠道。合作社于 2010 年被认定为湖州农民学院大学生创业基地。

在湖州农民大学学习期间，费明锋接受了农民学院的省、市、校、乡四级专家教授的结对指导。2010 年 10 月，在浙江大学动科院湖羊专家林嘉教授、胡伟民等专家指导下，他着手建立现代高效生态农业示范基地，流转土地 450 亩，种植小麦 80 亩，搭建玉米育苗大棚 700 平方米，分批育苗 50 万棵，建立起一个省级"湖羊—玉米"种养结合循环示范基地，实现废弃物资源化利用，促进生态农业的发展。

2011 年，费明锋又成立了紫丰生态农业有限公司，注册了"明锋"牌湖羊商标和"循丰"牌玉米商标，提升了湖羊产品品牌的影响力和知名度，丰富了基地产品种类。基地里种上鲜玉米、杭白菊，收成后的秸秆等废弃物可以进行资源化利用，通过青贮发酵，作为湖羊饲料。同时，湖羊产生的羊粪作为有机肥，可用以支持玉米、杭白菊的种植。其中鲜食玉米就是在浙江大学胡伟民教授帮助下新近开发出来的一种菜果兼用的新兴保健营养食品，具有甜、糯、嫩、香的特

---

① 费明锋创业案例选自农业部网站 http://www.moa.gov.cn/ztzl/sjnm/201411/t20141113_4148017.htm。

点,可以即摘即食,像水果一样,脆嫩香甜。现在,鲜食玉米已进入湖州各大超市。

2012 年,在农民学院吴建设教授的指导下,费明锋率团队策划了《湖羊生态养殖创业项目》,项目以湖州吴兴明锋湖羊养殖场为依托,创建种养结合的湖羊生态养殖模式,做强湖羊特色产业,促进农业增效、农民增收和新农村建设。通过该项目的实施,养殖场形成了较大的生产规模,并建立相应防疫、无公害和标准化的生产体系。他的创业项目被评为首届浙江省农民大学生创业项目竞赛唯一的一个一等奖。同年,他的湖羊场成为农民学院首批创业、教学基地。基地配置了 50 座的标准化多媒体教室,配备了湖羊繁殖、羊病诊断治疗、饲料加工等生产与实践教学为一体的仪器设备,畜牧专业的农民大学生湖羊技术培训、新型职业农民培训、农民大讲堂等多项活动在基地开展。基地建立以来,已经接受了农民大学生、新型职业农民培训等学员近 5000 余人次,成为农业部新型职业农民培育实训基地,为湖州市培养了一批"有文化、懂技术、会管理"的新型职业农民。基地的发展得到了中科院、农业部、省农办等专家领导的关注,他们多次考察了基地。中科院农村发展研究所潘晨光研究员对农民学院办学模式与创业、教学基地进行考察和调研后,形成了题为《湖州农村人才开发的创举——中国第一所开放式的农民学院》的研究报告,收入 2012 中国人才培养蓝皮书。费明锋的基地成果也被写入报告。

逆水行舟,不进则退。为了促进湖羊产业发展,费明锋又积极与浙江大学合作开展湖羊养殖技术研究,优化湖羊种质资源。湖羊养殖场成为浙江大学动科院教学实践基地,实现了湖羊生产与教育实践的双赢。

2012 年,费明锋又开展了新一轮的创业,创办了 3000 头的湖羊生态养殖场,流转 400 余亩土地,实施玉米种植等农作物轮种制度,利用植物秸秆、农副产品和草等废弃物养羊,利用羊粪肥田,逐步形成了"湖羊养殖＋植物种植＋羊肥肥田"的循环生产产业链,实现种养结合生态模式、资源循环利用,有效地保护了湖羊品种,保护了生态环境,使之成为国家级湖羊保护区之一。目前,费明锋的湖羊场每年为市场提供肉羊 2000 头、种羊 3000 头,年产值达到 1000万元。

在提高湖羊产业化水平,促进农业增效农民增收的同时,他还为八里店镇的 40 户贫困户免费提供优质种羊,并以高于市场价的价格收购;为合作社社员提供种羊资源和技术支持;为周边地区及外省近 700 户养殖户提供创业培训、技术指导等。如八里店养殖户梁志强有存栏肉羊 200 头,其中湖羊 120 头,由于过去缺乏科学饲养,小羊成活率很低,生长速度慢。针对这种情况,费明锋多次到现场,在羊的分群、饲料搭配、平衡营养、湖羊免疫方面进行了面对面的指导,并取得了明显的成效。同时,他还为当地湖羊养殖示范户统一制定防疫管理制度、消毒卫生制度、羊免疫程序、饲料配方等，对他们树立科学养殖理念，提高养殖水平，增加养羊效益起到了较好的作用。

由于费明锋的努力，湖羊专业合作社先后获得市级、省级和国家级示范性农民专业合作社等荣誉称号。2014 年 5 月 5 日，中央电视台 7 套《致富经》栏目以"30 万买房还是养羊"为题报道了费明锋的养羊和创办湖羊专业合作社，带动合作社社员和湖羊养殖户共同发展的致富经，在全国产生了较大影响，使他成了湖羊达人。

2016 年 7 月，应明峰湖羊专业合作社费明锋的邀请，市级休闲观光农业产业联盟首席专家、浙江大学湖州休闲农业产业研究院院长严力蛟教授到明锋湖羊场指导，希望在种植业和养殖业的基础上拓展农业功能，通过"接二连三"，提高农业效益、增加农场的收入。

费明锋从事湖羊养殖以来，先后担任湖州农村青年致富带头人协会副会长、湖州吴兴区政协委员等职，获得"吴兴区首届十佳农村好青年""农民学院优秀学员"等称号。他学有所长，有多篇湖羊养殖技术小论文发表在《新农村》等杂志上。他总说，其实自己就是一个普通的养羊农民，但他会不断努力，争取做到最好，把自己的正能量传递给周边的人，大家共同努力，共同进步，创造人生价值，在自己的创业道路上留下了美好的篇章。

二、案例点评

党的十七大报告中明确指出，要培育有文化、懂技术、会经营的新型农民，发挥亿万农民建设新农村的主体作用。同样，在农业技术推广链中，没有人才的支撑，也就无法真正形成有效的推广链。

没有一支高素质、懂技术的农业生产者队伍，就不可能实现真正意义上的农业现代化。正因为把培育新型农民作为推进科技兴农的根本，坚持领军人才培养与面上普遍培训两手抓，创办湖州农民学院，实施农民素质提升工程，湖州市才切实提高了农民职业技能和综合素质，为农业技术创新、现代农业发展提供了有力保障。

什么是职业农民？从一般的定义看，职业农民是将农业作为产业进行经营，并充分利用市场机制和规则来获取报酬，以期实现利润最大化的理性经济人。职业农民是一个特定的概念，隐含三个前提条件：一是必须从事农业生产和经营；二是必须以获取经济利润为目的；三是必须作为一种独立的职业。我们国家首次提出职业农民这一概念是在 2005 年，这一年的年底，农业部在《关于实施农村实用人才"百万中专生计划"的意见》中指出，农村实用人才培养"百万中专生计划"的培养对象是：农村劳动力中具有初中（或相当于初中）及以上文化程度，从事农业生产、经营、服务以及农村经济社会发展等领域的职业农民。培养目标是把职业农民培养成为具有中专学历的从事种植、养殖、加工等生产活动的人才,以及农村经营管理能人、能工巧匠、乡村科技人员等实用型人才,增强他们带头致富和带领农民群众共同致富的能力,使他们成为建设社会主义新农村的带头人和发展现代农业的骨干力量。2007年1月,《中共中央国务院关于积极发展现代农业扎实推进社会主义新农村建设的若干意见》中,则把"有文化、懂技术、会经营"的农村专业人才称之为新型农民。同年10月,新型农民的培养问题写进了党的十七大报告。

随着经济与社会不断发展,由于传统农业效益低,大量的人才流出农业。"谁来种地、怎样种地"的问题反映了社会对农业经营主体的关注。职业农民,是具有新理念、新技能的新型农民。通过培育新型职业农民,可以造就一大批懂技术、会经营的以农业为职业的新型人才,并由他们带动我国现代农业发展,促进传统农业向现代农业转变。

从费明锋的创业经历中,我们可以看到他的每一个进步都离不开产学研联盟专家的悉心指导。[①]

(一)训育结合,提升新型职业农民素质

现代农业产学研联盟在新型职业农民培养过程中,充分结合当地农业发展特色编写各类培训教材,参与新型农民创业大讲堂。在新型农民创业大讲堂中,"农推服务类"课程几乎都是由高校院所专家和本地农技专家主讲。联盟专家教授农民各种实用技术,满足他们发展生产的需要,更着眼市场经济新形势和现代农业发展新需求,注重农民素质的培养和提高,使他们能成长为现代农业发展的高素质的领军人才。农民大学生想创业,受制于自身条件,技术是关键。没有技术的支撑,光有一腔热情,是不可能成功的。费明锋在建立自己的湖羊养殖合作社前做过"北漂",也去工厂当过工人,后来在湖羊养殖过程中,玉米秸秆直接喂养湖羊又成了难题,正是在联盟专家的指导下他才解决这一难题。费明锋无论在建立省级"湖羊—玉米"种养结合循环示范基地,还是在申报《湖羊生态养殖创业项目》,及后来创办湖羊生态养殖场过程中,他的每一个进步都能看到联盟专家的影子。

创业的农民大学生必须有创新精神。在市场经济大潮中,机会与风险共存。只要从事创业活动,就必然会有某种风险伴随;且事业的范围和规模越大,取得成就越大,伴随的风险也越大,需要承受风险的心理负担也就越大。立志创业,必须敢闯敢干,有胆有识,才能变理想为现实。只要瞄准目标,判断有据,方法得当,就应敢于实践,敢冒风险。2007年费明锋准备创业时,他瞄准了湖羊

---

① 本案例点评改编自湖州农民学院编写的《湖州市新型职业农民创业案例教材》。

这块市场肥缺，集聚了自己及家人的所有积蓄，凑足 30 多万，几乎赌上自己所有身家投入了这场博弈。最终独到的市场眼光为他赢得了这场战役的第一桶金，养殖的第一年不仅自己的养殖场获得了较高经济收益，还带动了全村投入湖羊养殖，提高了全村的经济收益。但敢为不是盲目冲动、任意妄为，不能凭感觉冲动冒进，而要建立在对主客观条件科学分析的基础上。选择湖羊不是费明锋一时兴起，而是他在多年的"摸爬打滚"中慢慢探索与总结得出的。

创业也是不断学习的过程。成功的创业者永远不会停歇脚步。进取心，以及对知识孜孜不倦的渴望是企业家或者创业者必备的个性品质。正如费明锋所说的："原来，我从来没想过自己能够上大学。现在，学到的这些知识，都变成了财富。我还要继续念本科，争取做个农民企业家，也让我们的湖羊走向全国。"从农民学院毕业后，费明锋对未来充满希望。从草根到职业农民，知识的力量功不可没。

（二）紧扣新型经营主体，走高效生态农业创业之路

现代农业产学研联盟在新型职业农民培育中，紧扣新型经营主体，把家庭农场主、种养大户、专业合作社作为新一代职业农民培育重点，结合湖州现代农业发展趋势，扶持创业，学以致用；鼓励创新农业发展模式，实施"种植、养殖、加工、肥料"多环产业并举和互补的生态农业良性循环模式，实现资源合理开发利用和生态环境保护的两大战略目标，促进农业走向产业化，并获得增值效益，这是发展趋势也是职业农民的必然选择。明锋湖羊养殖合作社的发展模式强调采用植物秸秆养羊，玉米秸秆、草莓枝叶这些原本看似无用的东西在明锋湖羊专业合作社却是羊群的美餐。再利用羊粪肥田种植玉米，形成"湖羊养殖＋植物种植＋羊肥肥田"的生态循环产业链，有效地提高了湖羊养殖的经济效益。明锋湖羊专业合作社以玉米生产为基础，以湖羊养殖业为龙头，以羊粪有机肥料生产为驱动，形成饲料、肥料能源、生态环境的良性循环，带动加工业及相关产业发展，合理安排经济作物生产，从而发展高效农业，提高经济、社会和生态环保整个体系的综合效益。

（三）紧跟市场需求，走品牌创新之路

一个行业与领域的发展要以市场需求为中心安排生产经营活动。随着时代的变革，一个企业或者一个行业与领域的创新与发展，要从市场需求出发，把握时代脉搏，把立足点和归宿点放在适应市场需求的发展上来，从而促进经济效益。不难想象，创业脱节或滞后于市场，产品不能满足市场需求，势必会遭遇市场的淘汰。以市场为导向，顺应大潮发展生产，创业就能达到事半功倍的效果。湖羊是湖州当地特有品种，经济价值极高。不仅在湖州当地，在长三角地

区和众多内陆城市,湖羊都具有较大的市场需求。但在湖州当地乃至全国,湖羊的养殖依然还未成规模,系统形成养殖产业的更是少之又少。湖羊的供应与市场的需求严重脱节。在这样的市场导向下,费明锋开始了他的湖羊养殖创业。事实证明,他的市场嗅觉是敏锐的,湖羊养殖合作社迅速壮大并取得了较大的经济收益。

一个行业的发展除了坚持市场的导向,还必须重视竞争者的发展,在竞争中凸显自己品牌的特色。品牌特色是品牌的精髓,也是企业的核心。成功塑造符合市场需求的品牌特色有助于企业的长久发展。明锋湖羊专业合作社成立不久,费明锋就注册了"明锋"牌湖羊商标和"循丰"牌玉米商标。这两大品牌也成了养殖场的特色与龙头产品。把养殖与种植相结合,实现湖羊养殖的生态循环可持续发展,既提高了湖羊养殖的经济收益,也保护了生态环境,实现了绿色有机无污染的产品发展,这样的发展模式符合当前国家对"三农"问题中农村发展的定位,也满足了湖羊消费者的食品安全需求。或许费明锋的湖羊养殖场并不是湖州地区规模最大、经济效益最突出、销路最广的,但他的经营方式却一定是最"前卫"、最符合时代发展需求的,也是最绿色环保与生态的。这样的经营理念与发展方式也得到了现代农业产学研联盟的支持。

参考文献

[1]阿瑟·刘易斯.经济增长理论[M].北京:商务印书馆,2015.

[2]浙江大学湖州市南太湖现代农业科技推广中心.浙江大学湖州市现代农业产学研联盟工作简报[R].http://dfhz.zju.edu.cn/newcountry/index.php.

[3]姚红健(湖州市人民政府农业和农村工作办公室副主任)."天生弱质"新浪系列博客[EB/OL].http://blog.sina.com.cn/u/1304432492.

[4]浙江大学求是新闻网[EB/OL].http://www.news.zju.edu.cn.

[5]浙江大学新农村建设网[EB/OL].http://dfhz.zju.edu.cn/newcountry.

[6]刘金荣.湖州"1+1+N"农技推广体系运行绩效评价研究[J].湖北农业科学,2015(21):5464-5467.

[7]中国人民大学公共政策研究院课题组.社会主义新农村建设"湖州模式"的调查与思考[R],2009.

[8]教育部.湖州市与浙江大学合作共建省级社会主义新农村实验示范区两年工作情况[R].http://www.jyb.cn/high/xwbj/200905/t20090513_272905.html.

[9]浙江大学湖州市现代农业产学研联盟网,http://www.zjuagri.net.

[10]中共湖州市委、湖州市人民政府.关于湖州市与浙江大学合作共建省级社会主义新农村实验示范区的实施意见(湖委发〔2006〕6号).

[11]蒋文龙."湖州号"农技推广"动车"启程[EB/OL].(2012-05-24).http://look.people.com.cn/GB/121616/17977601.html.

[12]翁鸣.构建科技兴农创新体系的有益探索——湖州经验的启示和借鉴[J].农村经济,2016(9):104-108.

[13]蔡颖萍,王柱国.新型职业农民培育的"湖州模式"[G]//中国社会科学院农村发展研究所,国家统计局农村社会经济调查司.农村绿皮书.北京:社会科学文献出版社,2015.

[14]何国华.推进湖州市美丽乡村建设的实证研究[D].杭州:浙江大学,2015.

[15]王磊.多方协作的"双螺旋"式新型农技推广体系研究——以湖州市农技研发和推广改革为例[D].杭州:浙江大学,2014.

[16]吴正辉.探索高校产学研结合新途径:以浙江大学(长兴)农业科技园建设为例[J].科技通报,2012(5):203-206.

[17]陈生斗,程映国,王福祥.美国新兴农业技术投资与推广[J].世界农业,2015(1):5-10.

[18]傅慧俊.浙江大学(长兴)省级农业高科技园区建设的主要制约因素研究[D].杭州:浙江大学,2009.

[19]刘静.农业现代化的"希望之田"——记南太湖现代农业科技推广中心[J].观察与思考,2008(20):22-25.

[20]王伟光."湖州经验"与中国发展的关系[J].农村工作通讯,2011(1):26-27.

[21]郑明高,芦千文.公益性农技推广体系的发展路径选择[J].科学管理研究,2011(5):54-56.

[22]花登峰."1＋1＋N"模式在农技推广中的应用[J].农机科技推广,2013(10):12-14.

[23]金佩华,王璇.用"威斯康星思想"论述"湖州模式"[J].高等农业教育,2008(8):12-14.

[24]胡继妹,黄祖辉.产学研合作中的地方政府行为:基于浙江省湖州市的个案研究[J].浙江学刊,2007(5):176-180.

[25]彭凤仪.浙江大学服务社会主义新农村建设的实践与探索[J].中国成人教育,2008(22):5-7.

[26]王选华,宋延清.我国社会主义新农村建设多向互动研究——以浙江省湖州市为例[J].技术经济与管理研究,2010(1):141-143.

[27]李文钊,谭沂丹,毛寿龙.中国农村与发展的制度分析:以浙江省湖州市为例[J].管理世界,2011(10):32-47.

[28]何宗元,何云峰.政府视角下山西省农业产学研合作机制的优化[J].山西农业大学学报(社会科学版),2012(5):449-453.

[29]田素妍,李玉清.校地结合的农技推广模式构建[J].中国高校科技,2012(11):25-27.

[30]邓锐,徐飞.产学研联盟动因和形成机制的博弈分析[J].上海管理科学,2007(3):10-12.

[31]刘云龙,李世佼.产学研联盟中合作成员利益分配机制研究[J].科技进步与对策,2012(3):23-25.

[32]邱芬.湖州市农技推广体系建设现状分析[D].杭州:浙江大学,2014.

[33]孙文友.浙江湖州创新体制机制推进科技兴农[J].农村工作通讯,2012

(5):30-32.

[34]朱慧.湖州市构建新型农业经营体系研究[D].杭州:浙江大学,2014.

[35]黄武.农技推广视角下的农户技术需求透视——基于江苏省种植业农户的实证分析[J].南京农业大学学报(社会科学版),2009(2):15-20.

[36]中国农业技术推广体制改革研究课题组.中国农技推广:现状、问题及解决对策[J].管理世界,2004(5):50-58.

[37]何竹明.农技推广应用中农户参与行为及其影响因素研究——基于杭州、湖州两地调查的实证分析[D].杭州:浙江大学,2007.

[38]崔浩.地方政府与大学共建社会主义新农村的合作机制及动力研究——基于湖州市与浙江大学共建"新农村实验示范区"的实证分析[J].农业经济问题,2008(8):26-33.

[39]王春法.美国的农业推广工作[J].中国农村经济,1994(4):53-57.

[40]武英耀,张改清.美国合作农业推广体制及其对我国的启示[J].山西农业大学学报(社会科学版),2003(4):371-374.

[41]王慧军.中国农业推广理论与实践发展研究[D].哈尔滨:东北农业大学,2003.

[42]陶官军.浙江省基层农技推广体系现状与发展对策研究[D].杭州:浙江大学,2007.

[43]张晓川.农业技术推广服务政府与市场的供给边界研究[D].重庆:西南大学,2012.

[44]吴春梅.公益性农业技术推广机制中的政府与市场作用[J].经济问题,2003(1):43-45.

[45]王建中,田云,高祥.基于 DNA 双螺旋原理的科技金融体系构建研究[J].华中师范大学学报(社会科学版),2013(2):35-39.

[46]余维运,曹和竹.共性技术研发组织模式研究[J].新材料产业,2012(8):54-60.

[47]刘光哲.多元化农业推广理论与实践的研究[D].杨凌:西北农林科技大学,2012.

[48]许永丽.浅谈"互联网+"在农业技术推广中的作用与发展前景[J].青海农技推广,2015(3):6-7.

[49]王建忠,王斌.发达国家现代农业服务业的发展特点及趋势[J].世界农业,2015(1):32-35.

[50]顾益康.中国特色农业现代化的内涵、目标模式与支撑体系[J].中共浙江省委党校学报,2012(6):26-36.

[51] Andrea Bonaccorsi. A Theoretical Framework for the Evaluation of University-Industry Relationships[J]. Management R & D, 1994,24(3):

224-247.

[52] Shaker A. Zahra，Gerard George. Absorptive Capacity：A Review Reconceptualization and Extension[J]. Academy of Management Review，2002，27(2):185-203.

附录一　农科教产学研一体化农业技术推广联盟建设方案(试点)

省农业和农村工作办公室　湖州市人民政府　浙江大学

(2009 年 10 月 18 日)

一、推进农科教产学研一体化农业技术推广体系建设的背景和意义

推进农科教产学研一体化农业技术推广体系建设既是一个长期的农业技术推广建设难题,也是我省农业农村现代化建设中亟待解决的一大问题。2005年中央做出推进社会主义新农村建设的重大战略部署以后,浙江大学和湖州市签订战略合作协议,决定举全校、全市之力合作共建省级社会主义新农村实验示范区,翻开了农科教产学研一体化建设的崭新一页。三年来,双方按照"为使浙江新农村建设走在全国前列,探索规律、积累经验、争当示范、做出贡献"的要求和"合力共建、共建共享""惠民富民、讲求实际"的原则,积极开展社会主义新农村建设合作共建,取得了显著的成效。市校合作所形成的新农村建设"湖州模式"和推进农科教产学研一体化的改革实践得到了中央及有关部门领导的高度重视,最近温家宝总理和回良玉副总理分别对"湖州模式"做出批示;中央财经领导小组办公室副主任、中央农村工作办公室主任陈锡文和中央财经领导小组办公室副主任、中央农村工作领导小组办公室副主任唐仁健专门赴湖州进行了考察,并对推进农科教产学研一体化农业技术推广体系建设试点工作给予充分肯定和高度关注;联合国有关机构成员以及日本、荷兰大使馆官员、有关学者和企业家先后赴湖州进行了考察,对市校合作模式给予充分肯定。

进一步推进市校合作,全面提升省级社会主义新农村实验示范区建设的水平,需要省级涉农部门的更多支持和更高水平的全面参与。探索农科教产学研一体化农业技术推广联盟建设,有利于进一步深化市校合作;有利于科技与经济的有效对接、动态对接、可持续对接;有利于现代农业加快发展和产业层次提

升;有利于创新农业科技推广体系,提高农技人员素质;有利于农民收入的持续不断增长。

二、深化市校合作,推进农科教产学研一体化联盟建设试点方案

(一)指导思想

以科学发展观为指导,贯彻落实中央《关于推进农村改革发展的决定》精神,落实省委《关于认真贯彻十七届三中全会精神加快推进农村改革发展的实施意见》的要求,具体落实"充分发挥高等院校、科研机构在农业科技创新和推广中的引导作用,加快建设农科教、产学研一体化的新型农业科技创新和推广体系"的意见,进一步深化市校合作,深入开展我省农科教产学研一体化改革实践,加快我省农技推广制度创新。

(二)目标任务

以现有农业技术推广机构为基本框架,以县级农技推广机构为主要载体,充实省内涉农高校、科研院所有关力量,围绕现代农业发展,构建以县级农业技术推广机构为核心单元,以首席专家为技术团队,以项目为载体,以现代农业示范基地(园区)、龙头企业、专业合作组织为主要工作平台,农科教产学研一体化的新型农业科技创新和推广工作联盟,充分激活涉农高等院校、农业科研机构参与农技推广的内在动力,改变长期存在的农业科技创新和农业技术推广相分离的现象,加快现代农业科技成果向现实生产力转化,切实满足农民群众和农业企业对农业科技的新需求。

(三)组织框架构建

1.创建市级农业技术推广委员会

为有利于统筹协调和整合各方资源,在湖州市层面上成立由省市各相关单位组成的农业技术推广委员会,覆盖所有的产业领域,为各县区级农技推广部门提供技术后盾。农业技术推广委员会根据湖州市三县二区的产业需要,组建县区级农业推广联盟。以长兴县和吴兴区为试点,首期选拔以浙大为主的100名专家教授进入湖州(吴兴、长兴)农业技术推广体系,并整合各方力量,形成整体合力,提高推广效率,加快农业科技成果转化。市级农业技术推广委员会与现存浙江大学湖州市南太湖现代农业科技推广中心(以下简称"南太湖农推中心")实行两块牌子一套班子管理。

2.设立县区农业推广联盟理事会(县区农技推广中心)

由湖州市农业技术推广委员会根据试点县区的产业发展需要,配置有关专

家,吸纳多方力量,组建县区农业推广联盟理事会,设理事长、副理事长,理事长为法人代表。理事会主要职能是:负责县区农业技术推广的宏观指导,负责全县(区)新技术、新产品、新品种的研发、推广和培训。理事会与县区农技推广中心实行两块牌子一套班子。充实现有县区农林技术推广服务中心,优化素质结构,打造一支全职的专业化农技推广队伍。具体分两步走,第一步:以原有农技推广体系为基础,刚性引进和柔性引进相结合,将包括浙江大学、浙江林学院、省农科院等高校专家、科研院所科技人员充实到现有农技推广中心,形成联合推广中心。第二步:在试点取得经验和市以上农技推广体制有效改革的基础上,理顺行政管理体制,形成以高校、科研院所为主导,吸收合并现有县区农技推广人员和乡镇农技推广人员,形成与全省管理体制相匹配的人、财、物高度统一的新型农技推广体系。

3.设立县(区)级推广专家组和产业推广分联盟

根据县区农业支柱产业、主导产业、特色产业的布局特点,设立由浙江大学、省农科院等高校院所专家和县区农林技术推广服务中心专家组成的若干推广专家组,定期对粮油、蔬菜、水果、水产、畜牧等进行诊断,提出产业升级的对策措施,并定期培训农民。在专家小组基础上,同时成立产业推广分联盟。探索建立"1+1+N"推广体系,即以一个农业主导产业为基础,实行"1个推广专家组+1个县区级主导产业协会+本产业若干经营主体和主产区乡镇农技人员",建立产业推广分联盟。结合县(区)实际,整合划分若干产业,每个产业成立一个推广分联盟,建立定期或不定期的交流探讨机制。分联盟实行首席专家负责制。同时,根据双向选择原则,高校院所的专家可与产业中的龙头企业、专业合作组织、现代农业园区建立项目合作关系,合作成果在面上进行推广。

(四)核心工作平台建设

1.浙江大学湖州市南太湖农推中心

南太湖农推中心是开展市校合作以来,在市级层面建立的现代农业技术推广的核心工作平台,已取得实效。要加大投入,强化南太湖农推中心在推广联盟试点建设中的作用,使南太湖农推中心真正成为全市农推联盟的技术中心、成果展示基地和中试基地。要继续完善南太湖推广专家委员会和首席专家制度,通过专家带项目、项目建示范田并参与联盟专家委员会的途径,积极发挥农推教师的作用。

2.浙江大学(长兴)农业高科技园区

浙大(长兴)农业高科技园区是大规模展示浙江大学农业科技水平的示范基地,也是浙大的校外实验农场,一方面要根据教学科研服务的需要加快基础设施建设,另一方面要以新型农作物种子种苗产业化示范为重点,加快实施一批高新现代农业技术项目,加快成熟现代农业科技推广,从而使长兴基地在推广联盟建设中起到技术源头和集成示范作用。

3.产业协会和规模化示范基地

产业协会和规模化示范基地是县区农业技术推广的主战场,首席专家和专家小组要结合承担的市级以上农业推广项目,结合试点县区实际,主动与区域内主导产业区块对接,以产业协会为载体,会同试点县区农技人员建设连片千亩以上的规模示范基地,并积极争取省、市的支持,建设万亩示范基地。鼓励从事加工、营销和相关专业的推广教授以产业协会建设为平台,与试点县(区)的种养殖和加工销售型农业龙头企业结盟,通过联合申报项目、指导技术改造、试制新产品、打造新品牌等多种途径,帮助农业龙头企业加快发展,推进农业产业化水平的整体提升。

三、保障措施

(一)组织保障

开展农科教产学研一体化改革试点是一项牵涉面很广的工作,为此,建议省里成立改革试点工作领导小组,具体由省农办、浙江大学和湖州市政府牵头,组织省农业厅、省林业厅、科技厅、教育厅、发改委、人事厅、省海洋渔业局、省农科院等相关部门参加。试点工作办公室设在浙江省农业和农村办公室。建议浙江省省委副书记夏宝龙为领导小组组长,浙江省人民政府副省长茅临生为副组长。省农业和农村办公室夏阿国任办公室主任。领导小组的主要职能是指导试点规划及发展方向,组织协调相关工作。

(二)资金保障

省、市、县(区)各级政府应加强对试点工作的资金保障和支持。市校合作需有效整合农科教各方资源,必须多方筹集资金,完善多元化投入机制,积极引导社会力量参与试点工作。各改革相关部门原有的资金支持渠道不变,逐步增加产业扶持资金,探索建立专项补助资金制度,市、县(区)农发基金设立专项资金加大对试点工作的支持;各级有关单位要不断加强资金的规范管理和有效使用,保证投入与产出比的最大化。

(三)制度保障

1.浙江大学及有关科研院所内部配套制度改革

全面启动教师分类管理制度。明确校内农业技术推广队伍的组成和职责,进一步完善推广岗位教师的评聘和职称晋升制度,鼓励教师参与农技推广体系建设。

探索农业推广专业硕士培养新模式。按照教育部和国家农业推广专业硕士学位指导委员会关于全日制农业推广专业硕士培养精神和要求,以试点县(区)的乡镇农技机构、农业龙头企业(或农业园区)和农民专业合作社为平台,积极探索高校与地方合作培养农业推广硕士的途径和方法。

建立校(院)内来湖专家专项考核制度。优先选拔有技术、有项目、有资金的专家教授来湖从事农业技术推广工作。对浙大来湖工作的 100 名教授专家实行定人、定量、定期、定点考核,并与校内工作业绩和职级晋升挂钩。

2.湖州市农业技术推广机构管理制度改革

制定和完善试点工作的管理办法:细化工作目标,实行目标责任制,建立从生产问题入手的立项机制,产学研协作的开放运行机制,政府部门与科研院所的责权分离与协作模式等。

建立绩效考核机制:依据目标完成情况,建立绩效考核与激励制度,实行业内(同行专家或技术人员)考核＋实效(新技术新品种引进数、推广面积和推广成效等)考评机制。

附录二　浙江大学与湖州市关于深化市校合作、共建美丽乡村的"新 1381 行动计划"

浙江大学　湖州市人民政府

(2011 年 12 月)

2006 年 5 月,浙江大学与湖州市签订合作协议,决定举全校和全市之力,开展全面、长期的合作,共建省级社会主义新农村实验示范区,翻开了湖州市新农村建设和浙江大学服务新农村建设的全新篇章。五年多来,在省委省政府的正确领导、省级有关部门的大力支持和社会各界的广泛参与下,市校双方按照"为浙江新农村建设走在全国前列探索规律、积累经验、争当示范、做出贡献"的要求,解放思想、大胆实践,科学谋划、扎实推进,全力实施"1381 行动计划",圆满完成了实验示范区建设第一步目标任务,湖州农村经济快速发展、农村面貌焕然一新、农民生活显著改善,形成了以"市校合作、社会参与"为主要特征,以"美丽乡村、和谐民生"为特色品牌的新农村建设"湖州模式",走在了全省乃至全国的前列。为进一步深入推进市校合作,特制订以下"新 1381 行动计划"。

"1"即实现把湖州建成全省美丽乡村示范市这一目标;"3"即着力完善"科技孵化辐射、人才智力支撑、体制机制创新"三大平台;"8"即全力提升"产业发展、规划建设、生态环境、公共服务、素质提升、平安和谐、综合改革、党建保障"八大重点工程;最后的"1"即每年新增市校合作项目 100 个。

一、合力共建美丽乡村示范市

发挥双方特色优势,把美丽乡村建设作为"十二五"时期湖州新农村建设的工作推进总导向、水平提升总抓手、形象打造总举措,以开展省级新农村综合配套改革试点为契机,以"三优先、三集中、三提高"为核心,以推动农村产业发展为首要任务,以提升农民生活品质为根本,以展现农村生态魅力为特色,通过点线面结合、县乡村联动、环境产业服务共抓,整体提升农村产业发展、社区建设、人居环境、公共服务、文化发展、民主法治水平,加快把全市农村打造成宜业宜居宜游美丽乡村。到 2015 年,全市 60％以上的农村建设成美丽乡村,80％以上的乡镇、所有的县区达到美丽乡村建设工作要求,把湖州建成浙江省美丽乡村建设示范市。

二、着力完善三大平台

(一)科技孵化辐射平台

加快科技进步和自主创新,到 2015 年,农业科技贡献率达 60％以上。做强科技支撑平台。强势推进浙江大学湖州南太湖现代农业科技推广中心、浙江大学湖州(长兴)农业科学试验站、浙江大学安吉生态农业园等现代农业科技试验、成果展示、推广示范的重点公共服务平台建设。完善农技推广体系。围绕现代农业产业发展"4231"计划,加强十大主导产业联盟建设。提升 50 个"1＋1＋N"产业联盟作用水平,完善"农技推广联盟＋首席专家＋教授基地＋示范园区＋专业合作社(龙头企业)＋农户"的新型农业技术推广模式,强化联盟环节之间的紧密联系与对接,推动联盟向二、三产业延伸拓展,着力提升科技转化水平,促进新产品研发、新品种引进、新技术推广等效应进一步显现。通过联合、合作等方式,发展多元化、多层次、多形式经营的技术服务组织,为农民创新创业提供技术服务。以环境技术创新和产业化发展为重点,加快环境科技创新中心建设,为生态城市和美丽乡村建设提供技术支持。

(二)人才智力支撑平台

积极实施《湖州市中长期人才发展规划纲要》,加强实用人才培养。加强新农村建设领军人才培育。大力支持湖州农民学院办学,重点培养具有大专以上学历文凭、中级以上职业资格证书的"学历＋技能型"农民大学生,培育一批农推专业硕士。"十二五"期间,培育新农村领军人才 2000 名,期末领军人才总数达到 5500 名,其中农村经营创业型 3000 名、农村技术推广型 500 名、农村能工巧匠型 800 名、农村社会管理服务型 1200 名、农村党员干部"双带双创"型 1000名(包含前面四类)。加强实用人才培育。通过吸引更多优质资源参与办学、组织更受欢迎定向办班等措施,进一步深化农村劳动力技能培训工作。加强教育、卫生等领域和农村经营管理等专业人才培养。

(三)体制机制创新平台

深入推进省级新农村建设综合配套改革试点,着力创新完善农村生产力发展体制机制、城镇化与农村新社区联动建设机制、基本公共服务均等化与城乡基础设施共建共享体制机制、农村社会治理和精神文明建设机制、要素保障和资源节约集约利用、合理流动的体制机制；健全政府主导、农民主体、社会各方积极参与的新农村建设推进机制，努力形成以工促农、以城带乡的互促共进发展机制。

三、全力提升八大重点工程

(一)产业发展工程

按照经济生态化、生产园区化、产品标准化的要求，深入实施现代农业"4231"培育计划和百万亩现代农业园区建设"121"工程，大力发展高效生态农业。到2015年，建成现代农业综合区10个、农业主导产业示范区20个、特色农业精品园100个。提升发展乡村休闲旅游业，着力建设农民创业增收平台，发展壮大农村集体经济。到2015年，建成1个全国乡村旅游示范县、2个国家级乡村旅游示范区、5个省级乡村旅游示范区、50个市级乡村旅游示范区和点；农民人均纯收入超过2万元，城乡居民收入比小于1.9：1；村均集体可支配收入超过100万元。

(二)规划建设工程

按照城乡规划一体化的要求，修编完善村庄布局规划、中心村和农民集中居住区建设规划，加快中心镇建设和小城市培育。加强农村基础设施建设，完善农村公共设施，引导、促进农村人口和村庄有序集聚。到2012年，完成所有中心镇总体规划、中心村建设规划的修编完善；到2015年，全市基本完成144个中心村和100个以上新型农民集中居住区的建设，农村居民集中居住率达到70％。扎实推进美丽乡村示范带建设，到2015年，建成20条示范带，形成"环得通、看着美、游着乐"的美丽乡村风景线。

(三)生态环境工程

全面实施"811"新三年行动计划，加快生态城市和森林城市建设步伐，"十二五"期间，建成全国生态市、国家森林城市；80％乡镇建成全国生态乡镇，60％以上的村创建成市级以上生态村；建成省级绿化示范村150个、市级绿化示范村250个；省级森林村庄25个，市级森林村庄50个。深入推进村庄环境整治，到2015年，完成所有规划保留村的村庄环境整治。

(四)公共服务工程

加快农村教育事业发展,省级义务教育标准化创建达标率力争达到 85％以上。加快农村公共卫生事业发展,加强"六位一体"农村社区卫生服务机构规范化建设,完善新型农村合作医疗制度,不断提高筹资标准和补偿率。加大城乡居民社会养老保险推行力度;完善农村低保制度和被征地农民基本生活保障制度。健全农村社会救助体系。全面建立并发挥好农村社区服务中心的作用,为农民提供全方位的服务。

(五)素质提升工程

深入开展教育培训,提升农民综合素质和建设美丽乡村的能力。加强宣传引导,激发农民参与美丽乡村建设的积极性、主动性。深化基层文明创建,提升农村文明程度。繁荣乡土文化,培育一批特色文化村。到 2015 年,市级以上文明村镇建成率达 60％。

(六)平安和谐工程

加强普法教育,深化法治建设,完善农村矛盾纠纷排查化解机制,创新农村社会管理,促进农村社会和谐稳定。到 2015 年,村务公开和民主管理规范化建设达标率 99％以上。

(七)综合改革工程

深化土地制度改革。健全土地流转机制,探索实物计价、先股后转、村庄整治、园区建设等土地流转形式,扎实推进农田、林地流转。到 2015 年,农业适度规模经营率达到 65％。大力开展农村土地综合整治,"十二五"期间,按照"全域规划、全域设计、全域整治"要求,全面完成 93 个农村综合整治项目。在长兴县积极实施农民宅基地用益物权保障制度改革试点,探索农村宅基地流转、置换、交易、有偿退出新机制等,保障农民权益,促进经济社会发展。深化金融制度改革。通过继续创新农村金融组织和金融产品服务、不断加快村镇银行和农村资金互助合作社建设发展、积极推进政银合作等。认真抓好吴兴区八里店南片新农村综合配套改革试验区,深入实施"现代农业持续发展、社区规划建设管理、富民强村增收发展、生态文明建设示范、基本公共服务供给、区域建设投资融资、基层党建有效保障"等制度改革。

(八)党建保障工程

深入开展"创先争优"活动,切实加强农村基层组织建设。健全党组织领导的村民自治机制，不断扩大基层民主。到 2015 年，80％以上的乡镇党委、60％以上的村支部（党委）建成"五好"党组织。加强人才培养，满足现代农业发展和新农村建设急需型、领军型高端人才的需求。

四、每年新增百个以上合作项目

建立健全合作项目库；完善市校合作项目评审办法，逐年增加市校合作专项资金，每年新增合作项目 100 个。

附录三　湖州市鼓励推行农业技术入股实施办法

湖州市人民政府办公室

（2013 年 12 月 12 日）

为贯彻落实《中共湖州市委关于全面实施创新驱动发展战略、加快建设创新型城市的意见》（湖委发〔2013〕25 号），深化"农业技术研发与推广体制创新试验"成果，充分调动农业技术服务组织和农业科技人员的积极性、主动性，促进农科教、产学研紧密结合，增强科技支撑保障能力，加快湖州现代农业的发展步伐，制定本实施办法。

一、总则

技术入股是指技术成果持有人（或者技术出资人）以技术成果作为无形资产作价出资现代农业经营主体。技术出资方取得股东地位，相应的技术成果权能按双方协议转归现代农业经营主体享有。

技术成果是指发明、专利（含实用新型、外观设计专利）、著作权；法律认可的技术成果财产权和其他非专利技术成果的财产权。其中，非专利技术成果是指通过市及市以上科技行政部门鉴定（验收、评审）或登记备案的科技成果，以及经资质部门检测报告证明的技术成果，包括动植物新品种、集成创新和转化再创新的生产、管理技术、种养殖新模式等。

技术入股应严格遵循依法、自愿、互利、公平、诚信的原则。

二、技术成果持有人

本办法所称技术成果持有人是指：

（一）拥有技术成果的市、县区、乡镇农业技术专业学（协）会、现代农业产学研联盟等农业技术服务组织或团体。技术成果持有人的团体或组织须依法登记注册或经县级以上行政主管部门审核备案。

（二）拥有技术成果的市、县区、乡镇各级农业科研、技术推广和服务机构以及其他各类农业事业单位。

（三）拥有技术成果的各类农业事业单位在职在编的农业技术人员。

三、现代农业经营主体

本办法所称现代农业经营主体是指：

（一）具有法人资格的农民专业合作社；

（二）经工商登记的现代家庭农场；

（三）各类农业生产、加工、销售企业；

（四）经工商登记的各类农业生产性服务企业或服务组织（以下简称中介服务机构）；

（五）从事农业观光和休闲农业经营的企业或个体工商户。

四、技术入股的形式

农业技术入股的形式主要分为以下几种：

（一）领办、创办实体。技术成果持有人利用技术成果创办或领办各类现代农业经营主体、农业科技型企业、中介服务机构。

（二）合作共同研发。农业技术人员以其智力资源、研究课题和开发项目作为资产出资现代农业经营主体，联合培育、研发和推广农业新品种、新技术、新模式；研究和开发农产品加工新产品、新工艺、新包装；研发和推广农业新设施、新装备。

（三）技术成果转化运用。技术成果持有人以其技术成果作为资产出资现代农业经营主体，开展技术成果的转化、推广和运用。

（四）承接经营主体服务外包。技术成果持有人以其技术成果，为现代农业经营主体所需的技术创新、信息支撑、经营管理、人才培养等，提供持续的管理和中长期的服务。

五、技术成果的作价

技术成果入股涉及农业经营主体设立登记或变更登记的，作为出资的技术成果必须在农业经营主体设立登记或变更登记前作价。

技术成果作价可采取协商作价方式或评估作价方式。评估作价须委托具有法定资格的资产评估机构进行。

技术成果作价的金额占注册资本的比例一般不超过20%，经市及市以上科技行政部门认定的高新技术成果(含产业发展核心技术或关键技术),其作价金额占注册资本的比例可以达到35%;另有约定的,从其约定。

六、技术入股的协议

出资各方须就技术成果作价金额协商认可、同意承担相应连带责任等达成书面协议,签署"技术成果作价入股协议书",协议书应当明确下列内容:

(一)出资各方对出资资产(含技术成果)产权清晰,无相关民事纠纷及相关责任的承诺条款;

(二)技术成果评估价、确认价、协议认可价;

(三)技术成果出资占全部注册资本的比例;

(四)技术成果出资方的出资义务和竞业禁止义务;

(五)技术成果出资方的权益实现,红利分配方式;

(六)后续改进技术成果的分享办法;

(七)风险与责任承担;

(八)争议解决事项;

(九)其他需要说明的事项。

农业事业单位在职在编农业技术人员作为技术成果持有人的,其技术成果作价入股协议,按照人事管辖权限,报所在单位备案。

农业技术服务组织或团体、农业科研、技术推广和服务机构以及其他各类农业事业单位,以单位名义参与技术入股的,其协议内容及收益分配方案须经集体讨论通过,并报上级主管部门备案。

七、技术入股的收益分配方式

技术入股的收益分配办法(方式)由各出资方共同协商决定。

收益分配可按照生产经营和服务的特点,根据有利于充分调动各方积极性,依法保护各方权益的原则,采取切实可行的分配方式。具体分配方式有:一次性分配、多次分配或按年度收益分配;既可采取股权、期权等分配方式,也可以采取现金分配方式。

八、鼓励技术入股的政策措施

(一)鼓励技术成果持有人以技术入股的方式直接从事或服务于现代农业发展,加快技术成果的转化运用和再创新。技术入股所得收益的分配不受单位工资总额限制,不受个人绩效工资标准限制。

(二)鼓励和支持拥有技术成果的各类农业事业单位在职在编农业技术人

员,采取离岗、兼职的形式或利用业余时间,到技术入股的生产经营性实体或中介服务机构任职、兼职或提供服务。

1.采取离岗方式的,须由个人提出申请,经单位审核批准。离岗时间最长不超过 5 年。离岗期间单位停发各类津补贴,保留劳动人事关系和社保关系,允许申报专业技术资格,允许保留基本工资 1 至 2 年。离岗期间参加单位年度考核,并根据考核结果每年正常晋升薪级工资。离岗期间的经营性收入所得或入股分配收益全部归个人所有。

2.采取兼职方式的,须由个人提出申请,单位审核同意,并就完成本职工作和入股收益的分配协商认可,达成书面协议。兼职期间原单位工资待遇不变。原则上,兼职工作时间不超过正常工作时间的三分之一,兼职收益的个人所得部分不低于收益总额的 30％。

3.采取业余方式的,其技术入股的收益归个人所有,原单位工资待遇不变。

(三)鼓励市外技术成果持有人以技术成果向我市农业生产经营实体或中介服务机构入股,股份比例和收益分配由技术出让方和受让方商定。

(四)鼓励农技人员、农业技术服务组织或团体成员积极促进科技成果转化和先进实用技术推广运用。个人利用单位研发而未能及时转化的技术成果作价入股的,须与权能所有者(单位)签订授权和收益分配协议。单位可提取入股收益或股权的 20％至 60％,用于对技术研发的主要承担者和为技术成果转化做出突出贡献者的奖励。

(五)社会团体或事业单位作为技术成果持有人,领办或创办生产经营实体或中介服务机构的,从登记注册起 3 至 5 年内,每年可从收益或净利润中提取不低于 20％的比例,用于奖励对该技术完成和转化做出主要贡献的人员,提取比例最高不超过 50％。

(六)单位组织农技人员开展技术承包和技术服务所获收益,可从收益或净利润中提取不低于 30％的比例,分配给参与技术服务和技术承包的农技人员,提取最高比例不超过 70％。

(七)政府奖励。对技术成果持有人、其他农技人员以及事业单位、团体组织实施农业技术引进、转化、推广,开展农业技术服务的,由行政主管部门负责考核,对做出突出贡献者政府予以精神和物质的奖励,奖励情况作为职称、职务晋升的条件。政府奖励不纳入单位绩效工资总量。对于个人或单位获得行业主管部门奖励的,参照省人力社保厅、省财政厅《关于向突出贡献人才实行绩效工资总量倾斜的指导意见》(浙人社发〔2013〕161 号)执行,由人力社保、财政部门追加绩效工资总量。

(八)税收优惠。事业单位(包括科研机构、高等学校)在技术入股过程中,符合条件的技术咨询、技术服务、技术培训等技术转让所得,在一个纳税年度内,所得在 500 万元以下的免征企业所得税,超过 500 万元的部分减半征收企业所得税。

九、附则

农业局负责对农业技术入股工作的统一指导、管理和服务。

参与技术入股的单位或个人在遵照本办法的同时,必须遵守国家关于技术、专利保护等方面的法律法规。

《办法》自公布之日起施行,由市农办负责解释。

附录四 湖州市农业科技创新团队培育办法

湖州市人民政府办公室

（2014 年 10 月 9 日）

第一章 总 则

第一条 为贯彻实施创新驱动发展战略,深化农业技术研发与推广体制改革试验,适应现代农业技术融合、产业融合发展新特点,把握集群发展新趋势,依托产业联盟建设,进一步挖掘和整合农业技术研发和推广力量,推进核心技术、关键技术和共性技术的合作攻关和集成创新,提升湖州农业技术推广和科研整体水平,加快国家现代农业示范市建设步伐,制定本办法。

第二条 以提高我市农业科技创新能力和解决主导产业发展关键技术、共性技术为核心,以自主创新、集成创新和引进、消化、吸收再创新为途径,依托浙江大学湖州市现代农业产学研联盟平台,进一步整合高校(科研院所)的人才资源优势,培育一批"学科优势明显、要素配置合理、创新成果显著、发展潜力突出"的湖州市农业科技创新团队(以下简称"创新团队"),推动我市农业产业结构调整和特色主导产业快速发展。

第三条 围绕我市特色主导产业发展,突出关键技术攻关,每年培育创新团队 3 个,到"十二五"末,培育在相关领域具备解决重大技术难题、具有持续创新能力和成果转化能力的创新团队 6 个。着力在生物种业、循环农业、种养结合模式、设施农业、农产品加工、面源污染防控等方面取得突破性进展,走在全省前列。农业主导产业的核心竞争力、市场竞争力和赢利增收能力有明显提升。

第四条 基本原则

(一)突出重点。坚持以技术创新为引领,针对我市现代农业产业发展中的关键共性技术难题,突出生物种业、循环农业、种养结合模式、设施农业、农产品加工、面源污染防控等重点,培育创新团队。

(二)统筹推进。坚持资源整合和要素优化配置,依托浙江大学湖州市现代农业产学研联盟，以问题和需求为导向，强化产业联盟间、专家团队与经营主体间的协同和合作，在更大范围内整合学科、专业和人才优势，形成资源配置合理、分工明确、运转有序、务实高效的创新团队。

（三）创新机制。坚持政府主导与发挥市场在要素配置中的决定作用的有机统一，着眼于高校（科研院所）创新源与市场创新主体的活力迸发，创新团队考核机制、激励机制、利益共享分配机制等，强化动态管理，形成产学研、农科教相融合的高效运转的创新体系。

第二章　团队组建

第五条　遵循"开放、流动、协作、竞争"的原则。浙江大学湖州市现代农业产学研联盟的十大产业联盟均可组建并申报创新团队，鼓励产业联盟间合作，提倡跨学科组建。创新团队应具备以下基本条件：

（一）所从事农业科技研发和推广工作符合我市现代农业重点发展方向和长远需求；

（二）具有明确的创新目标和研发推广任务，有较好的发展前景；

（三）组织结构合理，核心人员相对稳定。

第六条　创新团队设置首席专家1名和岗位专家若干名。首席专家负责团队组建、团队的组织协调及所承担任务的落实；岗位专家负责所承担的岗位任务的落实。创新团队专家应具备以下基本条件：

（一）首席专家和岗位专家年龄原则在55周岁以下，其中40周岁以下专家所占比例原则上不低于40%；

（二）首席专家应具有高级专业技术职称，岗位专家应具有硕士学位或中级以上专业技术职称；

（三）首席专家在本领域内应具有较高学术水平、较强组织协调能力，具备引领我市该领域学术与技术发展的能力；

（四）首席专家应为浙江大学湖州市现代农业产学研联盟专家成员。

第七条　浙江大学湖州市南太湖现代农业科技推广中心组织专家对推荐的创新团队进行审核、评议，按照择优原则提出培育建议名单，报湖州市现代农业产学研联盟领导小组批准实施。

第三章　团队任务

第八条　围绕全市农业领域发展需求，创新团队重点承担以下四个方面的任务：

（一）进行共性技术和关键技术研究、集成创新和示范推广，满足农业主导产业发展过程中的重大技术需求。

（二）推动高等院校、科研院所和农业企业建立产学研一体化合作，加快农业科技创新型企业发展，提升农业企业研发中心建设水平和研发能力。

（三）促进本土优秀人才培育，扩大创新团队覆盖范围，吸收本地高校、科研院所老师和科研人员，从事农业技术推广服务的农技人员、农业企业、专业合作社、家庭农场主参加，创新人才培育模式，加快人才梯队建设。

（四）开展前瞻性和战略性研究，为政府提供决策咨询服务，为产业联盟发展提供引领和示范，为产业发展提供公益性信息咨询和技术服务。

第四章　组织管理及保障措施

第九条　创新团队培育周期为3年，浙江大学湖州市南太湖现代农业科技推广中心负责创新团队的日常管理工作。

第十条　创新团队实行层级管理，首席专家接受浙江大学湖州市南太湖现代农业科技推广中心管理；岗位专家接受首席专家的管理。

第十一条　首席专家与浙江大学湖州市南太湖现代农业科技推广中心签订项目任务合同，按合同要求开展并完成相关工作，定期上报工作进展报告。

第十二条　对创新团队每年度通过项目经费的方式予以支持，资助年限不超过培育周期，支持资金纳入浙江大学湖州市南太湖现代农业科技推广中心年度专项经费，实行统一管理，单独核算，确保专款专用。

第十三条　优先支持创新团队专家申报国家、省农业科技研发和推广项目，相关产业发展中急需解决的技术问题列入产业提升技术集成和推广应用重点支持。

第十四条　创新团队形成的科技成果、知识产权归浙江大学湖州市南太湖现代农业科技推广中心所有，并拥有实施、许可他人实施、转让等权利。

第五章　团队考核

第十五条　浙江大学湖州市南太湖现代农业科技推广中心组织成立专家评审小组。专家评审小组由浙江大学、湖州市等相关领域专家组成，负责对创新团队的任务完成情况以及首席专家的履职情况进行考核和评价。

第十六条　每年年底对创新团队进行考评，考评结果由浙江大学湖州市南太湖现代农业科技推广中心报湖州市现代农业产学研联盟领导小组审定。

第十七条　对于考核不合格的团队，取消培育资格。

第六章　附　则

第十八条　本办法由市新农办负责解释。

第十九条　本办法自发布之日起施行。

附录五　浙江大学湖州市现代农业产业联盟专家团队工作制度

浙江大学湖州市现代农业产学研联盟理事会

（2015 年版）

为了更好地履行湖州市现代农业产业联盟的工作职责，指导规范产业联盟专家团队工作，有序有效推动产业联盟运行，特制定本工作制度。

一、分工合作制度

1. 根据湖州市现代农业产学研联盟组织框架，各主导产业联盟由首席专家组和本地农技专家组组成专家团队，首席专家组由市、县区受聘的大学科研单位专家组成，本地农技专家组由市、县区农技部门业务骨干组成。

2. 首席专家组和本地专家组实行分类管理。

（1）首席专家组主要职责：指导市、县区内本产业及技术发展，提供新技术成果并开展试验示范，指导相关企业推进农业高新技术的产业化，指导培养本地农业科技人员。

（2）本地农技专家组的主要职责：承接首席专家组的指导，调研本产业及技术发展对策，实施新技术成果的示范推广，组织开展农民培训，落实到联盟内各主体（农业企业、农民专业合作社、种养大户）的技术指导服务。

（3）按《湖州市现代农业产学研联盟首席专家岗位考核办法》和《十大主导产业联盟本地农技专家组工作目标考核办法》，分别考评首席专家组和本地农技专家组。

3. 加强产业联盟专家团队的配合与协作。首席专家组和本地农技专家组实行联席会议和季度例会制度，加强交流，共同研究，协作推进。主导产业联盟首席专家组和本地农技专家组联合协调和指导县区相关产业分联盟开展工作。

二、例会交流制度

4. 组织联席例会。主导产业联盟专家团队，原则上每个季度召开 1 次联席例会，交流总结工作，研究探讨问题，形成意见建议。

5. 联席例会审核。联席例会的议题、时间、地点、邀请对象、经费预算等事项，由首席专家组和本地专家组两位组长协商，报经市现代农业产学研联盟理事会（南太湖农推中心和市农业局科技与信息处，下称"联盟理事会"）审核后组织实施。

6. 每次例会提前 7 天发会议通知，并实行专家签到制度。如因特殊原因不能到会，需向首席专家组组长或市级专家组组长请假。

7. 例会工作交流。各个县区分联盟需要提供书面交流材料，包括前阶段工作小结和下阶段工作计划。

8. 县区分联盟也应实行季度例会制度，及时掌握阶段工作情况。

9. 市级产业联盟和县区分产业联盟要加强与联盟内生产主体的交流，主动吸收生产主体参加专家团队联席例会。

三、工作计划与总结制度

10. 制订年度工作计划。

（1）产业联盟专家团队年度工作计划。首席专家组和本地农技专家组在分别制订年度工作计划的基础上，由两个组长共同协商，研究制订产业联盟专家团队年度工作计划，并报联盟理事会备案。

（2）县区分联盟年度工作计划。由分联盟首席专家牵头相关成员，制订分联盟年度工作计划，并与市级产业联盟工作计划相配套。

（3）产业联盟专家组成员应根据工作要求制订个人年度工作计划。

11. 完成年度工作总结。

（1）产业联盟专家组成员在每年 11 月底前对该年度工作进行自查总结，并报送本产业联盟首席专家组组长或本地农技专家组组长。

（2）县区分联盟在每年 12 月 5 日前完成年度工作总结，并报送本产业联盟首席专家组组长和本地农技专家组组长。

（3）综合县区分联盟和各位专家组成员总结材料，形成市级产业联盟年度工作总结，并报联盟理事会。

四、重大活动报告制度

12. 大型活动是指市级产业联盟组织的全市性的技术培训、现场会、参观考察等活动。

13.市级产业联盟组织的重大活动原则上提前 7 天,报告联盟理事会。

14.市级产业联盟组织的重大活动原则上提前 7 天,通知县区分联盟。

15.县区分联盟大型活动原则上应该在活动举行前 7 天通知市级产业联盟首席专家组组长和本地农技专家组组长。

五、信息报送与对外宣传制度

16.及时报送工作信息。各产业联盟落实人员对本联盟的重大活动、工作进展、阶段成效等信息及时报送给联盟理事会。

17.加强产业联盟的宣传。产业联盟的成功经验、先进典型要及时组织总结宣传,组织的重大活动邀请新闻媒体宣传报道。

六、建立工作日志制度

18.产业联盟专家组成员应建立工作日志,以便总结交流。

附录六　浙江大学湖州市现代农业产学研联盟专家组工作目标考核办法

浙江大学湖州市现代农业产学研联盟理事会

（2015 年 10 月 21 日）

第一章　总　则

第一条　为充分激励和调动联盟专家的工作积极性,加快推动农技推广与服务,科学评价高校院所专家组和本地专家组的工作业绩,根据《农科教产学研一体化农业技术推广联盟建设方案》,在《浙江大学湖州市现代农业产学研联盟十大产业联盟专家组工作目标考核办法》2013 年版基础上,结合工作和发展实际情况,充分征求各联盟专家组意见,特修定本考核办法(2015 年修订版)。

第二条　现代农业产业联盟专家组工作目标考核应坚持客观公正、实事求是、民主公开、注重实绩、强调创新、着眼效果的原则。

第三条　本办法中专家组指市级十大主导产业联盟和县区分联盟中的高校院所专家组和本地农技专家组员。

第四条　现代农业产学研联盟十大主导产业联盟专家组工作目标实行年度考核制。每年将结合上年度工作实际和本年度的工作要点,对考核办法做出适当微调,以引导和鼓励各产业联盟围绕年度工作重点开展各项工作。

第二章　考核内容和标准

第五条　建立健全的现代农业产学研联盟(1＋1＋N)农业推广体系和工作机制。

1.每个产业联盟甄选 10 名左右热心于湖州现代农业产业发展,并能积极投身于湖州现代农业产业发展的高校院所专家,明确其中有 3 名左右核心专家。

2.每个产业联盟遴选 20 名左右湖州市现代农业产业骨干组成本地农技专家组,明确 6 名左右核心成员(其中市级本级专家不超过 6 名)。

3.现代农业产业联盟专家组应广泛联系农业生产主体,合作开展品种、技术的模式创新。为农业生产主体解决相关的农业生产和经营难题,做到服务到户。

4.高校院所专家组和市级本地农技专家组通过交流与合作,培养和提高本地农技专家组成员为现代农业产业服务的技术和水平,并共同指导和协助县区分联盟的建设。

5.高校院所专家组应与湖州市农业公共服务体系相衔接,参与基层农业公共服务平台建设及农业公共服务,不断提高农业公共服务体系为农业服务的技术与水平。

6.及时准确地提供产业联盟的各项技术推广活动信息,及时更新现代农业产学研联盟信息平台的相关内容。

7.专家组应在湖州国家生态文明先行示范区以及浙江省"五水共治"的背景下,重点关注生态环境,从原来的追求产量,依托资源和能源消耗的模式转变为依托人力资源、科技创新,发展轻污染模式的现代农业,并注重机械化生产、模式的创新。

第六条 高校院所专家组的主要职责:

1.承担智能库,服务科学决策。

2.与本地农技专家合作研究并提出湖州市主导产业总体发展规划和建议。

3.制订本产业技术年度培训计划并组织实施。

4.研究制定或指导本产业技术操作规程、农业标准化生产、技术服务规范等。

5.建立主导产业高新技术成果展示区(或示范基地)。

6.联合开展农业科技攻关或农业科技成果转化等研究。

7.开展新品种、新技术或新成果的引进、展示、推广工作。

8.负责本产业联盟高校专家成员的业绩考评。

9.培育新型农业生产主体,提高农业生产组织化程度,创新农技推广模式,总结新型农技推广工作经验或模式等。

第七条 本地农技专家组的主要职责:

1.协助产业联盟高校院所专家组研究提出全市本产业发展规划意见建议,研究提出全市本产业农业科技推广年度计划。

2.组织协调本产业领域的重大关键技术(机具)的引进、试验、示范和集成推广,确定主导品种、主推技术和主要措施,并指导各县区相关产业联盟组织实施。

3. 协助组织并指导各县区相关产业联盟对生产主体,包括农业企业、农民专业合作社、家庭农场、科技示范户以及乡镇、村级农技员的培训工作。

4. 协助研究制定本产业本专业领域的技术操作规程及生产模式图,推广标准化生产技术,指导农产品生产主体的田间生产档案记录,规范农产品质量安全管理。

5. 运用农机通、农民信箱、乡村广播等渠道和下乡服务、现场指导等形式,做好产业政策、农业法规、科技知识和市场信息的宣传咨询与指导普及工作。

6. 协助总结和示范高效生态种养、资源循环利用、农业污染治理等典型模式与成功经验,积极推进本产业的高效、生态、协调、可持续发展。

第八条 产业联盟专家组工作目标的主要量化指标:

1. 组织召开本产业联盟专家组工作例会 4 次。

2. 制定主导产业发展规划(包括实施方案)和年度工作计划各 1 份。

3. 提交本产业发展和技术需求相关的专题调研报告或意见建议书 1 份及以上。

4. 建立本产业核心科技示范基地 10 个。

5. 提出本产业主导品种和主推技术。

6. 协助合作企业(或基地)申报市级及以上农业科技和产业化项目 1 项。

7. 引进新品种或引进推广新技术、新模式、新创意 5 个(项)及以上。

8. 举办全市性本产业知识讲座或技术培训不少于 4 次。

9. 总结本产业、本专业领域的典型案例 2 个。

10. 高校专家组到湖州开展技术开发、示范、推广及技术培训等的年度总时间,核心成员达 30 天及以上,一般成员不少于 15 天。

11. 参与或指导地方公共服务平台(农业公共服务中心、区域农业技术推广中心等)建设与服务。

12. 及时提供农情及本联盟工作信息。

13. 提交联盟年度工作总结 1 份。

第九条 联盟专家组工作目标考核以分值计算,并结合各产业联盟的行业特点和工作性质进行计分。采用以基础评分和考评组评分为主,适当引入服务主体评分的计分方法。具体做法:按上述相关量化指标获得"基础分"(满分为60 分);根据年终考核汇报重点工作、成效展示和亮点呈现度等综合绩效,考评组给予"考评分"(满分为 30 分);由南太湖现代农业科技推广中心委托相关部门调查和询问相关服务主体满意程度,计为"服务主体评分"(满分为 10 分)(具体考核指标的设立与评分标准详见附件)。

第十条 专家组考核结果分为优秀、合格和不合格三个等级,原则上优秀不超过 30%。年度个人先进名额为考核成绩优秀组不超过 6 人(高校院所与本地专家组各不超过 3 人），合格组不超过 4 人（高校院所与本地专家组各不超过 2 人）。

第三章　考核组织和程序

第十一条　由浙江大学湖州市现代农业产学研联盟理事会组建考评组，负责对十大主导现代农业产业联盟专家组的目标任务进行考核。

第十二条　年度考核内容与程序

1. 内容

考评组主要考核十大主导现代农业产业联盟的体系与机制，职责、任务与目标，特色、创新性、亮点与成效和服务主体满意度等四个方面。

2. 程序

（1）对照工作职责和量化指标，由各主导产业联盟专家组进行总结自评，提交专家组自查总结和自查评分表及相关证明材料的书面材料和电子文本，由南太湖现代农业科技推广中心按相应条例赋分（即各联盟获得"基础分"）并报产学研联盟理事会。

（2）考评组在广泛了解各联盟工作进展和成效，年终查验有关材料的基础上，听取各产业联盟年度工作汇报，尤其是结合各联盟产业特点开展的特色、重点、创新和具有一定影响力或展示度的亮点与成效等，确定"考评分"。

（3）由南太湖现代农业科技推广中心按委托相关部门进行调查和询问相关服务主体满意度等，向考评组如实汇报服务主体的评估情况，并提供"服务主体评分"。

（4）考评组综合上诉三方面结果，推荐出本年度各产业联盟的考核等级。并对各产业联盟上报的先进个人建议名单，按优秀、合格所限额的规定进行审核，最后报产学研联盟理事会。

（5）产学研联盟理事会对年度考核等级审核后报湖州市现代农业产学研联盟领导小组批准，并将考核结果抄送各主导产业联盟高校院所专家组组长所在单位。

第四章　奖　惩

第十三条　对工作目标考核合格以上的主导产业联盟高校院所专家组及本地农技专家组给予一定的精神和物质奖励，年度奖金总额由产学研联盟领导小组商定，产学研联盟理事会根据考核结果提出具体奖励办法，报产学研联盟领导小组审定后执行。所获奖金按工作业绩由专家组组长确定分配方案，其中组长和核心成员分配比例不少于奖金总额的 45%，并将奖金分配表报理事会备案。

第十四条　对工作目标考核不合格的专家组进行相关人员调整和工作整改。

第五章　附　则

第十五条　县区联盟工作考核办法另行制定,单独进行。

第十六条　本办法由产学研联盟理事会负责解释。

附表 浙江大学湖州市现代农业产学研联盟专家组工作目标考核评分

浙江大学湖州市现代农业产学研联盟专家组工作目标考核评分表一（基础分）

产业联盟名称：_____

考核时间：_____

序号	考核内容		分值	评分标准	实际完成情况（自查）	产业联盟自评分	中心办核实赋分
1	体系与机制（12分）	建立一支业务素质高、专业结构合理，工作责任心强的高校院所专家组和本地农技专家组队伍。	1	产业联盟具有高校院所专家10人，其中核心成员3人；本地农技专家20人，其中核心成员6人。			
2		与农业生产主体有广泛、密切的联系，并帮助其解决农业生产和经营中的实际问题。	6	每个产业联盟联系农业生产主体130个以上，实现市级以上农业龙头企业或农业园区和粮食功能区全覆盖。联系农业生产主体每少20个扣1分。			
3		参与基层农业公共服务平台建设，并在其中开展农业公共服务。	3	联盟专家进驻基层农业公共服务平台，每个联盟至少参与5个基层农业公共服务中心，每少1个扣0.5分。单个农业公共服务中心年服务次数5次以上，每少1次扣0.1分。			
4		每季度组织召开本产业联盟专家组例会1次，全年共4次。	2	每少1次扣0.5分，专家到会率不低于80%。			

续表

序号		考核内容	分值	评分标准	实际完成情况（自查）	产业联盟自评分	中心办核实赋分
5		制定产业发展规划或年度实施方案和产业工作年度计划1份。	2	未制定不得分。			
6		组织1次市级层面产业专题调研；提出本产业主导品种和主推技术。	2	未组织调研扣1分，调研未撰写调研报告扣0.5分。未提交本产业主导品种和主推技术全扣1分，提交不全扣0.5分。			
7		协助合作企业（或基地）申报市级及以上农业科技和产业化项目1项（主持或实质性参与）。	2	未立项不得分。			
8	职责与任务（34分）	引进或没有示范推广新品种、新技术、新模式或新创意等5个（项）及以上。	6	没有引进或示范推广不得分。引进或示范推广每少1个扣1分。			
9		高校院所专家组和本地农技专家组分别举办全市性知识讲座或技术培训2次及以上，合计不少于4次。	4	授课或培训，少一次扣1分。			
10		加强总结宣传，总结本产业、本专业领域的典型案例3个。	3	未提交不得分，未按时提交1分，每少1个扣1分。			
11		建立核心示范基地10个。	6	未建不得分，少1个扣0.5分。			
12		高校院所专家组在湖州开展技术研发、技术示范推广和技术指导以及农技培训的工作时间、工作日志记载。	3	高校院所专家在湖州工作年度总时间，核心成员30天/人及以上，一般成员不少于15天，合计200天及以上。每少50天扣1分。			
13		积极参与信息平台建设，配合南太湖农推中心做好联盟宣传工作。	3	各联盟信息平台的信息量不少于60条，每少20条扣1分。最高不超过3分。			
14		联盟理事会交办的其他工作（联盟年度总结，参与职业农民培训等）。	3	未按时提交总结报告扣1分，未提交以考核不合格处理。其他可根据任务完成情况，酌情扣分。			

续表

序号	考核内容	分值	评分标准	实际完成情况（自查）	产业联盟自评分	中心办核实赋分
15	探索技术要素参与收入分配。	2	签协议,计1分;年度分红计1分;年度签协议＋分红,计2分。			
16	相关技术标准制订。	4	与本行业相关的国家级标准得4分;行业标准、省级标准和地市级标准均得3分;县级标准得2分;未正式发布不得分。无产业联盟署名或本地企业参与减半计分。最高不超过4分。			
17	组织农业科技创新团队,或组建主导主业研究院。	2	组织农业科技创新团队获得批准或主导主业研究院正式成立运行得2分。最高不超过2分。			
18	获得与本产业联盟工作相关的各种荣誉（国家、省、市奖项或相关荣誉）。	4	获得国家奖计4分;省（部）级计3分;地（市）和厅级奖项计2分;县级奖项或荣誉得分计1分。最高不超过4分。			
19	其他创新性工作或调研报告获市级以上领导批示的。	2	重要报告得到省领导批示计2分;市领导批示计1分。最高不超过2分。			
合计		60				

特色与创新（14分）

注:1)各产业联盟按所有栏目,自行评估和赋分,并附报有关证明材料;无证明材料不得分。
2)南太湖现代农业科技推广中心办公室核对相关事实和材料后,按相关规定确认赋分值。

浙江大学湖州市现代农业产学研联盟专家组工作目标考核评分表二（考评分）

产业联盟名称：＿＿＿＿＿＿

考核时间：＿＿＿＿＿＿

序号		考核内容	考评组人员评分
1	亮点与成效（30分）	在培育新型农业生产主体、创新农业经营管理模式或增强农业企业竞争力等方面取得重大进展。	
2		在解决湖州市农业生产共性和关键性技术上有重大突破。	
3		在处理农业生产突发性事件和抗御严重自然灾害中具有重大贡献。	
4		对农业产业发展具有重大影响和成效显著的促进产业升级的突破性工作。	
5		引进试验示范推广新品种、新技术（或新模式）成效突出。	
6		深化技术入股成效明显。	
7		其他亮点或突出成效工作（诸如重大奖项获得、重要标准制定、争取到省级重大资源、在省内外或本产业内的技术层面、社会层面具有重大影响力成果或事件等）。	
合计		30	

注：该表所涉及相关内容，均由各产业联盟专家组组长年年度汇报时表述、阐明或答辩，考评人员当场赋分。

浙江大学湖州市现代农业产学研联盟专家组工作目标考核评分表三("服务主体评分")

产业联盟名称：_____

考核时间：_____

序号	考核内容		第三方评分
核心基地（5分）	1	核心基地服务主体的满意程度	
	2	核心基地服务主体的次数	
	3	核心基地重点评估引进新品种、新技术产生的效益	
重点基地（3分）	4	重点基地服务主体的满意程度	
	5	重点基地服务主体的次数	
	6	产业联盟对重点基地的带动作用	
一般基地（2分）	7	一般基地服务主体有无了解产业联盟、有无专家的联系方式	
	8	一般基地服务主体的次数	
	9	产业联盟对一般基地的带动作用	
合计		10	

注：1）该表所涉及相关内容，由南太湖现代农业科技推广中心委托相关部门进行服务主体调查和询问并计分。

2）各产业联盟服务主体按核心基地、重点基地和一般基地分成三类，由每个产业联盟分别提供核心基地10个、重点基地20个、一般基地50个；由中委托相关部门分别随机抽样调查核心基地4～5个、重点基地6～8个、一般基地8～10个；方法采用实地走访当事人和电话询问了解相关栏目的综合评分。

3）该表主体评分方案待试行后逐步细化和完善。

索　引

后　记

　　1897年5月21日,求是书院创办,5月21日也因此成了浙江大学的校庆日。2006年5月21日,在浙江省委、省政府的支持下,浙江大学和湖州市合作共建省级社会主义新农村实验示范区签约仪式在浙大紫金港校区举行,这是当时浙江省乃至全国范围内建立的第一个以推进农村全面建设为目标的校地合作示范区。这历史性的市校握手,使得5月21日也成为湖州市社会政治经济生活中的一个纪念日。十年来,"市校合作"紧紧围绕社会主义新农村、美丽乡村、生态文明先行示范区建设,以"三农"为抓手,积极探索校地合作长效机制。十年时间,弹指一挥,但对于院校专家和湖州市现代农业经营主体来说,意义非凡。十年来,我们"一张蓝图绘到底,一任接着一任干",结下了累累硕果。十年的市校合作,重点在"三农",而其中现代农业产学研联盟——"1+1+N"新型农推模式,就是市校合作十年的一个重要成果体现。

　　十年的牵手,十年的合作,十年的坚持,成就了在全国有影响力的农技推广品牌。在"市校共建"十周年之际,总结"1+1+N"产学研联盟,提炼共性,形成在全国可复制、可推广的模式,无论对湖州市还是浙江大学都具有很强的现实意义和示范作用。

　　本书写作最初的设想缘于湖州市委、市政府和浙江大学领导多次对湖州新型农推模式的调研和指导,从书稿的写作思路到提纲,都得到了湖州市政府和浙江大学领导的大力支持,在此要真诚地感谢湖州市领导裘东耀书记、陈伟俊市长、金建新副书记、杨六顺副市长,市农业和农村工作办公室柳国强主任、姚红健副主任,市农业局方杰局长、杨建明局长,以及浙江大学新农村发展研究院常务副院长张国平教授、副院长兼农业技术推广中心主任鲁兴萌教授对本书的尽心指导。本书在酝酿写作过程中,还得到了湖州市农村发展研究院、湖州师范学院农村发展研究院副院长曹永峰,湖州师范学院蔡颖萍博士、刘金荣博士,湖州市农办王磊、浙江大学湖州市南太湖农推中心曾建露等的支持。此外,还要感谢浙江大学湖州市现代农业产学研联盟高校院所专家和本地农技专家,正是他们的十年坚持和无私奉献,才有今天"1＋1＋N"新型农推模式的巨大影响力。最后,对浙江大学出版社在本书的出版过程中的认真负责的态度,表示感谢。

　　本书由湖州师范学院商学院、湖州师范学院(湖州市)农村发展研究院特约研究员陆建伟、浙江大学湖州市南太湖农推中心主任徐海圣及陆萍共同撰写,从这个意义上讲,书稿本身就是市校合作共建的产物。当然,由于时间原因和学识所限,书中若有不当之处,请读者批评指正。

2016 年 12 月 26 日

图书在版编目（CIP）数据

"1＋1＋N"农业技术推广模式的创新实践与理论思考／
陆建伟,徐海圣,陆萍著. —杭州：浙江大学出版社，2017.6
ISBN 978-7-308-16749-9

Ⅰ.①1… Ⅱ.①陆… ②徐… ③陆… Ⅲ.①农业科技
推广－研究－中国 Ⅳ.①S3-33

中国版本图书馆 CIP 数据核字（2017）第 055294 号

"1＋1＋N"农业技术推广模式的创新实践与理论思考

陆建伟　徐海圣　陆　萍 著

责任编辑	杨利军
文字编辑	张远方
责任校对	沈巧华　夏湘娣
封面设计	续设计
出版发行	浙江大学出版社
	（杭州市天目山路 148 号　邮政编码 310007）
	（网址：http://www.zjupress.com）
排　　版	杭州中大图文设计有限公司
印　　刷	杭州杭新印务有限公司
开　　本	710mm×1000mm　1/16
印　　张	15
字　　数	300 千
版 印 次	2017 年 6 月第 1 版　2017 年 6 月第 1 次印刷
书　　号	ISBN 978-7-308-16749-9
定　　价	42.00 元